奢侈品私享家

家居赏鉴
JIAJU SHANGJIAN

李　鹏 / 著

北京工业大学出版社

出 版 缘 起

300 多年前，法国国王路易十四为彰显自己的无上权威，以金碧辉煌的凡尔赛宫来慑服大小贵族。实际上，外表富丽堂皇的凡尔赛宫在舒适程度上很不尽如人意，曾一度被圣西门公爵冷嘲热讽。但他可能忘了，凡尔赛宫的建设本来就不是为了舒适，而是为了炫耀。路易十四的宠臣柯尔伯对此显然更有体会："陛下知道，在没有显赫的战争行动时，没有什么比建筑更能体现国王的伟大了。"

一个世纪以前，嘉柏丽尔·香奈儿在巴黎的康朋街 21 号拥有了自己的世界。这位时尚女皇极尽所能地用超过凡人的激情和大量辉煌壮观的古典收藏来布置这个原本并不生动的空间，让她从巴黎康朋街起步的时光永远凝刻在这个神秘的殿堂之中。

其实，无论是象征至高权力的凡尔赛宫，还是康朋街 21 号的香奈儿寓所，甚至是唐代诗人刘禹锡"惟吾德馨"的"陋室"，都向我们诠释了居室是有灵性的，它如同主人一样有着强烈的个性，展示着主人对生活的态度与品位。也就是说，你身处豪宅也好，蜗居陋室也罢，你的品位决定了居室的气质。你首先要设计好自己的生活，才会设计好你的家，才会在生活中体验到设计的韵味。真正舒适温馨的家居环境不仅能给人带来感动，更有一种持久的吸引力。幸运的是，许多奢侈品品牌的家居用品都会给人带来长久的感动，无论是被誉为"上帝的沙发"的珀秋纳·弗洛沙发，还是让人与天堂的距离缩短到一"梦"之遥的海丝腾床垫，抑或是有着"厨房奢侈家电航空母舰"之称的嘉格纳，为葡萄酒而生的力多杯，等等，它们会告诉你真正富有品位的生活到底是什么样子的。

那么，对于现代人来说，怎样才算是真正富有品位的生活？西敏公爵曾送给香奈儿女士一个外表极为普通的银制朱砂盒，但里面却精致之极。他当时对香奈儿女士说了这样一句话："真正的富贵与品位，并不在于外表显耀，而在于内里的真正耀眼。"也许你会花上一两百万买块名表，或者一部超级豪华汽车，甚至私人飞机也会出现在你的购买清单上，但你会不会花上几百万甚至更多来布置你的家？在许多人的眼中，奢侈品消费大多属于为富豪们增光添彩的"面子工程"，珠宝、手表、游艇，还有私人飞机都可充当富豪们的身份标签，至于说到奢侈家具——这类无法随身携带的奢侈品，除了需要用实力去承担之外，大概还需要一种贯穿各个层面的生活态度。很简单，因为家舒不舒服，只有你自己知道。而在那些别人看不见的地方，往往才最能凸显你的品位。

舍得花费巨资让家里变得温馨舒适的人必定是懂得享受生活的，虽然我们无法就此推论凡使用高端家具的人一定就更懂得享受生活。但想象一下，家中拥有一张几十万元的纳图兹沙发，近60万的芙蕾特床上用品，还有被誉为"生活空间建筑师"的布尔托出品的橱柜……这时，高端家具带给人的强烈心理暗示作用便会显现出来。这些高端家居用品最为动人之处并不是其傲人的价签，而是这些品牌一直在通过其完美的产品向人们灌输一种精致的生活文化，让人们从内心感受到舒适和温暖，并展示出自己对生活的认真态度。对于那些真正有品位的人来说，奢侈的生活绝不是依靠奢侈品本身来体现的，他们之所以选择高端家居用品，就是为了让自己能够与家人一起乐享梦想中的家居生活模式，让彼此在一起的时光变得更加美好，而这才是真正的奢华生活态度。

由于本书涉及的一些品牌的产品名称等并没有认可度极高的通用译法，因此，书中沿用了原始外文形式。最后，希望本书能带给读者一种不同凡响的阅读体验，并成为每一位品位之士构建自己美好生活的起点。

目 录

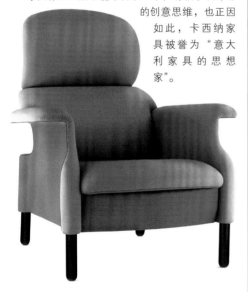

076 | 纳图兹
天神的怀抱

　　坐在纳图兹沙发上就犹如躺在天神的怀抱中，你体验到的不仅仅是慵懒的舒适心情，还有一种闲适的生活情调。当这种生活情调成为一种信仰，品位便不用刻意追求，它已植根于你的心中。

088 | 海丝腾
王室睡眠的奢华体验

　　海丝腾的床是有"魔法"的，因为能够说服人们在一张床上做如此高昂的投资，这本身就需要"魔法"。海丝腾的"魔法"来自其世代传承的精良工艺以及对材质的严格要求。《纽约时报》曾这样评价海丝腾："海丝腾让人与天堂的距离缩短到一'梦'之遥。"

100 | 莎温
躺在云朵上的奢华享受

　　睡在云朵之上，会是一种什么样的感觉？只要躺在莎温床垫上，你便能知晓云端上天使的美梦。

110 │ 至尊华盖

最昂贵的奢华之梦

作为奢侈品顶级设计大师的斯图尔特·休斯，凭借极高的艺术天分与造诣打造出无数奢华之作，让每一件作品都充满了传奇色彩。由他亲手设计的至尊华盖床榻，更是极尽奢华之能事，630万美元的身价让其成为世界上最贵的床。那些对生活有着高标准要求的品位之士都渴望能躺在这张床上安享富贵之梦，当然这个梦必是无比奢华的。

112 │ 芙蕾特

寝饰界的时尚大师

芙蕾特素来享有"寝饰界时尚大师"的美誉，它历经了150多年的岁月，将世界各国的文化与艺术转化成品牌设计的底蕴，并以意大利现代设计手法加以呈现，将优雅和时尚武装到人们日常生活的最私密处，使其家用纺织品成为值得收藏的艺术品。

122 │ 依芙德伦

王室的私家床品

也许依芙德伦冰岛鸭绒被令人震惊的并不是它高昂的售价，而是它能左右所有品位人士的喜怒哀乐，更能让他们渴望体验王室的极致生活的愿望得到满足的能力。尤其是人们钻入被子里的那一刻，绝对会让依芙德伦180多年来提供的王室享受得以重现。

128 │ 巴卡拉

水晶生活的艺术大师

享有"王室御用水晶"美誉的巴卡拉水晶，以纯洁和完美震撼着每个人的心灵。巴卡拉水晶奢华和绚烂的华丽外表背后，是其200多年来不曾改变的手工艺传统。

156 │ 沃特福德

爱尔兰之光

水晶灯，这个起源于欧洲的灯饰尤物，以其奢华、璀璨、典雅的特质深受全世界人们的喜爱。作为世界上最古老的水晶灯品牌沃特福德，200多年来一直坚持传统体系和经营方向，这使其产品成为收藏级的奢侈品，被人们誉为"爱尔兰之光"。

170 │嘉格纳

厨房奢侈家电的缔造者

嘉格纳凭借卓尔不群的功能、革命创新的技术，为有识之士展现了顶级厨房生活的奢华魅力。嘉格纳整套厨电价格高达100多万元人民币，拥有它的家庭无异于在厨房里"开进"一辆百万豪车。作为世界顶级厨房用具奢侈品牌，嘉格纳代表了一种百折不挠、锐意进取的精神，它引领着人类的欲望，创新着人类的生活，更展现了德国人的坚忍意志和完美主义情结。

184 │符腾堡

"世界厨具之父"

品评一种优质的生活时，要从哪里谈起？究竟该从宽敞明亮的客厅谈起？还是从铺陈于眼前的各式奢华的家居用品谈起？恐怕这些远比不上一套符腾堡奢华厨具来得重要。毕竟在国际厨具品牌中，不是谁都能担当起"世界厨具之父"这样的美誉。拥有160多年历史的符腾堡厨具，以顶级的钢材、精湛的工艺设计和日耳曼民族特有的严谨态度，确立了其在国际厨具市场的领袖地位。符腾堡厨具所能带来的一切，会温暖生活中的每一个细节，让人们的生活充满了质感与温情。

196 │菲仕乐

厨房里的珍宝

作为一个百年品牌，菲仕乐希望通过厨具向人们传达一种对食物的热爱及对品质生活的尊崇。好的厨具不仅要功能完备，使烹调的食物更美味，还要蕴含创新精神，外形设计精美，能像艺术品那样被欣赏。而菲仕乐的产品无疑就是这种好厨具。

206 │艾烈希

艺术锅具烹制意式生活

对于那些信奉"意大利制造"的信徒来说，他们对生活的唯一要求便是一种叫作"趣味"或"乐趣"的东西，而这种东西或许只能由艾烈希的"梦工厂"制作出来。无论你是在亚得里亚海滩度假、在米兰时装名品店购物、在罗马的教堂与博物馆内流连、在威尼斯的水岸咖啡馆聊天，抑或在自家的厨房里用艾烈希烹煮美食，你都会由衷地感叹——有一种生活方式叫意大利！

216 │博德宝

整体橱柜的倡导者

真正的豪宅不一定非要拥有无遮挡的山水园林景观，但必须要有博德宝橱柜。博德宝拥有不可复制的德国精神，以时尚而不浮夸的设计、优质而高雅的用料、精湛而独有的工艺及简单而完备的功能，为众多品位之士呈献最华贵的生活气派。

266 | 祖伯
不可复制的风景

用"奢侈品"一词已经不足以形容祖伯全景式壁纸的珍贵程度。久负盛名的祖伯公司是当今世界上硕果仅存的几家手工壁纸制造商之一。200多年来，祖伯的壁纸制作工匠们传承百年的纯熟工艺，用手中的笔一勾一画，为世界缔造了一道永远不可复制的风景。

272 | 法蓝瓷
奢华瓷艺的完美典范

法蓝瓷精雕细琢且富有意境，跃然瓷上的奇花珍鸟，引领观者进入心灵桃花源，驰骋于芳草鲜美、落英缤纷的艺术想象空间中。法蓝瓷以复兴中国瓷艺为目标，以对美学的深刻体验为信仰，为人们呈现了世间真正的完美之物。

284 | 莱俪
艺术之家的水晶魔幻

勒奈·莱俪超乎常人的艺术禀赋从一开始便清楚指明了他的人生方向。对大自然的迷恋加上细致入微的洞察力，注定他能得偿所愿。由他一手创立的莱俪，充满传奇与生命力。百年来莱俪的历件作品，代表着顶级的艺术结晶，一直是艺术收藏者的最爱。它的水晶制品传达给我们的不仅仅是流行的艺术，更是一种优雅的生活态度。

298 | 施华洛世奇
唤醒诗意生活的水晶艺术

施华洛世奇被称为是晶莹璀璨的造梦公司，100多年来为无数人的生活增添流光溢彩。它让水晶的外貌千变万化，可以是女士脖颈上的闪光宝石，也可以是居家生活中的"耀眼之星"……总之，施华洛世奇是能创造新时尚、独特又能表达自我的生活艺术，能让生活中潜藏的诗意淋漓尽致地发挥出来。

308 | 力多
唤醒美酒的魔术师

力多酒具，既是唤醒美酒的魔术师，也是一件典雅的艺术品，在某种意义上可以说是VIP酒客的象征。无论是力多的霞多丽杯、雷司令杯，还是长相思杯、梅洛杯、奈比奥罗杯……如同世间美女，让人眼花缭乱、心神荡漾。透过美酒，我们享受到生命欢腾的喜悦；而力多酒具，却让我们领略到一花一世界，一杯一天堂的人生真谛。

320 | 昆庭
法式生活的绝妙艺术

昆庭用"梦想成真"一词精辟地诠释了法式生活的绝妙艺术。昆庭这位180多岁的王室御用银匠，就仿佛一位来自银饰王国的魔法师，让银器穿上不同的外衣，将艺术的暖流融入人们每一天的生活。

359 | 万宝龙
书写时间的神来之笔

也许有很多人在购买机械钟时最关心是"准不准"的问题，实际上，当一个事物的价格远远超过它表面呈现的价值时，那么，它的意义就已经不在于最初的表象了。比如万宝龙尼古拉斯·凯世书写时间计时座钟的价值，在于万宝龙对计时技术之父尼古拉斯·凯世的敬意，真正的收藏者会关心它的人文情怀、美学价值及历史渊源，而且其注意力最后往往会安静地停留在那个完美的机械音上——既代表时间的流逝，也是对心境的净化。

362 | 积家
豪宅的钟表美学

古典优雅的落地钟可以为家居环境增添贵气，而精美小巧的座钟也能彰显一个家庭的典雅品位。就这方面而言，世界著名奢侈品品牌积家的表现极为惊艳，尤其是积家的空气钟（Atmos）更凭借空气温差作为永恒动力，加之优雅的外观，成为许多品位之士打造顶级居家空间的必备之选。

368 | 百达翡丽
镇宅之宝

装饰居所之心，世人几近相同，但唯有掌控资本的巅峰人物方能领悟一座建筑的抱负和一个寓所的内在品质。无论是顶级的私人会所，还是精英名流极尽奢华、典雅、气派的居住之所，若能有充满艺术性和创意的百达翡丽圆顶座钟装点，必定会为主人增添无限荣耀。百达翡丽圆顶座钟更可称为豪宅的镇宅之宝，不论是凝视百达翡丽圆顶座钟的时间盘，还是隽永雅致的钟壳，都是一种无与伦比的享受。

371 | 江诗丹顿
贵气天成

它出身名门，贵气天成，注定不能被某个人所拥有。作为江诗丹顿唯一一款座钟产品——阁楼工匠天文座钟，记载着江诗丹顿百年的文化内涵以及精湛的制表精神，而并非作为炫耀之用。

374 | 卡地亚
时间与家的永恒情缘

　　160多年来，卡地亚创造了无数经典之作，每一件都堪称世间珍品。其中卡地亚艺术座钟更是呈现出制作者对时间的珍爱、设计理念的独特性以及创作的热情。不仅如此，卡地亚座钟还为那些美轮美奂的豪华宅邸不断编织着充满诗意与贵族气息的画面，即便它们被摆放在最不起眼的位置，也能引起人们的关注。最可贵的是，卡地亚艺术座钟总能激发拥有者对家庭的特殊情感，让其成为拥有者生命中最值得珍藏的那一部分。

专题二
皇家名瓷——餐桌上的贵族

379 | 梅森
欧洲第一名瓷

　　有着"欧洲第一名瓷"美誉的梅森瓷器，对于瓷器技艺的使用早已达到登峰造极的地步，每一件梅森瓷器餐具都堪称绝世精品，300年来，梅森瓷器一直在用它们的精美与细致诠释一种贵族式的生活方式。

386 | 皇家哥本哈根
最尊贵的餐瓷

　　丹麦皇家哥本哈根作为世界顶级瓷器品牌，因其具备实用与收藏的双重特点，深受世界各国王室贵族、社会名流及精英人士的喜爱。即使经过两个世纪的光阴，这家古老的瓷器厂仍固守传统工艺，制造着如同200多年前一般的高质量瓷器，同时体认时尚潮流和现代生活饮食习惯，在满足现代人追求个性品位的需求下，皇家哥本哈根推出了新一代瓷器，赋予使用者更多的尊贵之感。

392 | 韦奇伍德
英式贵族的生活姿态

考究的器皿从来不会仅仅是盛载食物的物件那么简单，它背后代表的是使用者秉持的一种生活态度。百年名瓷韦奇伍德是最正统的英式餐瓷，给人高贵和安静的感觉，更体现了英国贵族的生活方式。

398 | 皇家道尔顿
大不列颠御用餐瓷

英国皇家道尔顿瓷器是名副其实的"奢瓷"，它早已脱离了日用品的范畴。皇家道尔顿瓷器之美，潜移默化地陶冶着人们的情操，给每一个品位之家带来英国贵族的尊贵风范。

专题三
私人影院——乐韵萦绕的私人领地

403 | TK Theater
视听巅峰之作

看电影也可以是一件很"私人"的事情，无论是邀请三五好友共赏视觉大片或在美酒相伴下独享文艺电影，私人影院都是当下人们高品质生活的象征。全球顶尖家庭影院设计师 Theo Kalomirakis 为精英人士带来真正的顶级私人影院体验。零距离感受好莱坞级别私人影院的魅力将不再是遥远的梦想。

406 | 卡玛
音响界的神话

音响是私人剧院的灵魂和核心单元。没有好的音响设备，再精美的图像、再宽大的房间都无法被看作是专业的私人享乐中心。所以人们无论将私人剧院设置在客厅还是独立的房间都必须有一套顶级音响来烘托效果。比如这款售价为 100 万美元的卡玛 – 英格玛音响系统。它拥有无与伦比的超级价位和庞大体形外，被称之为音响界的神话。

408 | Transmission Audio
重现现场的纯粹典范

如果你和那些自认为很专业的音响发烧友一样，都认为这辈子只要看上一眼荷兰人查尔斯·范·欧斯特姆的神之作卡玛 – 英格玛就算终生无憾了，那只能说明你还未达到真正的专业。真正的专业音响发烧友绝不会对瑞典 Transmission Audio 公司的顶级产品 Ultimate 视而不见，这款纯手工打造的殿堂级音响除了能够完美地展现"纯粹的现场感"之外，令人"难忘"的还有它傲人的售价——单只音箱 100 万美元。

在卡西纳家具身上，我们可以找到意大利家具设计和制造始终领先世界的全部真谛与奥秘：雕刻更简化、色调更轻松、造型更轻巧，材质特别是面料方面充分体现出现代风尚。特别是其独特的设计构思，彰显了设计师天才般的先见之明，这些充满理想主义者绝妙幻想的家具作品之所以能够传承至今，有赖于设计师的创意思维，也正因如此，卡西纳家具被誉为"意大利家具的思想家"。

Cassina
卡西纳

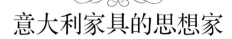

意大利家具的思想家

历史篇
LISHI PIAN

在众多意大利家具品牌中，卡西纳是一个永远都不能被绕开的品牌。早在17世纪，卡西纳家族就开始从事教堂木器家具的制作，精湛的工艺与对细节的专注使其在当时就赢得了人们的尊敬，以至今天的人们仍能在美丽的科莫湖畔的教堂中看到卡西纳家具的身影。

　　意大利米兰是欧洲文艺复兴的重镇，达·芬奇曾经在这里留下众多手稿和举世闻名的杰作《最后的晚餐》，米开朗琪罗生前最后一个雕塑作品也诞生在米兰……几百年后的今天，米兰的艺术气息仍势不可当，当你置身其中时，无法不被浸染。同为时尚之都，但是与巴黎相比，米兰似乎少了一些喧嚣与浮华，但却多出几分沉稳和宁静。两者最大的区别就是，在米兰鲜能看到衣着光鲜前卫的时尚人士，但却经常可以遇见众多世界知名公司的 CEO 和一些著名的设计大师，原因在于很多公司都在米兰设立总部，一些大牌设计师也愿意在这里设立办事处。正因如此，米兰成为世界的艺术设计中心。

　　意大利的设计行业得以崛起和飞速发展，一个关键因素是意大利制造业的推动，其中米兰的家具产业功不可没。不仅如此，米兰还是真正设计、生产、出口现代实用家具的中心。意大利的家具设计师与其他国家的设计师同行不同，他们并不拘泥于细节，而醉心于新材料、新工艺的研发。他们认为美观甚于实用，因而意大利家具具有强烈的表现力，被世界各国的设计杂志广泛推崇。

◉ Canap 躺摇椅

Canap 躺摇椅是卡西纳最经典的设计之一，最初于 1945 年设计并上市，从此，该系列躺椅不断推陈出新，逐渐成为卡西纳最热门的产品。

今天为人所熟知的卡西纳家具公司于 1927 年正式成立于意大利的米兰，由西沙瑞·卡西纳和安布托·卡西纳两兄弟共同创立。初创时期，卡西纳公司以生产木制家具为主，比如茶几、客厅用的小矮桌，渐渐地增加了扶手椅、画室工作桌等产品。直到 20 世纪 50 年代，卡西纳公司的产品已覆盖了整个桌椅系列。此后的几年，他们开始生产起居室用的其他配套家具。

20 世纪 50 年代是意大利设计行业的起飞年代，意大利开始出现了大规模的工业化家具生产企业，卡西纳公司便是其中之一。这一时期，卡西纳家具公司开始与一些著名建筑师合作，这些学识渊博的建筑师被邀请来设计各种家具。这种合作使设计与生产彻底分离，对卡西纳家具公司来说，这是一个从最初的手工艺行业过渡到现代制造业的重要标志。20 世纪 50 年代，卡西纳的主要业务来自海军军舰中配置的家具订单，以及来自宾馆、饭店和其他社交活动场所的家具订单，这种状况一直延续到 20 世纪 60 年代中后期。这期间，卡西纳应客户需求生产出许多经久耐用、造型美观且与建筑空间相匹配的家具。

1961 年 9 月 24 日，米兰国际家具展首度召开。卡西纳家具公司立即成为意大利家具设计的潮流引领者，缔造了以米兰为中心的意大利家具设计和制造的高潮。当时的卡西纳家具公司集中了一大批才华横溢的设计师，其中包括弗兰克·阿比尼、吉奥·庞蒂，后者曾长期为卡西纳公司设计家具。吉奥·庞蒂是意大利最重要的现代主义设计大师之一，意大利的现代设计运动与他有不解之缘。他还是一个非常高产的设计理论作家，长期在米兰理工学院担任设计教学工作。他是蒙扎设计双年展和米兰设计三年展的积极组织者，并且是意大利工业设计师协会的创始人。他一生最重要的设计便是 1953 年为卡西纳设计的迪克斯特（Dixte）扶手椅、1956 年设计的苏帕列加拉（Supperleggera）椅子，这些设计都成为卡西纳公司的经典之作。

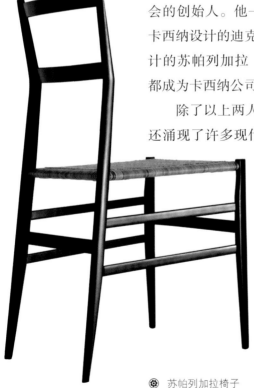

苏帕列加拉椅子

除了以上两人，卡西纳公司在 20 世纪 60 年代还涌现了许多现代设计运动中的领袖人物，如勒·柯布西耶、弗兰克·洛依·莱特，他们的作品不再只是陈列在博物馆内供人瞻仰，而是真实地融入人们的日常生活。卡西纳公司这一时期的家具产品被统一命名为大师系列（Master Collection），至今仍畅销不衰。20 世纪 90 年代，在家里摆放一张卡西纳的沙发，与摆放一张安迪·沃霍尔的著名的玛丽莲·梦露画像一样为人们所渴求。勒·柯布西耶的 LC2 座椅，皮革与金属刚柔并济地融合在一张沙发之中，成就了一个划时代的经典设计；著名的"流水别墅"操刀者弗兰克·洛依·莱特设计的拉金桌椅，查尔斯·麦金托什的高背椅等，也都是卡西纳迷们膜拜的对象。

自公司成立以来，卡西纳所推出的产品几乎件件都是能代表各个时代家具工艺水准的经典之作。除了 20 世纪 60 年代的大师系列外，20 世纪 70 年代的凯伯（Cab）椅和柱桌，20 世纪 80 年代的可以变换功能的沃兰德（Veranda）椅、幽默可爱的打盹儿椅等的制作水准都很高；20 世纪 90 年代卡西纳更以高质量的设计、高质量的材料和高质量的做工取胜，例如在 1991 年米兰家具展中，卡西纳展出的包括 50 种不同颜色的真皮沙发惊艳了全世界。

◉ 勒·柯布西耶的 LC2 座椅

卡西纳家具蕴含了不同的语言和文化，在风格和材料方面进行了广泛试验。卡西纳公司的许多产品在问世时都显得十分超前，甚至曾有媒体认为卡西纳的所作所为简直是在"败坏自己的名声"。然而，随着时间推移，卡西纳的产品不但没有被淘汰，反而都成为经典之作，如马里奥·贝里尼的凯伯椅、喜多俊之的文客椅和帕奥罗·德加内罗的伊奥椅等，在今天都是卡西纳的主打产品。

卡西纳家具既有古典的奢美，亦有现代的简约，这完全来自于设计大师的天才创意，他们用思想来创作家具，将最具艺术气质的奢华张扬与简约含蓄相融合，使作品在璀璨之外还拥有扣人心弦的内敛。

吉奥·庞蒂、卡洛·德·卡利、吉安弗朗索·弗拉蒂尼、阿弗拉·斯卡帕·托比亚·斯卡帕、维科·马吉斯特蒂、马里奥·贝利尼、帕奥罗·德加内罗、加伊塔诺·佩斯基、安德里亚·布兰兹、阿切勒·卡斯蒂格利奥尼、菲利普·斯塔克这些人有何共同点呢？答案就是，他们都曾在家具设计方面做出巨大贡献，另外，这些设计师在职业生涯中都有着相同的宝贵经历，就是与著名家具制造商卡西纳的合作。

首位与卡西纳合作的意大利著名建筑师弗兰克·阿比尼，是建筑、装饰和工业设计领域理性主义思想的主要代表人物之一。他1929年于米兰工业大学毕业后，在蓬迪和蓝其亚的工作室工作。对他的思想发展起到重要影响的是他与《美屋(Casabella)》杂志的合作，在合作中弗兰克·阿比尼

⊛ 弗兰克·阿比尼设计的
卡西纳书架

形成了理性主义思想，并成为这种思想在意大利的领军人物。他一生有许多
经典之作，比如可拆卸的家具、可拉伸的木钢结构书架等。他设计的 Luisa
长沙发获得了 1955 年的金罗盘大奖（此奖为意大利设计界的最高荣誉，由
吉奥·庞蒂在 1954 年设立）。他为卡西纳设计的小躺椅极具新意。卡西纳还
曾多次生产由他设计的帆船书架。这款书架的设计灵感来自于帆船，其中的
连接点模仿了风帆的绳索，整个书架有着极其复杂的结构设计。这款书架完
美地展现了弗兰克·阿比尼设计的严谨的逻辑性和高度的纯美表现力。

　　1947 年安娜号大型客轮室内装潢项目的成功，使卡西纳得以与更多的
大师开始长期的合作。当时，设计师们参与了意大利横渡大西洋的大型船
舶的室内装潢，这其中就包括吉奥·庞蒂这位设计大师。1952 年卡西纳与
他合作为后来失事的安德里亚·多里亚号（Andrea Doria）邮轮提供起居室、

节日沙龙、大吧台以及头等舱的所有家具的设计。

20 世纪 50 年代，卡西纳与吉奥·庞蒂是紧密联系在一起的。在当时的家具设计制造中，有两种截然相反的趋势。一种以皮尔洛·弗纳塞缇为代表，沿袭绝对的经典主义。另一种是追求纤巧和轻盈的现代主义。1953 年设计制造的扶手躺椅 Distex mod. 807 显现出了细长而有张力的线条，这充分反映了吉奥·庞蒂的设计思路：大胆选用尖锐有立体感造型的扶手和木质椅脚。

吉奥·庞蒂设计的经典之作 Distex mod.807 和 Distex mod.646 手扶躺椅，以及后来卡西纳在此基础上生产的苏帕列加拉 mod.699 系列躺椅，都堪称是意大利家具设计的典范。1952 年的《多姆斯》杂志第 268 期称赞了这款设计灵感来源于 Chiavari 椅子的苏帕列加拉躺椅。这也充分肯定了吉奥·庞蒂无可争议的设计天分与卡西纳丰富的制造经验的完

❂ 扶手躺椅 Distex mod.807

美结合。这款椅子的最大特点就是重量极轻，净重仅有 1.66 千克，其椅腿仅有 18 毫米粗，这已经达到了结构上的极限。更令人感到惊奇的是，这把椅子却特别坚固。《多姆斯》杂志曾这样评价道："如果去卡西纳，就不能错过这把让人惊奇的椅子，它甚至在飞机的摇晃中跌倒却在没有一点损伤下反弹起来。"该款椅子在问世之后的 50 年中一直都在生产，只不过现在已不再使用白蜡树作为材料，取而代之用的是印度竹。

在 1954 年第一届金罗盘大奖评选中得奖的作品，还有卡西纳和设计师卡洛·德·卡利合作制作的 mod.683 椅子，它以白蜡树为材料，椅面和椅背由纺锤形椅脚和 L 型构件连接。如今的 mod.683 椅子由白蜡树胶合板和黄铜连接构件组成。这款椅子在第十届米兰设计大赛中获奖并获得纽约 MoMA（纽约现代艺术博物馆）设计奖项。

⚙ "超轻" mod.699 椅子
该款椅子采用天然木色和白色漆面框架、印度藤条座面和软垫皮革面层。

　　另一位与卡西纳合作过的重要设计师是 20 世纪 50 年代意大利最具设计风格的艾克·帕瑞斯，他的作品主要体现了现代派风格。1956 年，由他设计的 mod.691 椅子具有轻盈和呈 X 状的支撑结构，完美地概括了那一时期的流行趋势。

　　卡西纳和吉安弗朗索·弗拉蒂尼的成功合作要从 1954 年讲起，这位设计大师为卡西纳设计过许多经典之作，这些作品几乎占据卡西纳 20 世纪 60 年代 60% 的产品，如扶手躺椅 mod.831、mod.849 以及椅子 mod.101、102、104、105、107 等。在当时，吉安弗朗索·弗拉蒂尼的作品极为前卫，值得一提的是扶手躺椅 mod.849，支撑和被支撑构件完全分体的结构组成是这件作品最显著的特点，体现了吉安弗朗索·弗拉蒂尼惊人的设计天分。

20 世纪 60 年代后期，卡西纳对新技术的采纳彻底改变了传统的软包座椅技术。由马里奥·贝利尼于 1965 年设计的 mod.932 椅子和沙发床系列 Le Mura（1972）就是卡西纳技术中心和他合作的结晶。这一整套的新系列家具曾在纽约 MoMA 组织的展览中展出，当时展览的主题为"意大利——居家新风景"。展会还展出了卡西纳研究中心与马里奥·贝尔尼一起合作完成的一款汽车模型 Kar-a-Sutra，展现了非汽车非住宅的概念。

维科·马吉斯特蒂为卡西纳专门设计的家居作品，同样一直备受欢迎，直至今天这些作品仍被卡西纳一再生产。

◉ 设计师马里奥·贝利尼设计的 mod.932 沙发

卡西纳在80多年的历史中将"先进技艺与灵活产业"完美融合，大大促进了意大利设计行业的形成与发展。卡西纳不跟随时尚而是"创造时尚"的设计理念，"设计引导生产"的生产方式，使其成为意大利家具最具竞争力的奢华品牌。

许多人会不约而同地将卡西纳家具归类于奢侈品，但作为意大利最富思想的家具生产商，卡西纳从未研究过关于"富裕阶层的理论"，也许卡西纳的奢侈属性应部分归功于其后来被市场定义为"精品杰作"的产品的研究及生产。

数十年来，卡西纳公司的首要目标是追求最好的产品质量。这个目标的实现要借助两个"完美的结合"：一是工业技术与工艺制作程序的完美结合，另一个是公司自身已经具有国际水平的研究与它所保持的历史价值和传统的完美结合。在向工业市场过渡的同时，卡西纳公司并没有丢弃包含质量和信誉的传统工艺价值。自卡西纳公司创建之日起，信奉这些价值就已成为它的运作特点。

作家吉姆佩尔罗·伯索尼曾公开表示，探索"卡西纳现象"可以反思产生意大利家具设计的价值观念，重新解读其设计史上重要的文化、意识形态及技术。比如卡西纳的早期产品并不被世人重视，但若干年后，这些产品不少已成为20世纪设计作品的主流。究其原因，卡西纳的产品始终独立于流行趋势之外，不为所动。它们代表着意大利设计最经典的瞬间，也因此才能显得独一无二，经久不衰。

◉ 卡西纳 Frank Lloyd Wright 601 ROBIE 椅子

珀秋纳·弗洛具有传承百年的手工艺历史，坚持使用顶级材质的原料，延续经典的创作风格，这让所有坐在珀秋纳·弗洛沙发上的人，都会体验到这样一个事实：珀秋纳·弗洛打造的，并不只是一件沙发。

珀秋纳·弗洛

上帝的沙发

1912 年诞生在意大利的珀秋纳·弗洛，从设计扶手椅起家，产品延伸至沙发、床组、桌椅、柜子等，这些家具让拥有它们的人享有尊贵之感。珀秋纳·弗洛的全部家具均采用私人订制的生产方式，产品采用纯手工制作。珀秋纳·弗洛经典款式沙发的椅背下方，均钉有一块黄铜打造的铭牌，上面记载着出厂编号等相关信息。

对于许多设计师以及谙熟国际潮流的家居产品爱好者而言，珀秋纳·弗洛这个名字早已如雷贯耳，它凭借别具一格的设计与品质跻身于全球顶尖家居品牌之列。珀秋纳·弗洛最具特色的家居产品便是沙发，从珀秋纳·弗洛百年的发展历史中，人们可以看到沙发设计的演进轨迹。其实即便从现在来看，珀秋纳·弗洛早

⚙ Chester 沙发

期的那些设计，在今天仍然深具时代感。

　　从 1912 年开始，珀秋纳·弗洛就渐为世人熟知。其创始人伦佐·弗洛是一位极富创意的家具设计师，他因设计了著名的 Chester 沙发而一举成名，这款沙发不仅具有英王爱德华七世时期（1901 年~1910 年）的英国乡村俱乐部风格，而且完全采用源自于 18 世纪的手工技艺进行生产，这种以钉扣缝制的菱形皮革纹理也由此成为珀秋纳·弗洛沙发最著名的标志。时至今日，珀秋纳·弗洛集团仍在生产 1912 年款的 Chester 沙发，售价高达 18 万元人民币。

　　百年来，珀秋纳·弗洛一直采用最上乘的材料，使用手艺最精湛的工匠，秉承纯正的意大利血统与放眼全球的视角，这些令珀秋纳·弗洛稳居家居业领衔之位，这使它在世界范围内都堪称意大利精妙创意与精工细制的典范。1919 年，珀秋纳·弗洛设计出一款新型雪茄椅沙发，受到欧洲贵族们的极大关注。这款沙发集功能与奢华于一身，充满着 17 世纪的洛可可风

珀秋纳·弗洛 1919 系列沙发

格。伦佐·弗洛在沙发的椅背两侧设计出两个耳型靠枕，扶手的侧边则设计了一个配有黄铜支架的木质托盘，用以放置雪茄与酒杯。该款沙发是专门为贵族们在宴会之后，在书房里饮酒、抽雪茄而设计的。新艺术时期的著名漫画家哥利亚特别定制了这款 1919 系列沙发，他还为此专门绘制一幅漫画——上帝坐在 1919 系列沙发上熟睡，后来这张漫画被弗洛作为广告海报。1919 系列沙发的诞生改变了欧洲贵族们的生活方式，当时媒体这样评价道："弗洛的设计让那些贵族终于找到了一种最舒服的方式来享受美酒和雪茄。"1926 年，珀秋纳·弗洛成为意大利王室正式供应商。

　　1930 年对珀秋纳·弗洛是一个具有特殊意义的年份，这一年他们设计出了著名的 900 型沙发，该设计被誉为"现代沙发的原型"，后来重新进行设计后，被正式命名为"浮华世界"（Vanity Fair）。这款沙发在设计上完全用圆形线条进行诠释，包括浑圆饱满的椅背、扶手，以及椅背后整排的圆形皮环扣。可以说，现代沙发的设计元素均来自这款沙发。20 世纪 60

年代，京剧大师周信芳之子周英华、世界著名画家朱利安·斯耐贝尔、意大利著名建筑师马西米利亚诺·福克萨斯，都曾是它的"座上宾"。此外，满载着珀秋纳·弗洛"浮华世界"沙发的跨大西洋邮轮雷克斯号（Rex）也于1930年正式起航，这些经典的沙发远销美国并取得了极大的成功。

◉ 珀秋纳·弗洛"浮华世界"（Vanity Fair）沙发
这是一款诞生于1930年的经典产品，是现代扶手沙发的原型，围绕椅背和扶手外侧的皮扣设计风格独特，圆润的造型给坐在沙发上的人带来很大的满足感。也正是因为"浮华世界"沙发的经典地位，后来珀秋纳·弗洛又制作了迷你版"浮华世界"（Baby Vanity Fair）沙发供孩子们使用，可见其舒适度。

珀秋纳·弗洛不断邀请多位设计大师参与到其沙发设计中来，这些著名家具设计师凭借天才般的创意设计出了无数款经典沙发，让珀秋纳·弗洛品牌经久不衰。1934年，珀秋纳·弗洛根据1916年的设计推出了一款备受贵妇名媛喜爱的Lyra沙发。该款沙发椅座深长、内窄而外宽，扶手线条生动，俨如一位气质优雅的意大利妇人，虽称不上美艳，却自有一番令众生倾倒的魅力，最重要的是，它能够支撑女性的身型，使她们即使用最放松的坐姿也能显露出优雅高贵。如今，这款沙发仍在市面上销售，售价约合8万元人民币。其浓厚的维多利亚时代家具的特色并未因时代的变更而显得过时，相反却绽放出更为绚烂的尊贵感。

珀秋纳·弗洛在1912~1934年之间设计的Chester和"浮华世界"等沙发成了经典系列代表，具有跨越时

代的时尚感，其设计体现了对空间的尊重，在全球拥有一大批忠实的客户。这一系列代表了珀秋纳·弗洛的传统风格。

从 1962 年开始，珀秋纳·弗洛公司由弗兰克·莫斯切尼管理。在 1965年，公司投产了一款由吉奥·庞蒂设计的名叫 Dezza 的扶手椅，也大获成功。1972 年，珀秋纳·弗洛公司开展了零售业务，并在罗马开了第一家直营店。1984 年，其巴黎直营店开张。

典雅风格和完美工艺成为珀秋纳·弗洛的标志，现代与传统的极致交融造就了珀秋纳·弗洛的尊贵地位。珀秋纳·弗洛于 1986 年开始负责法拉利汽车内饰的设计。1990 年，弗兰克·莫斯切尼已拥有了公司 100% 的股份，并在 2000 年成为珀秋纳·弗洛公司首席执行官（CEO）。珀秋纳·弗洛公司始终以其受人尊崇的品质，不断创造出一系列有着非凡设计内涵的"当代新经典"，为尊贵顾客提供满足独家要求的完美产品。

作为全球顶级的皮革家具品牌，珀秋纳·弗洛百年来一直坚持选用顶级皮革及其他纯天然材质，设计大师们的艺术风格闪现在每件作品中，这使其被誉为"意大利家具行业的风向标"。

珀秋纳·弗洛的每一件产品都具备极大的收藏价值，它们不仅是欧洲各王室的御用家具，还赢得

世界各地顶级场所和顶级品牌的青睐，除了法拉利外，纽约古根汉姆博物馆表演厅、洛杉矶迪士尼音乐厅、伦敦大英博物馆都指定使用珀秋纳·弗洛家具。任何一件珀秋纳·弗洛家具都融合了充满智慧的技艺、温暖的人性关怀和精巧的细节设计。

很多知名设计师和建筑师都与珀秋纳·弗洛有过合作关系，这使该品牌不断推出具有非凡设计内涵的产品。意大利设计领域教父级人物阿切勒·卡斯蒂格利奥尼、意大利著名建筑师皮尔·路易吉·切利、意大利著名建筑师及产品设计师米歇尔·德·卢基、法国设计师兼建筑师让·玛尔·马萨伍德、法国当代建筑师让·努维尔、意大利著名建筑师吉奥·庞蒂和意大利著名设计师卢卡·斯卡切提等均曾与之合作。2001 年，珀秋纳·弗洛生产的由皮尔·路易吉·切利设计的 Titano 桌获得了金罗盘大奖；2007 年，其与让·玛尔·马萨伍德合作推出的肯尼迪（Kennedee）沙发，将珀秋纳·弗洛的著名钉扣简化为 X 型缝线，成为融合古典与现代的经典作品。

这些建筑大师、设计大师与珀秋纳·弗洛共同创造性地完成了全球 300 多个知名项目，除了前面提到的伦敦大英博物馆礼堂，洛杉矶迪士尼音乐厅之外，还有日本东京普拉达旗舰店，以及 60 家剧院和 270 家礼堂。

1982 年，珀秋纳·弗洛受到菲亚特集团旗下的品牌之一蓝旗亚车厂的邀请，为其装置法拉利引擎的终极房车 Thema 进行内饰设计，从而首度跨进汽车内饰设计领域。顶级跑车法拉利、玛莎拉蒂，超级豪华私人游艇丽娃、意大利顶级游艇阿斯穆和法拉帝等同样以拥有珀秋纳·弗洛精致内饰和座椅为傲。1984 年，珀秋纳·弗洛与保时捷集团的创办人费迪南德·波尔舍合作，设计出 Antropovarius 躺椅，这是首度运用碳纤维材质于椅子上的作品，后来该产品逐渐发展成为珀秋纳·弗洛的办公室系列产品。此外，法国航空公司、新加坡航空公司的头等座舱，也采用了珀秋纳·弗洛的皮革座椅。

珀秋纳·弗洛至今仍采用百年传承下来的 20 多道精湛手工制作工序。专业的制造工艺与科学的材质研发，使珀秋纳·弗洛拥有独特的专利皮革 Pelle Frau，纯天然的加工技术保持了皮革柔软舒适的原始质感。不断完善的工艺和唯美的设计，赋予珀秋纳·弗洛每一件家具典雅的气质和独一无二的个性，使其具有永恒不变的收藏价值。

一百多年来，珀秋纳·弗洛一直采用顶级的皮革材料来制作家具产品，并拥有自己的专利皮革 Pelle Frau。珀秋纳·弗洛始终坚持甄选最上等的皮革，使其保有绝佳的柔软触感，并在色彩、质感等方面为客户提供丰富多样的选择。

在原材料的选择上，珀秋纳·弗洛一直选取最薄、取得难度最大的第一层小牛皮——之所以这样做，就是为了保证牛皮的纹理在家具上仍能清晰可见。每一张牛皮都经由专业工匠鉴定质量并进行层

⊚ 珀秋纳·弗洛的朱丽叶沙发

层处理，工序多达 20 道，其间需要考虑牛皮的质地、纹理、搓揉感，以及皮子所散发的气味等因素。那些有疤痕、手感粗糙、味道不好的牛皮一律不被采用。

被选定的皮革会被按一定尺寸裁成片状，然后切成厚度均匀的薄片。接下来，皮革会接受鞣革处理，以确保着色均匀。下一道工序是将皮革浸泡在油脂中，打造出持久的弹性和柔软触感。鞣革工序结束后就是干燥和冲压工序，皮革在这个过程中能得到彻底的疏松延展，从而变得更加柔软。

珀秋纳·弗洛还要对皮革样品进行严格的测试，其中包括感官检查——在工厂对皮革进行验收、技术测试——在磨损、光线和温度作用下，测试颜色的耐性、皮革的柔软度，以确保皮革在任何环境下都能展现完美状态。经过此番苛刻工序的洗礼，那些被制作出来的家具产品才能真正拥有珀秋纳·弗洛的尊贵血统，工艺师们才会在它们身上打上珀秋纳·弗洛的商标。

除了精湛的皮革加工工艺之外，珀秋纳·弗洛沙发的舒适程度也可圈可点。著名意大利漫画家哥利亚就曾把珀秋纳·弗洛扶手椅画入剧情：上帝完成了"创世"的工作之后，坐在珀秋纳·弗洛沙发上休息，坐着坐着就睡着了。

珀秋纳·弗洛历经时光洗礼，将历代大师的工艺加以传承，并日臻精美。今天，人们从每一件珀秋纳·弗洛的家具中，皆可窥见意大利顶尖工匠的丰厚学识与绝妙技艺。珀秋纳·弗洛的优雅随处可见，其中凝结着大师们的心血。

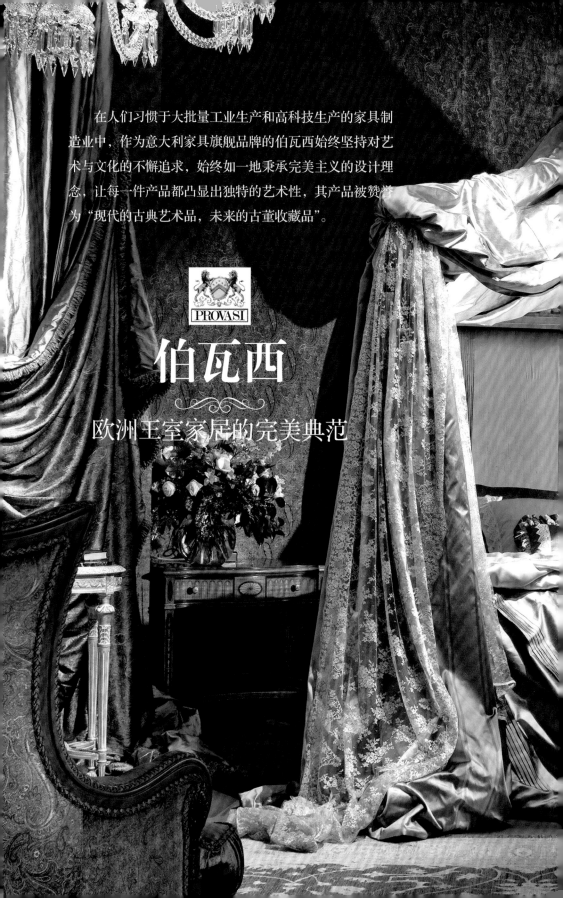

在人们习惯于大批量工业生产和高科技生产的家具制造业中，作为意大利家具旗舰品牌的伯瓦西始终坚持对艺术与文化的不懈追求，始终如一地秉承完美主义的设计理念，让每一件产品都凸显出独特的艺术性，其产品被赞誉为"现代的古典艺术品，未来的古董收藏品"。

PROVASI

伯瓦西

欧洲王室家居的完美典范

对伯瓦西品牌而言，200 年的光阴异乎寻常地漫长。因为即使当大工业、大机器时代来临，伯瓦西依然专注于 18 世纪、19 世纪的新古典风格和帝政风格，沉稳内敛、尊贵高雅。浓烈的色彩，繁复的工艺，完美的搭配，完全的手工打制，这一切成就了伯瓦西艺术家具的独特魅力。

意大利，一直被誉为"艺术家具的王国"。在很长一段时间里，欧式家具散发着暴发户气息，但意大利家具却不是这样。凡是出产于意大利的家具，尽管也有细致的雕花搭配暗沉沉的金银箔，但却十分讨人喜欢，不会让人有拔腿想跑的冲动。意大利艺术家具款式独特却深具韵味，其风格十分契合优雅的环境。意大利设计师既能设计宏伟的大厦，也能设计室内的一把椅子。

"从一座城市到一把勺子"、"从法拉利跑车到通心粉式样"，设计在意大利设计师心中是一种探讨社会、政治、生活的方式。此外，意大利家具设计并不以逐量为目标，有的品牌一年可能只打造一两套精益求精之作，而无论是家具制造界的"论资排辈"，还是评选年度风尚家具品牌，都少不了伯瓦西的名字。

伯瓦西的历史，可以追溯到 18 世纪末 19 世纪初。其品牌诞生于意大利北部米兰附近的 Gabiate 堡。当时，伯瓦西品牌的第一代掌门人在此经营着一家手工制造家具的小店，以制造床头柜、五斗柜为主，后来其继承人则从事古董家具的修复及复制。目前，伯瓦西家具公司由恩里克、保罗、乔瓦尼、罗伯托四大家族共同掌管。

距今已有 200 年历史的伯瓦西品牌，早已经习惯了承受服务欧洲王室的压力与荣耀，擅长色彩搭配和木制用料。在所有伯瓦西生产的家具系列中，体现罗马式建筑的新古典风格（Neo-Classical，以法国国王路易十四、路易十五为代表）与采用金箔装饰、浮雕及镶嵌工艺的帝政风格（Empire，以法兰西第一帝国皇帝拿破仑为代表）的家具是整个品牌主体风格最精辟的注解。温暖、优雅的居家场景，从居室到卧室，从壁板装修到装饰附件，伯瓦西家具都呈现了所有感动人心的古典气质。

伯瓦西的床、桌椅、柜子、配饰都凝结着不可复制的"光荣岁月"的印记，这是它们吸引越来越多的世界各地的名人政要及富豪们的注意力的主要原因。为此，这些人愿意跟随伯瓦西的设计顾问们穿梭于伦敦、巴黎、米兰、迪拜、莫斯科、旧金山等各大城市之间。在奢华的世界中，这个群体的聚会被称作"伯瓦西贵族沙龙"，代表着一种欧洲精致生活的文化。

伯瓦西是意大利古典家具业的领导品牌，有着"家具中的劳斯莱斯"的美誉，其始于 18 世纪末的古老家具手工艺制作技艺，体现出对艺术和创意的坚定选择和不懈追求，并保证产品的每处细节都有其独特的艺术性和创造性，可以说伯瓦西的每一件产品都是精心制作的艺术精品，处处显示出品牌悠久的王室家具制造工艺的经典传承。

1979 年，伯瓦西承接了制作"东方快车"的餐车及俱乐部装潢的任务，工匠们的高超工艺，使得昔日大量出现于杂志和电影中的场景得以重现，让乘客恍若置身于历史上的那趟著名的横穿欧洲大陆的传奇列车之中。

伯瓦西首席设计师加布里埃尔这样说："200年来，我们一直从事着意大利人传统的手工家具制造，这是一项极为艰难而又富有创造力的工作。那些手艺精湛的工匠们用双手代替了冰冷的机械，赋予了每一件伯瓦西家具以灵魂，无论是一张床，还是床头柜或者沙发都要耗时数月，才能被交付到客户手中。这里需强调一下，伯瓦西不是家具生产商，其所销售的家具也不是商品，而是艺术品。从

前，它们被各国王室所用，现在则被一些上流社会的精英所享用。"

正如加布里埃尔所说的，伯瓦西的每一件家具都堪称绝世精品，风格极致优雅，正因为采用手工原创以及与各国王室的长期渊源，伯瓦西家具成为权势与尊贵的象征。

由于其沉稳内敛的风格特色，在全世界各大城市都可以见到伯瓦西家具的踪影，而意大利总理、罗马教皇、俄罗斯总统、华尔街的银行总裁、中东的石油大亨……这些身份显赫的政要显贵及商界名流都是意大利百年经典王室家具品牌伯瓦西的忠实拥趸，在欧洲、北美或东亚地区的五星级酒店以及王室成员或政治首脑的住宅与办公室差不多都可以看见伯瓦西品牌的家具。

路易十五时期的石面鎏金书橱，爱德华七世时期的客厅沙发组合，纯手工制造的王室公主床……置身于伯瓦西一系列精致绝伦、华贵典雅的新古典主义风格的家具中，你就会嗅到某种厚重的东西——它是一种文化底蕴，绵长而深远；它能够唤起人们关于历史的回想，并从中吸取精华，取得灵感；它是一种文雅的气质，不忧伤，不轻浮，是一种沉思后的宁静。

古典美是人类心灵深处尊崇的美，厚重而有底蕴，是人类历史在光阴

岁月的流逝中堆积下来的审美精髓。许多年过去，古典美并没有被现代社会的时髦光鲜所掩盖，反而越来越成为现代人所推崇的自我表现方式。伯瓦西艺术家具将古典之美不断沉淀，展现出了完美的艺术家具形象，迎合了现代人寻根访古的怀旧情怀。越来越多的人在打造寓所环境时选择新古典主义的伯瓦西艺术家具，这是由于他们体会到，新古典主义风格所蕴含的深沉的文化意义代表着文雅而严肃的生活态度，而不只是家具的仿古造型或是昂贵的价码铭牌。

伯瓦西艺术家具的设计灵感来自于欧洲古典家具业的黄金时代，尤其是法国和英国宫廷家具的风格，成就了伯瓦西家具之美不仅在于其严苛的选材，柔婉的流线，巧夺天工的纯手工雕花，独特的金箔镶饰工艺，更在于其超越时空限制的恢宏气度与和谐神韵，正是这些使伯瓦西家具超越了流于表面的繁复华丽，成为真正具有艺术价值与审美价值的传世之作。

谈到伯瓦西家具的设计,加布里埃尔说:"伯瓦西的很多设计是在古老家具中寻求灵感的。我们的产品主要集中表现1870年左右的英式风格,还有路易时代的法式风格,在这个基础上加入一些现代元素。比如我们最著名的公主系列家具的设计灵感就来源于老式英国风格的家具。我们希望在卧室营造一种梦幻的场景与感觉,还原每个女孩都曾经有过的公主梦。"

在伯瓦西的家具设计师看来,打造一个富有艺术感的家居环境,绝不是摆放几件奢华家具那么简单。从某种角度来说,奢华并不是一个容易讨好大众的词,有人崇尚,有人反感。客观来说,奢华家居并非指的是简单的物质成本堆砌,它代表的是一种华丽的生活态度与高格调的居住品位。空洞的物质奢侈令人厌恶,但真正的奢华则是讲究艺术与美感、历史与文化的,是一种高境界的精神探索。代表奢华的极品家具,更是在追求一种设计上的极致。华丽、简约、精致、优雅都是奢华家具的定义注解与物理属性。而伯瓦西艺术家具则努力诠释着这样一种精神和物理实质。

为此,加布里埃尔说道:"我们希望客户看到的不是产品本身,而是一系列产品所形成的独特设计,我们强调室内空间的整体感,而不是只推荐单个的家具,我们所有产品的表层花纹、颜色和处理方式,顾客都可以根据自己的喜好做选择,这样的话顾客也是我们产品设计的参与者。"比如卧室应该是一个整体,不仅有床、床头柜,还应有窗帘、沙发,而且风格要保持一致。伯瓦西不仅可以为客户提供家具设计,还可以提供包括窗帘、壁纸、橱

柜在内的整个居室所需要的精品，你甚至可以干脆将居室的整体设计全权交给伯瓦西。他们拥有一个非常专业的定制家具咨询和设计团队。无论是客厅，还是卧室，伯瓦西都会为你营造一个舒适的美妙空间。

在伯瓦西的品牌哲学中，"质量"始终是重中之重，这也是受到公司全体成员认同和尊重的价值。伯瓦西公司每一个成员都不遗余力地追求质量的极致，伯瓦西的产品因此充满丰富的细节和精细的效果。在每一项设计、每一道工序中，伯瓦西都追求质量完美，甚至不惜付出巨大的经济和技术成本。

伯瓦西艺术家具的风格是多样的，与一般的意大利家具品牌不太一样，伯瓦西之所以能够走到今天，其主要的原因在于伯瓦西并没有过于追求一些繁复的纹饰，而是为了呈现出一种简单的奢华而更加强调材质的优良，比如伯瓦西家具采用的木料都是纯天然的，表面处理使用的漆不含化学制剂。对于家具的选材，伯瓦西一直坚持选用上等木料与其他材质。其创始人和设计师之一恩里克·伯瓦西并不满足于品牌的现有表现，仍持续在欧洲甚至世界各地广泛参与各类拍卖活动，只要有可能他便买下他最感兴趣的物品；如果不能买下，他也会仔细研究、拍照，并制作出模型。为使家具坚固耐用，根据家具的不同用途，伯瓦西选择使用天然的、具备顶级质量的木料、大理石、皮革、水晶玻璃以及其他原料。木料是伯瓦西世代相传的传统原料，而桃木、胡桃木、橡木、樱桃木等更是常用木料。伯瓦西家具的尺寸和功用能适应现代生活的使用和规格要求，功能实用与典雅高贵被伯瓦西家具完美地统一于现代生活。比如伯瓦西公主系列家具的木材选用了玫瑰木，这是一种直纹理而坚硬的木材，具有浓郁的褐色、紫褐色条纹与黑色斑纹。这种木材本身还能散发出轻微芳香的气味，自然而又持久。应该说，现代机械化生产无法取代手工制作的细腻，也无法表达出对于天然原料的尊重。只有有着几十年艺术家具制作经验的工匠的一双双妙手，才能做出深具灵魂的家具。

新古典主义并不是纯粹旧元素的堆砌，而是通过对传统文化的认知，将现代元素和传统元素结合在一起，以现代人的审美需求来打造富有传统韵味的事物，让传统艺术的脉络传承下去。伯瓦西厚重的历史感让其独具

魅力，物质固然难以不朽，但贵族气质却能永留。从居室到卧室，每一件伯瓦西家具都深具灵魂，散发出非比寻常的高雅气息。

当大批量工业生产和高科技生产风行于世时，伯瓦西家具仍然按照指定的规格由手工制作。至今，伯瓦西仍使用天然的蜂蜡上色，共需经过14道手工上蜡的工序，家具细部则需要工匠使用羊毛布蘸着蜂蜡一层一层进行涂抹，以打磨出古朴的色泽，进而保证每一件产品的每一处细节都有其独特的艺术性和创造性。每件家具皆需要 12~25 位工匠来共同完成，生产一件家具所花费的时间周期为 60天 ~120 天。如此的精工细作让伯瓦西家具获得了"现代的古典艺术品，未来的古董收藏品"的赞誉。

法兰西式的古典风格代表高贵和典雅，其用皮革、丝缎、雕花、石材营造出的富丽堂皇是奢华家居中最为张扬的一种表现形式。作为法式家居不可缺少的组成部分的罗奇堡家具蕴含着浓厚的历史文化底蕴，传承着王室贵族的大气做派，成为许多豪宅装修的首选家具。

rochebobois
罗奇堡

法兰西的奢华经典

历史篇

LISHI PIAN

作为一个拥有100多年历史的法国顶级家居品牌，罗奇堡深得贵族名流的喜爱，更是法国历届总统"御用"的家居品牌。从法兰西传统手工艺的传承，到知名设计师的超凡创意，罗奇堡可以轻易满足人们"法式浪漫"的家居梦。

法国人是被世界公认的最会生活的人，无论是美食、红酒，还是文化艺术，无一不透露着精致与优雅。法国人以他们毫不做作的精致、优雅而闻名世界，他们虽不是世界上最富有的人，但却是世界上最懂得生活的人。尤其是在家居布置设计方面，法国人生活中的点点滴滴都呈现了法式生活的精髓所在。在法国人看来，家不仅是居住的场所，还是一个社交场所，更是凸显主人品位的场所。主人家居装饰的喜好会在随着主人的年龄和阅历的增长而变化。

法式家具的特征，首先是精致与优雅，比起体量庞大的美式家具，它们的外形更精巧和匀称，更注重细节和内在的气质；其次是经典结合时尚，比起简洁明快的北欧家具和简约时尚的意式家具，法式家具的风格则更好地将时尚设计和历史经典结合起来，更注重色彩的搭配和灵魂的感悟。

如果要挑出一个最能代表法式家居风格的品牌，那么非罗奇堡莫属。罗奇堡不仅是全球顶级家居的领导者，更是法式风格家居艺术的先行者。关于罗奇堡的故事可以追溯到1896年，费尔南德·罗奇在巴黎创建了一家名为"罗奇"的家具公司，与此同时，远在俄罗斯的舒切斯家族也在欧洲各地销售他们家族品牌的家具。1930年，舒切斯家族移居

◉ "麻将"沙发家具组合
当代模块家居鼻祖，
同时也是拥有 40 多年历久
弥新魅力的"麻将"沙发
的设计者汉斯·赫普费尔，
与法国高级定制服装设计
鬼才让·保罗·高缇耶联袂
献上的家具组合，为追逐
潮流及舒适体验的人士带
来完美选择。

巴黎，在塞瓦斯托波尔大街开设了一家名为"Au Beau Bois"的家具店（Beau Bois 的意思是美术），即后来著名的 Bobois 的前身。

1950 年，雅克·罗奇买下了位于里昂街的亚历山大·大仲马剧院，然后在此开了两家商店。他和自己的两个儿子菲利普、弗朗索瓦一起制订了公司的发展战略，那就是致力于打造最为抢眼的家具用品。与此同时，舒切斯家族已经在巴黎的塞瓦斯托波尔大街开始经营家具生意，而且声誉渐隆。1960 年，菲利普·罗奇、帕特里克和让·克洛德（舒切斯家族掌门人）在哥本哈根的斯堪的纳维亚家具博览会上进行了会晤。这次历史性的会晤，促成了一个全新家居品牌——罗奇堡的诞生。两大家族在 1961 年完成联手事宜，最终成立了罗奇堡家居公司，成为一个完整的独立品牌。

罗奇堡被誉为是奢侈家居业的一枝奇葩，今天罗奇堡已经成为世界家居设计和销售的领军品牌，

其在业界的至尊地位至今鲜有匹敌。罗奇堡的每一件作品都是设计、工艺和品牌等要素紧密结合所打造。自创立以来，罗奇堡的设计师和工匠创造出许多精致创新的家具作品。100多年来，罗奇堡家居永远不变的追求就是每一天都有新的变化和发展，这也许就是罗奇堡在长达一个多世纪里能够屹立不倒的秘诀。

罗奇堡的尊贵来自其内涵和深度，其产品背后蕴含着很深的文化底蕴。翻开罗奇堡设计师名录，犹如打开当代设计史上熠熠生辉的星谱。正是这些设计师的天才创造，才营造了阿兰·德龙、大威廉姆斯等明星的家。

　　熟悉高端家居品牌的人士，对罗奇堡绝对不会陌生。在家居设计师以及高端消费者心目中，罗奇堡是品位和个性的象征，它在设计上不乏奇思妙想，更把家具和居室的搭配组合发展成一门精湛的艺术，将时尚和品位、造型和奢华和谐地组合成一部部精美的乐章。它是世界家具和装潢界的领头羊，也是法国人的骄傲。

　　100多年来，罗奇堡缔造了无数个传奇，它是玛丽莲·梦露、阿兰·德龙、大威廉姆斯等明星装点居家的首选，也是希拉克总统、密特朗总统、奥巴马总统、科威特王子、沙特王子等政要顶级品位的表达，更是东京、纽约、洛杉矶的君悦酒店对于"五星级品质"苛求的体现。

　　在设计师方面，无论是20世纪六七十年代为前后3位法国总统做室内设计的皮尔·鲍林、德国红点设计大奖等多项世界顶级设计大奖获得者马克·贝尔蒂埃（其作品为法国巴黎蓬皮杜艺术中心、美国纽约当代艺术博物馆馆藏）或者是著名的"球椅之父"艾洛·阿尼奥都为罗奇堡留下大量的经典之作。

除了老一辈设计大师，罗奇堡与世界上众多青年设计翘楚亦有"联姻"，无论是21世纪新生代的欧洲设计金童塞德里克·雷高特，还是引领业界环保风潮的传奇人物克里斯托弗·戴库特……他们都为追求卓越与惬意生活的精英人士奉献了大量独具匠心的标志性罗奇堡家居设计作品。

正是出于对生活艺术的强烈追求，罗奇堡家居的产品从各个方面展现着品牌的价值观——追求浑然天成的整体感与令人愉悦的艺术美。

这便是罗奇堡，跨越三个世纪的家居尊贵传奇。

从推崇欧美知名设计师、建筑师的创意设计，到产品材质的选用和研发，从法兰西传统手工艺的传承和发扬，再到每年举办的两次新品发布会，罗奇堡的家具制作源自生活、融入生活、以人为本，着力为每一位热爱生活的人营造出一种理想家居的环境氛围。

罗奇堡的每一个衣柜都让人惊叹，每一款沙发都让人惊喜，每一件饰品都让人感动，罗奇堡的诱惑力令人无法阻挡，细微之处始终弥漫着一种浪漫的气息，让人们产生共鸣，进而并发出据为己有的冲动和激情。罗奇堡的每一件家具都弥漫着法国资深工匠的灵气，散发着甜蜜的回响，让色彩的大胆组合不再是现代家居的专利。经典诞生于传统，罗奇堡用过去演绎现代，用古老的着色方法处理木纹，给现代人带来无限的想象空间和浪漫情怀。

曾为罗奇堡设计过众多经典产品的大师汉斯·赫普费尔就曾这样说道："好的设计是永恒的家具和良好的投资。"作为当今世界家具业领先品牌的罗奇堡的设计师们运用超凡的想象力，创造出独具

一格的家具和室内装饰产品，其古典、现代、旅行三大系列就充分表现了生活乐趣，彰显了主人的个人品位。在罗奇堡三大系列中，古典系列（Les Provinciales）堪称家居领域的绝对经典。无论是 Commedia 沙发、Adam 扶手椅还是 Collonges 餐厅系列的圆餐桌、餐椅，都凝结着法国手工艺者们的灵感，让人真切地感受到法兰西宫廷的奢华。更为可贵的是，古典系列产品与现代生活完美融合，创造出室内家居装饰的独特艺术，其和谐优美的造型、弯曲流畅的线条，无不诠释了法式古典家具的高贵与奢华。

也许每个人的内心深处都保留着一份天马行空般的浪漫，而家是人们思想和灵魂的栖息之地，如果你还没想好怎么装扮你的家，不如让罗奇堡古典系列帮你装饰你家中的每一个角落。

Commedia 沙发和 Adam 扶手椅有着高田贤三定

◉ 罗奇堡 Commedia 沙发

制面料特有的花纹，充满高雅的味道，可爱又不失优雅。这款高田贤三面料采用了牡丹花风格的印花、条纹、格纹，凸显了路易十五风格雍容华贵的奢华、婀娜和高雅。花是自然的象征，也是力量的象征。它不仅仅是一种装饰，还有一定的意义，牡丹花代表奢华中的简约境界，具有永恒的经典之美，是人们阅尽繁华后对简单淳朴之美的一种自然回归。美丽的牡丹花绽放在靠枕上，或浓烈或隽永，奠定了空间的主调，搭配在单纯色彩的暖色系沙发上，更使靠枕上的缤纷色彩让人眼前一亮；再加上 Commedia 沙发和 Adam 扶手椅采用了榉实木框架，实木的质感透露出自然与原始之美，环保、时尚，拉近了人和材料、人和自然的距离，给人一种亲切感；特有的羽绒泡棉坐垫、羽绒聚酯纤维靠背及 XL 弹簧悬挂设计，令人坐上去有一种别样的舒适和安逸之感；可脱卸式沙发套和扶手椅套方便美观。这两款沙发和扶手椅将色彩鲜艳的古董布料和经典家具外形相配合，极具个性的外形设计加上独特的触感，不仅给人带来炫目奢华的视觉效果，环保的布艺材料与缤纷的色彩更成就了浓烈的艺术品位。

罗奇堡现代系列（Les Contemporains）出自欧洲最顶尖的名家设计师之手，以不断开拓的思想和迥异独特的风格，带给人们站在时尚潮流之上的至高享受。罗奇堡现代系列的家具总是洋溢着法兰西式的奇妙梦想。犹如第一道温暖的春光蔓进室内，幸福霎时次第盛开。

罗奇堡旅行系列（Les Voyages）则会带给人们另外一番感受，该系列结合欧洲和东方古国的文化风格，致力于创造个性化的家居风格，让人们领略一个完全不同的世界。

◉ 罗奇堡 Adam 扶手椅

继简约风、复古风、混搭风、新古典风盛行之后，环保——保护生态资源、维护人类社会的可持续发展，已成为当今全球最重要的课题之一。作为世界家具业领头羊的罗奇堡集团率先投身其中，与法国著名设计师克里斯托弗·戴库特合作，经过数年的策划和设计，终于孕育出了第一个环保概念的系列家具产品——传奇，这一系列家具全球范围共限量发售 250 套。

如果说意大利家具的托斯卡纳风格是为热爱艺术的人士量身打造的，那米兰传统风格就是专门为身份高贵的王室贵族定制的。哥伦布斯蒂家具是米兰风格的完美体现，在哥伦布斯蒂家具中，椅子，不仅仅是一张椅子而已。人们使用它时，它完美的质感令人心满意足；不使用它时，它便是艺术品，具有强烈的存在感，而且不失典雅与浪漫。

哥伦布斯蒂

奢华与艺术的交响乐

历史篇
LISHI PIAN

作为意大利最古老的手工家具品牌之一，哥伦布斯蒂早在一个世纪之前，便确立了它的国际声誉。哥伦布斯蒂家具的设计哲学植根于意大利优秀的传统艺术文化土壤中，它以艺术与科技、传统与现代的完美结合引领了全球的设计时尚潮流。

以前中国人中知道哥伦布斯蒂家具的并不多。绝大多数人都是在听到一则关于流行音乐天王迈克尔·杰克逊逝世的相关新闻后，才真正认识这个意大利手工家具品牌。2009 年 6 月 25 日，迈克尔·杰克逊因被医生注射过量药物而心脏停搏，在洛杉矶去世。正当全世界的歌迷为天王的离去而悲伤时，迈克尔·杰克逊的母亲凯瑟琳·杰克逊收到了一封来自英国一家设计公司的信件，信中这样写道："非常抱歉所发生的一切，你能想象，这对每个人都是

◎ 哥伦布斯蒂艺术书桌

　　哥伦布斯蒂公司创立于 1886 年，厂址位于意大利米兰北部布里安扎区一个叫梅达的城镇，那里是意大利手工家具的摇篮。

🌑 哥伦布斯蒂 19 世纪书桌

难过的时候。迈克尔喜欢我们的家具，我们给他看家具的照片，他从中进行挑选……"

　　信中所提到的家具便是意大利手工家具的著名品牌哥伦布斯蒂的产品。就在迈克尔·杰克逊死前不久，意大利奢华家具制造商哥伦布斯蒂曾收到的来自英国某室内设计公司的订单。这套华丽家具是杰克逊为他在英国肯特郡的寓所添置的，每一件都是由他亲自挑选并且由哥伦布斯蒂为其特别定制的，上面都有"为迈克尔·杰克逊定制"的铭牌标示。不幸的是，这套家具还没有来得及送出去，迈克尔·杰克逊就突然离世了。哥伦布斯蒂家具公司在得知这一消息后，将迈克尔·杰克逊生前所付的 70 万美元货款如数退还给他的母亲。几个月后，在拉斯维加斯的一场拍卖会上，这套共 22 件的定制家具引起了全世界的瞩目。拍卖行的老板达伦·朱利安说："从这些家具中，歌迷和公众可以想象迈克尔的家到底是什么样子的。"这些定制家具极尽奢华，顶上装饰皇冠的定制木扶手椅、17 世纪风格黑檀木质地的写字台、镶满贝壳的绿色围手椅、充满东方神秘色彩的壁挂五斗橱……迈克尔·杰克逊青睐的这些家具是他留给这个世界最后的奢侈品位。

到底哥伦布斯蒂家具有什么出众之处，能吸引这位天王的注意力？这一切都要从意大利手工家具说起。著名作家和艺术评论家乌贝托·艾科说过，如果说别的国家有一种设计理论，意大利则不仅拥有一套设计哲学，同时还具备完整的一套设计产业链。意大利家具设计哲学植根于意大利优秀的传统艺术文化土壤中，它以艺术与科技、传统与现代的完美结合引领全球的设计时尚和潮流。现在，无论是在英国的白金汉宫还是在美国的白宫都能见到意大利家具的身影，可以说，意大利家具已经在世界上确立了独一无二的地位。

100多年来，从欧洲大陆到美国，哥伦布斯蒂家具都获得了巨大成功，哥伦布斯蒂用完美的产品征服了每一位享用它的人。1973年，哥伦布斯蒂家具公司成为意大利家具装饰行业的龙头企业，并享誉世界。

在1991年，另一家充满活力的家具公司SIPARR收购了哥伦布斯蒂公司的大部分股份，成为其新主人。这次收购并未对哥伦布斯蒂这个百年家居品牌造成影响，新任总裁不假思索地决定，继续沿用"哥伦布斯蒂"这个品牌名字，因为他知道这个名字代表是什么，其价值是无法估量的。从那起，哥伦布斯蒂成了世界顶级奢华家具的代名词。

自1992年起，哥伦布斯蒂获得了快速发展。出色的销售成绩来自于该公司的英明决策，他们的创新精神可圈可点。在新公司成立不久，哥伦布斯

⚙ 哥伦布斯蒂樱桃木棋盘

意大利家具的尊贵之处在于完全采用手工制作，哥伦布斯蒂家具也是如此。这款樱桃木棋盘从选材到雕刻，从镶嵌到抛光，全部采用手工来制作完成。只有这种细腻、用心的手工制作才能表现出意大利制造的真谛。

蒂的董事会就决定聘请多位设计师。他们最开始并没有聘请室内装潢设计师，而请来一位颇有名气的建筑师，他就是毛里齐奥·基亚里。毛里齐奥·基亚里出生在帕尔马，后来到米兰主攻建筑学，并取得米兰建筑学院的学士学位。不仅如此，毛里齐奥·基亚里还是布雷拉美术学院的一位高才生。可以说，他是意大利建筑设计、室内设计领域中最有品位的设计师，他的客户大多为意大利的实业家，他曾专门为沙特王室成员的家做过整体设计，而且与著名的电影制片人，如维斯康蒂、莫尼切利都有过合作。

来到哥伦布斯蒂不久，毛里齐奥·基亚里便与著名室内设计师卡洛·兰帕齐开始合作。卡洛·兰帕齐在瑞士、法国的室内设计领域拥有极高的声誉，他的设计创意总是充满激情，而且不拘一格。

两人的合作为哥伦布斯蒂确定了一种全新的古典风格。从两人的共同设计中可以看出，哥伦布斯蒂将建筑风格运用于家具设计中，同时也为宫廷式高档家具在市场上被人们广泛认知开了先河。出人意料的形状、大胆的材料选择和不拘一格的搭配，被两位天才演绎得淋漓尽致，无论是沙发还是床榻，无不展示出古典建筑的庄重、大气与恢宏，同时又具备了时尚的色彩与气息。

选购哥伦布斯蒂家具的人大多非富即贵，身家上亿的工商界富豪、王室贵族在哥伦布斯蒂的客户名单里极为常见，此外像迪拜的帆船酒店、罗马的罗德拜伦酒店，都选择哥伦布斯蒂家具来彰显自己的王者气质。同样的王者风范，也是天王迈克尔·杰克逊青睐哥伦布斯蒂家具的原因。

自1961年起，创办迄今已经有50多年历史的米兰国际家具展，在全球家具业享有"家具业奥林匹克"盛会的美誉，并成为全世界家具、家饰设计专业人士一年一度"朝圣"的盛会。哥伦布斯蒂的顶级奢华家具历来就是该盛会的主角，吸引着全世

◎ 哥伦布斯蒂艺术写字台

　　极度的奢华和肆无忌惮的想象力，造就了哥伦布斯蒂家具无可比拟的尊贵感和奢华感，更重要的是那不会被时代所淘汰的艺术美感，凸显了意大利人对生活的热爱，也代表了意大利人对完美的理解和追求。

界尊贵客人的目光。

乐坛天王迈克尔·杰克逊生前曾委托英国一家设计公司，从哥伦布斯蒂定制了22件华丽家具，这些家具的样式由他亲自挑选。其中，迈克尔·杰克逊委托哥伦布斯蒂定制的一对手雕的镀金木扶手椅极为抢眼。椅子顶部饰有皇冠，红天鹅绒垫上绣有戴了金色皇冠的双头鹰图案。这对椅子堪比Technico CS工作室设计的卡拉莫斯系列中的沙皇尼古拉的王座，由哥伦布斯蒂公司采用严格规范纯手工制作，零售价大约9.5万美元。

哥伦布斯蒂为这位天工定制的写字台也不同凡响。镀金的乌木写字台，上有珍珠母和珍贵的嵌木，加入法国镀金黄铜元素，泛着古铜的绿色光泽。这张17世纪风格的写字台出自著名设计师毛里齐奥·基亚里之手，其零售价超过19万美元。

也许你认为19万美元已经是天价了，不，这还不是最贵的。哥伦布斯蒂为迈克尔·杰克逊打造的一张三块雕花实木组成的大型镀金九座沙发，其零售价高达22万美元，恐怕是世界上最贵的沙发。这款沙发使用24K纯金打造，并配有红天鹅绒软垫。这款沙发还镶嵌了美第奇家族的石木、三只卷枕和软垫扶手，而沙发的披肩和花饰枕头还不包括在内。这款弧线型折中主义沙发出自马莱尔巴·乔万尼·玛利亚·布斯卡设计的艾丝美拉达系列。

除了这些，哥伦布斯蒂的设计师玛丽娜·巴尼和马可·佩纳蒂还为迈克尔·杰克逊设计了一张垫有红天鹅绒垫的抽象风格睡椅（售价2.4万美元），马莱尔巴·乔万尼·玛利亚·布斯卡设计了一张"圣马可"案桌。这是一张充满想象力的樱桃木框壁装式案桌，侧面有雕花。柜子使用24K纯金制成，用意大利雕刻家乔托常用的色彩油漆，镶嵌了红木、蔷薇石楠木和麦当娜石楠木。还有个性化手漆陶瓷装饰，镀金的刻纹缎银色夹头，裱有珍贵的水晶石以及绿色

◉ 哥伦布斯蒂为迈克尔·杰克逊打造的大型镀金九座沙发

● 迈克尔·杰克逊定制的
17 世纪风格的写字台

　　黑檀木的质地，满布
的镀金包裹的复杂花纹，
并镶嵌珍贵的珍珠母、法
国黄铜，这款写字台显得
奢华而威严。

云石。

　　在这些奢华家具中自然少不了卡洛·兰帕齐的
作品，这位天才设计师设计了两款扶手椅：第一款
被命名为施华洛世奇，该扶手椅配有用白金装饰和
施华洛世奇水晶制成的金属羽毛软垫；另一款野猫
扶手椅，则装有边缘是鸵鸟羽毛的人造豹纹皮软
垫，还有定制的印花图案和塑胶前腿。两款扶手椅
的售价将近 6 万美元。在这套专门为这位流行音乐
天王定制的家具上面，都有"为迈克尔·杰克逊定
制"的铭牌标示。

　　尽管迈克尔·杰克逊的传奇已经无法延续，但
哥伦布斯蒂的传奇仍会继续。作为意大利手工家具
行业的顶级品牌，哥伦布斯蒂承载着辉煌的历史，

而无论时代如何发展，科技如何进步，哥伦布斯蒂的工匠和设计师们依旧采用了祖辈传承下来的手工艺来进行家具的制作。手工艺已经成为他们的文化与生活方式中不可或缺的一部分，也给全世界追求高品位生活的人们带来了奢华、高雅、舒适的家居享受。

家具产品是否能终生使用不在于时间年限，而在于制造者的用心。哥伦布斯蒂用手工打造的家具，是源于1886年的艺术遗产，也是人们在被流水线产品充斥的生活中，收获的一份惊喜。

哥伦布斯蒂的家具设计师均为国际知名的艺术家，他们与哥伦布斯蒂长期合作，为人们设计椅子、沙发、桌子以及其他室内家具。从某种程度上来说，他们才是"意大利制造"历史的书写者。在众多的哥伦布斯蒂家具设计师中，除了首席设计师卡洛·兰帕齐和毛里齐奥·基亚里之外，还有马莱尔巴·乔万尼·玛利亚·布斯卡、玛丽娜·巴尼、马可·佩纳蒂、让·安托万·耶罗、安德烈·达尔·欧里欧、西尔维奥·德蓬特和彼得·加埃塔等人。也许你对他们并不熟悉，但他们每个人都是可以被称为大师的人物。

马莱尔巴·乔万尼·玛利亚·布斯卡出身于一个艺术家庭，从小便受到艺术熏陶，青年时期主要学习建筑学，毕业后广泛涉猎家具、珠宝和室内设计多个领域，他的创作极富想象力与感染力。让·安托万·耶罗出生在卡萨布兰卡，17岁就开始了设计生涯，并参与了法国官方艺术家法国大革命200周

◉ 卡洛·兰帕齐的作品——野猫手扶椅。

年庆祝活动。他自 1994 年开始设计家具，3 年后成为哥伦布斯蒂家具公司的签约设计师，先后设计了一个开放的世界、星光等系列家具。玛丽娜·巴尼和马可·佩纳蒂主要负责哥伦布斯蒂家具公司伦巴第大区的管理设计工作，他们从 2000 年开始参与哥伦布斯蒂家具精品展览会的筹备，该展会曾在莫斯科举办过两次规模很大的展览，深获好评。安德烈·达尔·欧里欧的设计风格也很独特，他将时装设计的成功经验完美地融入到家具设计中来，哥伦布斯蒂家具的面料选择及设计都是出自他的创意。西尔维奥·德蓬特是一位艺术家，任教于米兰的多莫斯设计学院、罗马第一大学和米兰理工大学。彼得·加埃塔是一名建筑师，曾作为亚历山德罗·门迪尼的助理参与许多作品的设计，随后作为一家公司的设计师和艺术总监，参与了众多的国际家具展览。

哥伦布斯蒂家具选用的原材料都是精选的名贵木材，在布料和皮革方面，哥伦布斯蒂家具也是选用优质材料。从亚麻到纤维，从棉布到丝绸，工匠们在布料也融入了文艺复兴时期的艺术美感，将布艺的优雅与艺术完美地结合在一起，那唯美典雅的质感，成为布艺世界里的柔美传奇。同样，哥伦布斯蒂家具所用的皮革也是选择高质量的一等皮革，经过纹理和色泽的严格挑选，再通过一系列的工序，将皮质的奢华与尊贵淋漓尽致地体现出来。哥伦布斯蒂认为"上等皮革表面柔软，富有弹性，能给人带来愉悦感，并且拥有布料无法比拟的尊贵感和奢华感"。

哥伦布斯蒂家具的手工艺以其巧夺天工、细致考究闻名于世，尤其是雕刻部分，出自意大利工匠之手的每一处雕花都能做到栩栩如生，灵巧的设计与精致的工艺浑然天成，细节点点入微，尽显优雅与尊贵。

从时装、珠宝到家居，宝缇嘉以独树一帜的低调态度，向世间品位之士展现了行云流水般的优雅。宝缇嘉家居系列一如既往没有耀眼的Logo，亦没有张扬的风格，却依然耀眼夺目，其货真价实的奢华品质不仅让品位之士爱慕不已，更诠释了宝缇嘉的奢华理念——细微出矜贵，高雅显尊荣。

BOTTEGA VENETA

宝缇嘉

低调的高贵

源自意大利出类拔萃的手工艺传统，宝缇嘉是皮革品牌中的翘楚，以精湛手工和优雅款式驰名于世。一直看重品质与技艺结合的宝缇嘉，采用最优质的皮革配合臻至完美的手工技术，为旗下精品META系列皮制家具赢得品质超卓的赞誉。

提到宝缇嘉，人们的第一印象就是低调。在时尚界有这样一个说法："当你不知道用什么来表达自己的时髦态度时，可以选择路易·威登，但当你不再需要用什么来表达自己的时髦态度时，可以选择宝缇嘉。"可以说，宝缇嘉向来是以其"低调的高贵"而备受赞誉的。

大多数人是从宝缇嘉的皮革制品认识这一品牌的，它有着"意大利爱马仕"的美誉，于1966年由莫尔泰多家族创建于意大利维琴察，取名为

"Bottega Veneta"，意即"Veneta 工坊"。意大利的维琴察历来是欧洲奢侈品的制造重镇，莫尔泰多家族之所以能脱颖而出，完全仰赖于他们独家的皮革梭织法。20 世纪 70 年代，宝缇嘉声名鹊起，成为顶级的奢侈品品牌。

20 世纪 90 年代，古驰在汤姆·福特的改造下以张扬与奢靡的形象开始一统天下，内敛的宝缇嘉举步维艰。维琴察汇聚的被仰慕过无数次的能工巧匠们也许都未曾想到，一个 6 年前被皮革气息迷倒的德国人会成为扭转局势的关键人物。他的名字日后被圈内人作为英雄般提起，圈外人则津津乐道于他"谨慎的个人主义"，他就是宝缇嘉的设计总监托马斯·玛尔。托马斯·玛尔从小生活在德国小城巴登－巴登，身为建筑师的父母对他影响至深，注重细节的极简主义与包豪斯设计都让他看得入迷。德意志式的严谨、低调、讲究质感与创造力的结合，以及在爱马仕的 9 年辛勤耕耘使他览尽世界顶级的皮革工艺。2001 年，托马斯·玛尔获邀进入宝缇嘉之后，为其带来了崭新气息。他还特意制定了"四个核心"的理念：上等质量的素材、卓越的工艺、时尚的功能，以及隽永的设计。

托马斯·玛尔曾说："奢华是一个非常个人化的东西，与金钱无关，是一种独到的品位和独到的经验。"他牢牢地把握住从巴黎高级时装学院学到

的"茂盛、中庸、色彩和形状"这几个关键词，将美学与激情融入每一个细节，辅以丰富的工作经验和奢华低调的理念，令宝缇嘉不仅传承了其所独有的美学概念和高级品质——例如从独门的编织皮包，到尊贵的家居产品，再到与 St. Regis 酒店合作设计的品牌标识套房，更令有了他的印记的宝缇嘉更专注于工艺与品质，以星星之火可以燎原之势，迅速俘获了很多人的心。

宝缇嘉家具系列如其皮具及时装系列一样，秉承品牌一贯的创作理念，集合优质的素材、精巧的工艺、时尚的功能及隽永的设计于一身。真正成就宝缇嘉超越时间和地域的元素相当多元，包括其简洁而别树一帜的特质以及富有时代气息、功能卓越、技艺精湛、创意超卓、品质崇高等品牌风范。

在家居领域，宝缇嘉与全球顶级的皮革家具品牌珀秋纳·弗洛合作推出的 META 系列皮制家具展现出极富个性的美感。如售价将近 9 万元人民币的 META 扶手椅，由宝缇嘉创意总监托马斯·玛尔亲自设计，该扶手椅以陈年的山毛榉木及白杨木制造，坐垫则是以拥有专利的 Pelle Frau 皮革制成。

这款扶手椅专为阅读而设计，拥有高椅背、方便的靠手和一个柔软又充满弹性的靠垫。

这款扶手椅拥有流畅的线条及优雅的弧度，完全手工制作。最为独特的是，从外观看，整个椅子找不到任何缝线和螺钉，彰显了宝缇嘉精湛的传统皮革加工技艺。不仅如此，你也很难发现宝缇嘉的 Logo，但却能看见宝缇嘉标志性的 Intecciato 精致编织皮革的身影，如扶手椅上的圆形靠枕。

除了扶手椅，META 系列全套皮制产品还包括一张两人座的皮制沙发、META 餐桌椅、META Pouf 矮凳，以及现代版的 18 世纪公爵夫人椅 META Brisée。这些灵感源自宝缇嘉行李箱的手工家具，既包括大型餐桌、茶几和垂直锯木桌，也包括以麻布或皮革编织而成的 intrecciato 编织床头板、相框、靠枕、纸镇、笔架、餐巾盒、名片盒等小件家居饰品。可以说，宝缇嘉的每一件家居饰品都凝结了设计师、人体工程学专家及艺术家的智慧结晶。这些为阅读、休憩和社交——简而言之即生活——而设计的家居产品，代表着宝缇嘉的理念：用最优质的皮革配合臻致完美的手工技术，打造低调奢华的生活居所。

宝缇嘉在罗马 St. Regis 酒店内打造了一间独一无二的宝缇嘉套房，整间套房由宝缇嘉创意总监托马斯·玛尔亲自设计，并以宝缇嘉家居系列产品装饰，展现极富个性的美感、智慧结晶及对细节的关注。套房所提供的极致服务与优雅感觉，正符合 St. Regis 酒店一贯的美誉。这间精致、华丽、原汁原味的宝缇嘉套房，会为所有品位之士带来极致奢华的体验。

正如许多其他著名品牌一样，宝缇嘉也已经不再满足于仅仅在自己的"一亩三分田地"里设计和生产服装、首饰、家居产品，打造一座展现自身品牌设计理念和风格的酒店是其最新爱好。创意总监

托马斯·玛尔为此表示："我们欣喜地见证了家居家具系列的发展过程。它的持续扩展让我们设计出更多不同的选择，令整个系列更完满，更能符合家用的需要。很多家具的设计概念都是来自顾客的要求，所以新增产品都是很随意地诞生的。我们承诺会创造出更多多用途、低调而又富于美感的产品，而与 St. Regis 酒店的合作正是承诺的兑现。"

宝缇嘉在拥有百年历史又修葺一新的 St. Regis 酒店辟出一间奢华品牌套房。St. Regis 酒店的建筑物拥有悠久的光辉历史：建于 15 世纪初，由建筑师菲利普·布鲁内莱斯基设计，原为当地贵族的宫殿，后于 18 世纪中期被改建为酒店。宏伟的酒店建筑，加上优越的地理位置——坐落于阿诺河畔，离乌菲兹博物馆（Uffizi Gallery）仅咫尺之遥，令酒店成为名人旅客（包括英国维多利亚女王在内）下榻的首选。有鉴于该建筑物的历史价值，宝缇嘉的复建计划审慎周详，事前更勘察了佛罗伦萨两座最著名的皇宫以做参考。设计师采用一丝不苟的翻新技术，保持建筑物的完整性，而所有工程一律采用当地匠师、产品及设计素材，力求尽善尽美。宝缇嘉套房由创意总监托马斯·玛尔亲自打造，位于酒店二层，面积达 112 平方米，设有一个睡房、两个浴室及一个客厅。套房内采用了宝缇嘉最具代表性的自然及柔和土壤色系，无论是家具、布艺还是配饰均选自宝缇嘉系列产品，稳重而低调的风格使任何熟悉宝缇嘉的客人都能一眼看出房间是出自它的手笔。考究的设计细节包括特别定制的经漂染天然新西兰羊毛地毯、intrecciato 编织小羊皮相架及靠枕等。套房内还被饰以手绘的佛罗伦萨及塔斯卡尼城

市景观，搭配意大利古典手工雕刻镀金草叶饰框。装点在各个角落的古董及装饰品也显得独具匠心。各项特色最终融合为一，营造出清幽雅致的套房环境，既糅合了佛罗伦萨的美学传统，同时让旅客尽情体验宝缇嘉的精湛工艺、奢华格调与舒适感觉。

宝缇嘉创意总监托马斯·玛尔表示："为一间处于佛罗伦萨市中心，同时是世界上最具历史意义的酒店设计套房，绝对是一次难忘的经验。四周弥漫的浓厚的艺术与历史气息，令我思潮澎湃，我希望与套房的宾客分享这份独特体验。他们定会沉醉于佛罗伦萨的独有魅力，受到这个意大利文艺复兴的核心城市的启发，同时尽情享受宝缇嘉带来的豪华舒适感觉及 St. Regis 酒店提供的卓越服务。"

⊛ 宝缇嘉 Tassello 组合椅系列

这套家居产品是宝缇嘉与意大利经典家居品牌珀秋纳·弗洛合作生产的最新组合椅系列。该系列家具设计非凡、工艺精巧且极具吸引力，同时兼顾家具的个性化需求，可适应不同类型空间，同时又如同宝缇嘉手袋般质感柔软，内里藏有软垫。

科里欧·坎佩里尼家具完美地继承了洛可可艺术的传统风格，在艺术与时尚之间找到了一条与众不同的成功之路，而成为秉承洛可可风格的时尚领袖。它把家居装饰演绎成艺术，把品位浓缩成永恒的珍藏。

科里欧·坎佩里尼

洛可可风格的时尚领袖

历史篇
LISHI PIAN

来自意大利的科里欧·坎佩里尼被视作洛可可风格最具代表性的家具品牌，其总裁弗兰克·坎佩里尼以过人的艺术天赋，重现了 18 世纪欧洲宫廷浓烈的家居艺术，并以高雅挺秀、严谨简朴的艺术格调著称于世。

在欧洲这块古老的土地上，家具制作的历史几乎与人类文明的历史一样漫长、精彩。欧式家具随着时代的变更不断地变化发展，17 世纪路易十四时期，巴洛克式的欧式家具常带有男性的阳刚之气，其最主要的特点就是通过雕刻来体现力量。到了 18 世纪，路易十五与路易十四的性情大不相同，法国开始形成以女性为中心的沙龙文化。在室内装饰艺术方面，路易十五带领整个贵族阶层进行了一场轰轰烈烈的浪漫主义革命运动，使法国上层社会在艺

术欣赏和生活方式上从推崇古希腊、古罗马的古典主义转变为追求带有东方情调的浪漫主义。这一时期的室内装饰从天花板到墙壁，从水晶吊灯到鎏金座钟，不仅要求原料上乘、做工精细，更要求样式新颖、与众不同。而过去时代的家具和装饰品，无论是哥特式的、文艺复兴式的，还是路易十四时期的，统统被弃置不用。正是在这一时期，法国产生了对后世影响极大的、浪漫色彩浓重的洛可可装饰风格。在浪漫主义的旗帜指引下，这一时期法国家具的制造水平已达登峰造极的地步。家具的制造工艺从来没有这样复杂精湛，种类从来没有这样繁多，造型设计从来没有这样美观奇特。可以说，洛可可风格反映了路易十五时代宫廷贵族的生活趣味，曾经风靡整个欧洲。

  在今天的众多国际家具品牌中，来自意大利的科里欧·坎佩里尼被视作最具代表性的洛可可风格家具品牌，同时，它也是"家具时尚化"这个全新概念的领路人。科里欧·坎佩里尼家具公司由坎佩里尼家族掌管，20世纪50年代，坎佩里尼家族凭借世代相传的手工制造技术，一直从事着仿古家具的制造与销售。在国际家具市场上，科里欧·坎佩里尼一直享有极高的声誉，被认为是18世纪欧洲洛可可风格家具最杰出的代表。

  科里欧·坎佩里尼的成功离不开一个人，他就是该公司的现任总裁弗兰克·坎佩里尼。从很小的时候起，弗兰克·坎佩里尼就展示了与年龄极不相符的艺术感知力和创造力，出色的艺术设计和绘画才能使他考上了两所艺术院校，最终为家族事业的成功打下了坚实的知识基础。

  弗兰克·坎佩里尼每天都在琢磨着用创新的工艺和设计来制造产品。在设计上，他没有故步自封，单一地制作仿古家具，而是在传承古典风格的同时，加入了许多时尚元素，这正是科里欧·坎佩里尼家具的画龙点睛之笔。纵观其所有产品，均秉承了洛可可艺术风格，多处运用贝壳造型，由此引申出一种纤巧、华美的独特样式。人们可以在科里欧·坎佩里尼的每一款家具上面发现这些踪迹：艳丽、细腻，追求表面上的感官刺激；造型与线条具有婉转柔和、优雅安逸等特点。

作为"家具时尚化"概念的创始人，弗兰克·坎佩里尼在2003年推出了极为奢华的系列家具产品，并将其定名为极致奢华系列。这一系列产品更多地使用了毛皮、水晶以及珍贵的金属材料，这使产品带有非常强烈的迷幻色彩，从而一经推出就取得了巨大成功。弗兰克·坎佩里尼的目标是成为艺术风尚的领导者，而非追随者。科里欧·坎佩里尼的设计室就设在公司总部，由弗兰克·坎佩里尼本人直接管理。他希望用自己独特的家具设计风格让科里欧·坎佩里尼在整个家具设计领域始终保持"领跑者"的地位。

"设计是一种流行，结合了时尚成为人们日常生活的一部分，通过细微的差别展现全然一新的概念。"这便是成立于1946年的意大利名品家具科里欧·坎佩里尼的设计理念，它从诞生的那一刻起，就成为世界当代家具设计的推动者。

科里欧·坎佩里尼家具公司坐落于意大利北部的科莫湖地区，这里被称为意大利的"世外桃源"。有人戏称，意大利美丽的科莫湖造就了科里欧·坎佩里尼家具极致的美感，虚幻缥缈的湖岸景致终日陶冶着科里欧·坎佩里尼的设计师们，使他们赋予了科里欧·坎佩里尼家具完美、独特的造型。

从纽约现代艺术博物馆到法国蓬皮杜文化中

心，从波士顿博物馆到东京现代艺术馆，几乎全世界的艺术博物馆都收藏着科里欧·坎佩里尼的设计，它们向全世界展示着科里欧·坎佩里尼对于当代风格、前卫概念和实验设计的理解。

科里欧·坎佩里尼从历史、地理、世界多元文化中萌发出设计灵感，最后集结出创新的思维，每个创意都是不同元素间对话的基础和简短表达。从1996年起，科里欧·坎佩里尼就一直受邀参加意大利米兰、维罗纳，以及世界其他各地的重要家具展会；2004年雅典奥运会时，希腊最好的也是世界最著名的乔治国王二世皇宫酒店，作为奥运会指定接待各国政要的酒店，将科里欧·坎佩里尼选作唯一的高档家具供应商，提供酒店内"总统套房"和"皇室套房"的家具和饰品配置。科里欧·坎佩里尼家具产品销往世界很多国家，成为意大利乃至全世界艺术收藏家们竞相鉴赏收藏的对象。

领先、卓越的设计是科里欧·坎佩里尼一贯的追求，今天，被其收入麾下的优秀设计师在不断更新着科里欧·坎佩里尼的产品，赋予了这个品牌以力量与鲜明的个性，向人们诠释着当代家居艺术的新境。

"洛可可"（Rococo）一词在法语中是"岩石"、"贝壳"两个词组成的复合词，洛可可风格是以复杂的波浪曲线模仿岩石和贝壳的外形，并配以纤巧的雕饰，以追求运动中的纤巧和华丽，给人以流畅的动感。严格地说，洛可可风格是18世纪初在法国宫廷中形成的一种室内装饰手法，这种风格的家

具于 18 世纪 30 年代逐渐代替了巴洛克风格的家具。

科里欧·坎佩里尼家具虽然是意大利制造，但完美地继承了"洛可可艺术"的传统风格，多处运用贝壳造型，其最大成就便是在法国古典洛可可风格的基础之上，进一步将优美的艺术造型与功能的舒适性巧妙地结合在一起，形成完美的工艺作品。比如，科里欧·坎佩里尼最著名的 S 椅就是全世界家具设计的标杆。特别值得一提的是，科里欧·坎佩里尼的古典家具一直坚持高雅的风格，俯视着现代时尚，受到了业界的认可和推崇，并成为一种身份和地位的象征。

多年来，科里欧·坎佩里尼一直宣称自己销售的并不是单件的家具产品，而是一种生活的理念，一种生活的哲学。比如它推出的全套极致奢华系列，以优美的曲线框架，配以织锦缎，并用珍木贴片、表面镀金装饰，使其不仅在视觉上给人极端华贵的整体感觉，而且在实用和装饰效果的配合上也达到了空前完美的统一。

和其他高端家具品牌一样，科里欧·坎佩里尼家具高昂的价格让普通消费者难以接受，但对于那些身家不凡的精英人士来说，付出高昂的价格购买科里欧·坎佩里尼家具绝对是物超所值。因为每一件科里欧·坎佩里尼家具都是由工匠纯手工制作而成，即使最细微的地方也是如此。就拿抛光这道工序来说，工匠们就要花上几个星期的时间进行反复打磨，直到呈现出完美的弧度与平滑度。

在用料方面，科里欧·坎佩里尼一直采用传统的高档木料，如橡木、胡桃木、樱桃木、橄榄木、紫罗兰木和红木等，再加上雕刻师的精雕细琢，这让整件家具显得雍容华贵又充满幻想。除了传统材质之外，科里欧·坎佩里尼家具也受到时装潮流的影响，比如皮草的运用，各类稀有金属、宝石的镶嵌，都为其增添了华贵之感。

　　在色彩运用方面，恐怕没有哪一个家具品牌能像科里欧·坎佩里尼这样大胆，黑白两色的反衬，红色、金色、银色的大胆运用，让其产品充满了独特的视觉美感，富有极强的诱惑力。比如科里欧·坎佩里尼的贝壳沙发，红与黑的强烈刺激，华丽丝绒与不羁皮毛的混搭，沙发脚采用银白色的金属材质，给整体注入一股凛冽的现代感，又避免了大红色给视觉带来的过度冲击，洛可可风格的贝壳造型华美、鲜明，雍容华贵似女王君临天下的宝座。科里欧·坎佩里尼的贝壳床也独具特色，古典造型的贝壳型床头，材质选用白色丝绸，华美高贵中不失细腻舒适，床脚选择珍贵木材，经手工雕刻、抛光，呈现精致的图案与柔和的色彩，更为卧室平添了一抹温馨。

　　如果说英国的家具设计大师奇朋代尔的家具作品是洛可可家具的同义词，那么科里欧·坎佩里尼家具便是洛可可风格的继承者，它以其高质量的产品和深厚的文化底蕴，成为家具界中耀眼的明星。

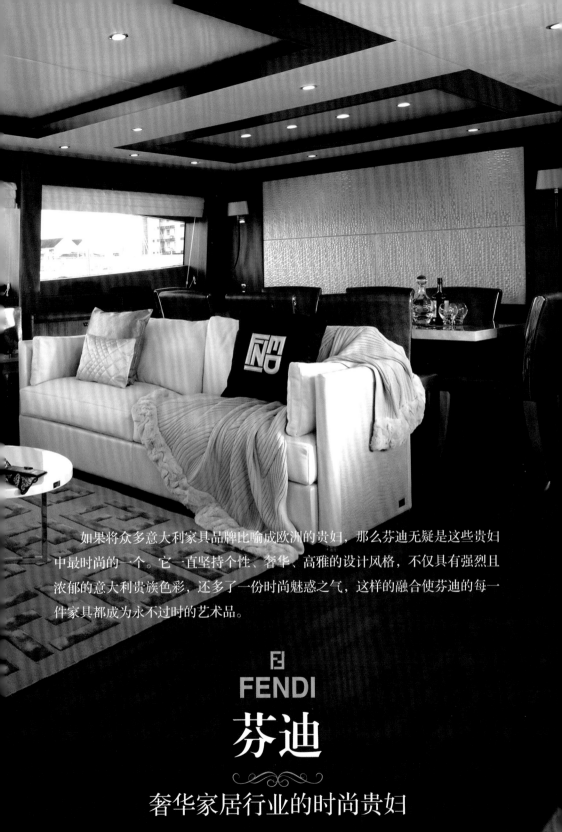

如果将众多意大利家具品牌比喻成欧洲的贵妇，那么芬迪无疑是这些贵妇中最时尚的一个。它一直坚持个性、奢华、高雅的设计风格，不仅具有强烈且浓郁的意大利贵族色彩，还多了一份时尚魅惑之气，这样的融合使芬迪的每一件家具都成为永不过时的艺术品。

FENDI

芬迪

奢华家居行业的时尚贵妇

将皮草材质运用到家居产品中已经逐渐成为家具制造的潮流，善于使用皮草原料的时尚霸主芬迪便是其中的佼佼者。以皮草起家的芬迪至今仍以其皮草类制品在世界时装界拥有王者之尊的地位，芬迪卡萨（Fendi Casa）家居系列延续了芬迪在时装领域的卓越成就和丰富经验，将时装设计中的新锐、前卫风格潜移默化地引入家居产品中，营造出奢华的时尚感，表现出与芬迪时装同样的高贵品质。

提起芬迪，人们首先想到的便是它广为人知的奢华皮草，或者是其被奉为潮流典范的经典手袋。在奢侈品领域，芬迪从未停止过开拓崭新的创作空间，1989 年，这个以皮草起家的国际奢华时尚领军品牌开发了芬迪卡萨家居系列，在全新的家具领域，芬迪以不可阻挡之势向全世界的人们演绎了时尚家居的优美与高贵。

在奢侈家居品牌中，有人说阿玛尼冷艳，古驰简约，芬迪则有一种"玩奢华于股掌之上"的惊人魄力。大量马鞍缝法的皮毛、流苏的皮革、印花织物的运用，让人一进入芬迪的家具世界就仿佛跌进奢华的海洋——每件家具看起来都那么雍容美艳，每个细节都尽善尽美，单是压纹就有鳄鱼压纹、蜥蜴压纹、蟒蛇纹、鱼纹等数十种不同的珍稀动物皮纹，它们所呈现出的已不仅是奢华，而是一种永恒的经典与贵族气度。芬迪卡萨系列本身所钟爱的巴洛克图腾也象征了这一点——它的每一件家具都要凭其华贵不凡的个性停留在历史的轨道里。

芬迪进入家居领域离不开阿尔伯特·维格纳特里的介入，这位时尚大佬早在 20 世纪 70 年代就创

立了一家高级会所，以专门制造家居装潢物料和相关原材料而闻名。他与芬迪的合作开启了一段传奇，两家极富创意的公司立即达成协议，推出以皮草为主题的新美居概念，其产品即著名的芬迪卡萨系列。该系列选用狐皮、貂皮、羊皮和紫貂皮等奢华材料制成格子图案、软垫及其他装饰元素，做工和时尚细节精巧不凡，包括著名的双 F 字母标志和独特的 Spy Bag 扣饰。阿尔伯特·维格纳特里随后也成为芬迪家居品牌的首席设计师，双方的合作使得芬迪成为较早将奢侈品设计品牌带入家居领域的公司，并成功跻身世界八大顶级品牌家具行列。

芬迪卡萨家居系列的诞生令热爱芬迪的人们欣喜不已，其家居产品秉承了芬迪一贯坚持的个性、奢华、高雅的设计风格，在很短的时间内得到

芬迪卡萨系列 tait 手扶椅和 settimino 抽屉柜

了时尚界与家居业业内人士的认可，例如国际巨星珍妮弗·洛佩兹和乔治·克鲁尼等好莱坞明星都是芬迪家具的爱好者。如今，芬迪家具已经成为世界顶级消费品的代名词，在世界奢侈品的金色桂冠上，它犹如一颗璀璨的钻石在不经意间散发着夺目的光彩。

最初，芬迪只是为罗马城的贵族提供沙发布套、寝具等的贵宾定制服务，其始终坚持的质感与创新的设计逐渐被罗马上流社会所推崇，芬迪的家居设计范围也逐渐扩大到沙发、配件、餐桌椅等全套奢华家居物品上，并将时尚触角延伸至各个层面，创建起了芬迪的全球奢侈品帝国。在这个时尚帝国中，芬迪卡萨系列作为芬迪这个顶级家居品牌一直所标榜的纯手工艺呈现的展示性杰作，一直凭借其奢华的顶级材质和多变的色彩搭配，不断地引领时尚潮流的步伐。

　　承袭纯正意大利血统的芬迪，从1925年就开始为欧洲各国王室提供各种订制服务。其每一件产品都是独一无二的精品，无论是皮革时尚手袋还是家饰用品，都由具有精湛技艺的匠师亲手打造而成。以皮草起家的芬迪，在家具装饰方面，在材质和工艺的结合上也显示出了独特的艺术天分。芬迪将皮草材质直接运用到家具的外立面装饰上，将整面的皮草或是多色皮草拼贴在一起，使皮草元素的奢华感在空间中大大扩张，多种镶嵌工艺也让皮草展现出迥异的风貌。做工和细节精巧不凡，充满时尚感，这些是芬迪家具带给人们的最直接感受。

　　作为一个时尚品牌，芬迪一直引领时尚潮流，每一款产品都是原创概念、精致刺绣、独特设计和卓越工艺的完美结晶。正因如此，芬迪家具始终吸引着时尚潮流人士，影星珍妮弗·洛佩兹对芬迪家具情有独钟，她认为芬迪家具总能恰到好处地反映出主人的个性、风格和品位。比如售价高达3000美元的芬迪水晶椅就是她的最爱，这款椅子如同一颗切割得玲珑剔透的多面水晶，其充满雕刻感的外表散发着无瑕的光芒，优雅高贵，聚亚胺脂的框架有黑色、象牙色、铂金色和银色，奢华的皮革软垫更能满足珍妮弗·洛佩兹对内饰挑剔的要求。

　　许多人认为芬迪家具有一种时尚的女性气质，给人以魅惑之感，实则不然。比如芬迪著名的冷藏

◎　芬迪冷藏酒窖冰箱
　　该款产品表面饰以高级皮革，凸显庄重与华丽，在产品设计上，遵循了芬迪一贯的原则：奢侈、华贵与高贵。在欣赏它的时候，总会让人对芬迪的高贵备感惊叹。

酒窖冰箱，外观覆盖着具有柔软细致纹路的真皮表面，由鳄鱼皮精制而成；皮质表面经过特别的光滑喷漆处埋，隐约中闪炫着典雅庄重的不凡气质。该款酒窖冰箱可以储存 16 瓶酒，温度与湿度都可以控制在人们想要的理想状态。为了购买者家居陈设的需要，芬迪提供了黑色、乳白色、米黄色以及咖啡色等 4 个不同的颜色选择。著名影星乔治·克鲁尼十分喜爱这款酒窖冰箱。

为了迎合购买者不断变化的时尚需求，芬迪在全新的家具领域，不断地大胆进行创新尝试。比如将自己的芬迪卡萨系列家具与海上名媛号（Lady

⚙ 公主 85 超级游艇定制的家具为芬迪卡萨系列家具

Lara）豪华游艇完美结合，在海上形成了一道时尚的风景线。在豪华游艇海上名媛号上，人们到处都可以看见芬迪卡萨系列家具的影子。一向以优雅、奢华出名的芬迪家具与海上名媛号豪华游艇的风格十分协调，并借游艇展示了它的现代风范，这种品位不仅仅体现在细节上，更体现在整体搭配上的完美与用心，芬迪卡萨系列高度的舒适性、居住性以及出色的整体设计风格让游艇处处都能体现出家的奢华与美感。为了使整体色调更统一，无论是游艇的内部还是外部芬迪都进行了精心的设计，暖色调的运用使游艇看上去有了家一样的温馨，金色和银色的搭配，再加上珍珠白的恰当融入，整体带给人的是一种低调的奢华。游艇内部不仅客厅宽敞、温馨，卧室内还有柔软的地毯、真丝床头，似乎让人忘记身处游艇之内。而最让人感觉惬意的还是游艇上的泳池，它位于游艇上一个极为优越的位置，环

◉ 芬迪卡萨系列家饰

绕泳池的是白色的沙发，搭配它们的是同色调的遮阳伞，整体给人一种优雅和高贵之感。

"芬迪卡萨"系列坚持用优质家具营造居室空间的奢华质感，不断开发新布料与皮革，不论是鹿皮、鳄鱼皮、羚羊皮或是狐狸皮等，每一季会推出20~30款新布料以及至少10款新皮革，不断引领时尚潮流的步伐。芬迪卡萨系列实际上也是一种风格的集合，代表着个性化、关心细节、创新力、多种材料的巧妙结合和资深工匠高超的手工技艺。这样的融合使其每一件作品都成为不会过时的艺术品，经得起专业人士的挑剔和时尚的挑战。

芬迪家具中质料和工艺的结合度比其服饰更令人叹为观止，它将积累的高档消费品成熟设计经验、一贯坚持的高品质要求、独到的时尚前瞻性眼光都融入家居用品的制作中。

追溯芬迪时尚家居的成功之道，有几点是永远不能被忽视的。首先，芬迪家具所采用的面料都是独一无二的，除了皮草类，还有丝缎类、棉织类等丰富多样的物料，这为打造个性家具产品提供了多种选择。同时，芬迪家具的设计也是独一无二的，永远地走在时尚的前沿。芬迪家具最突出的特点就是现代感与古典元素的完美交融，充满时尚感与奢华感，艺术气息尽显其中。这里要特别指出，芬迪家具全部采用手工制作。就拿沙发来说，一套芬迪沙发成品凝结了超过1200名匠师的心血，从丝质抱枕上的华丽刺绣到奢华感十足的施华洛世奇顶级水晶，加之品牌的设计美学与技术优势，这一切创造

出芬迪家居产品特有的华丽气质。这种精益求精的态度，使芬迪成为全球奢华时尚的领军品牌，而它的双 F 标识也成为继法国香奈儿的双 C 标识、意大利古驰的双 G 标识后，又一个时尚界众人皆识的双字母标识，成为显贵华丽的代名词，风靡全球。

此外，芬迪专业的定制服务不仅保证了产品的质量，还为消费者提供了多样的选择。来到芬迪定制部门，客户就可以与设计师一起参与家具的设计，从面料、颜色到尺寸的搭配都由客户自己决定。高端的定位和完整的品牌规划，让芬迪家具获得"最具尊崇品位的家具"称号，也让芬迪成为世界高端家居品牌中的翘楚。

坐在纳图兹沙发上就犹如躺在天神的怀抱中，你体验到的不仅仅是慵懒的舒适心情，还有一种闲适的生活情调。当这种生活情调成为一种信仰，品位便不用刻意追求，它已植根于你的心中。

纳图兹

天神的怀抱

半个多世纪前，木匠的儿子帕斯库勒·纳图兹在他刚满 19 岁那年与 3 位合作伙伴一起，在意大利塔兰托开办了一间面向当地顾客、专门生产沙发和扶手椅的手工作坊。就是从这里开始，帕斯库勒·纳图兹开创了他的沙发帝国。他历经挑战，终于使纳图兹集团成为世界皮革沙发的领导者和意大利顶级内饰家具生产商，而帕斯库勒·纳图兹本人也被誉为"沙发之王"。

提到纳图兹沙发，人们总会想到这样一句话："坐在纳图兹沙发上就犹如躺在天神的怀抱中。"在许多人眼中，纳图兹沙发是世界上最舒适的沙发，是"沙发中的劳斯莱斯"，它那低调奢华的质感，不失时尚的设计，总能吸引人们的关注。

纳图兹的历史并不长，它由帕斯库勒·纳图兹于 1959 年创立于意大利的塔兰托。这个充满傲气

的意大利人，一直用艺术家的方式来经营自己的家具王国。即使到了70多岁，他依然保持着火山般的野心和激情。帕斯库勒·纳图兹每年除了花4个月的时间巡游全球市场之外，剩下的时间几乎都会待在公司位于意大利桑泰拉莫总部的设计中心里，埋头设计"明天的沙发"。

出生于木匠家庭的帕斯库勒·纳图兹，从小在父亲经营的家具定制店里看多了那些纯手工打制的家具从图纸到模具再到成品的诞生过程。19岁那年，帕斯库勒·纳图兹就与伙伴们一起在家乡塔兰托开办了一间面向当地顾客，专门生产沙发和扶手椅的手工作坊。然而几年后，一场大火就把作坊吞噬得一干二净。刚刚扬起的梦想之帆被踩蹭撕碎，但他并没有被击垮，而是决定到意大利南部小镇桑泰拉莫重新开始。说起那场事故，帕斯库勒·纳图兹相当淡定："要说那场火灾对我有什么影响，那就是让我变得更强大了。挫折就有这种作用。"

帕斯库勒·纳图兹在桑泰拉莫建立了规模比以往更加庞大的设计中心，并亲自担任总设计师，负责掌控产品的设计理念和风格。设计成为纳图兹

品的核心灵魂，帕斯库勒·纳图兹几乎每天都会去这个汇集了多名专家的设计中心，在这里，他俨然一个挑剔的君王，没有他的点头，图纸永远只能是图纸，没有哪一张可以轻易过关。有的设计会被他直接否定，有的设计得到了他的部分肯定后还要经历漫长的修改过程。平均每 50 个创意中只有 1 个能通过他极其严格的甄选，才能进入样品制作阶段。除了设计师、色彩师、工程师外，皮革、织物和木头等制作材料开发专家也是经常被他"传唤"的对象。为了让沙发套面拥有像人体肌肤一样细腻柔滑的感觉，以给消费者带来愉悦的舒适体验，纳图兹的材料工程师们与日本的纤维产品供应商东丽公司（Toray）合作研发，最终开发出用纺线粗细仅是羊毛线的 1/300 的超细织物面料做成的沙发套面，这款非常柔软又耐用的套面至今仍被纳图兹最受欢迎的产品系列所采用。

　　只有在穿梭于那些半成品和成品间时，帕斯库勒·纳图兹的眼神中才多

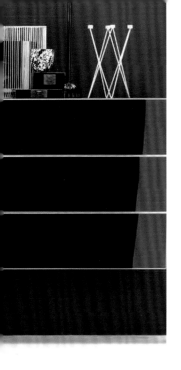

了份慈父般的爱意。"它们就像我的孩子,看着它们一天天长大是种莫大的幸福。"在他的词典中,创意不是灵光一闪,而是一个漫长而艰巨的过程。

作为一个极具创意精神的人,帕斯库勒·纳图兹相信直觉,一个沙发是否要更大、更深才能适应市场要求,市场能否接受纳图兹的产品,他相信自己的感觉和判断,在扩展新市场方面也是如此。20世纪80年代初,帕斯库勒·纳图兹在一次前往美国的旅行中发现美国的家具风格都十分类似,设计和做工也显得陈旧,远远不如纳图兹。"我们有更好的产品。当时这只是我的感觉,我们后来的成功印证了这一点。"回到意大利后,帕斯库勒·纳图兹便立即开始着手进军美国市场的计划,他无疑是那种一旦决定行动,便会立即付诸实践的人,他恨不得第二天就能将纳图兹沙发送进美国家庭。事实也是如此,帕斯库勒·纳图兹很快就在纽约设立了办事处,紧接着又成立了纳图兹北美分公司。

为了区别于当时美国家具陈旧单一的风格,纳图兹对品牌进行了明确的定位。首先,要突出设计的优势,产品要具有前卫的外观,创新的面料,结合丰富的色彩,给美国消费者耳目一新的感官冲击。其次,要树立品牌的品质口碑。"人人都可以轻松地声称自己生产的是优质产品,"帕斯库勒·纳图兹调侃道,"但事实上品质是一个需要步步精确严谨控制的庞大工程。"在著名的梅西百货公司,第一只以999美元出售的皮革沙发便是纳图兹的产品。1985年,Natuzzi Upholstery Inc 成立,这是一家立足于纽约专门满足北美顾客需求的设计公司。1998年,纳图兹位于美国北卡罗来纳州的集团总部落成，这是一幢未来主义风格的建筑，由建筑大师马里奥·贝利尼担当设计，作为纳图兹在美国的办公场所，拥有 60 多位雇员以及 8000 多平方米的产品展厅。

怀着一如既往的热情，帕斯库勒·纳图兹亲自督导一切关于加强品牌形象的战略活动——产品研发投入、市场调研、信息化及员工培训，并与集团的管理者并肩作战，共同制定未来的发展战略。如今，身经百战的帕斯库勒·纳图兹终于使得纳图兹集团成为世界皮革沙发的领导者和意大利顶级内饰家具生产商。

纳图兹一直倡导的文化是："你的生活之道（It's how you live）。"可以说，纳图兹不仅仅是沙发的制造者，它更多地承载着家居文化，以及充满激情的设计。帕斯库勒·纳图兹带着艺术的视角和对皮革工艺的深刻领会，向世界展现了纳图兹沙发强烈的意大利风格和无比舒适的卓越品质，使人们从繁忙的工作中得到身心的放松。同样，每一件纳图兹的产品也都映射了其主人的生活方式。

米兰国际家具展堪称全球最隆重的家具展览盛会，意大利著名家具制造商和全球皮制家具的领导者纳图兹自 20 世纪 80 年代起就在这一展会上频频亮相。在历次米兰国际家具展上，纳图兹通过与不同领域的艺术家（画家、雕塑家和摄影师等）的合作，在延续品牌原有风格的基础上，将不同的艺术元素引入纳图兹的产品设计中。纳图兹与有着"设计界教母"美誉的意大利知名设计师及建筑师保拉·诺娃合作推出的基础系列产品，不仅丰富了纳图兹沙发的产品库，亦如一股清风般令众多观者耳目一新。

保拉·诺娃设计的纳图兹沙发以充满历史感而著称，她总能营造出简约而优美的风格，赋予家具灵动和生气。高耸的椅背、两侧伸展出来如翅膀一样的靠枕，反光亮色面料及全新比例使得这些传统造型的沙发焕发出独特且无可替代的现代气息。另外皱纹石墨色和粉尘灰色面料及巴洛克式的装饰浮雕无不凸显出一种复古遗风，古典与现代风格在这些扶手椅和沙发上共存并完美地融合在一起，使之适合现代人的生活方式。由她设计的 Marlene 椅是一款充满 19 世纪复古遗风的单椅，高靠背的设计灵感来自于旧时人们在炉火边烤火时保持温暖的需求，这一经典的造型，已成为一种永恒的时尚。这款单椅既可搭配天鹅绒闪光面料，亦可选择真皮套面，效果迥异，却又各具风情。保拉·诺娃谈到这一系列作品的创作灵感时，总是满怀着兴奋雀跃的心情，显得满脸憧憬："令人惊喜的火花可能就来自我们身边，甚至是很久以前的一段记忆。这是献给每一个人的创作。我希望大家把它当成是献给他们自己的。"

多年来，纳图兹一直积极倡导"家的哲学"，

◉ 纳图兹 Marlene 单椅

专注于表达情绪与感觉，专注于尊重人们在家中享受的美妙时刻。它突破了传统的设计思想，创造出当代消费者所需求的温馨亲密的居住空间。全新的Erasmo 沙发和Opera 沙发的灵感就来自于这种对温馨与情感的渴望，用艺术的灵魂创造革新的家居产品，展现"意大利制造"的卓越匠心。Erasmo 沙发以矩形直线条为基本设计原则，环绕全包裹的宽阔座位，舒适感不言而喻。其扶手窄而高，靠背部分可以延展为头枕，从而转化成另一种造型。Erasmo 沙发融合传统与现代，搭配灵活，套面采用复古的丝光编织布料和天然灰粉色的白湿革。Opera 沙发以简约线条设计而闻名，亲切感与舒适性则来自于独立的背部靠垫。木质框架和粉笔色白湿革提升其吸引力，给人的触感犹如敷上了层爽身粉般润滑柔软。

此外，作为纳图兹标志款的 Cambré 沙发，其坐垫用独特的大面积提花面料配以珊瑚红色皮革，柔软、亲和力强，是美与精致手工艺的最佳结合。当然，纳图兹蝴蝶椅也是受关注度异常高的一款单椅，这款限量版扶手椅以其独特的面料命名，成为纳图兹全球最为畅销的扶手椅之一。它所用的面料来自于以纺织业举世闻名的佛罗伦萨，而这种面料每天只能生产 7~10 米，用传统的纺织技艺编制出

◉ 纳图兹 Erasmo 沙发

凹凸花纹，令蝴蝶图案栩栩如生。蝴蝶椅不仅外形高雅，触感也非常舒适，人坐上去后小腿位置衬托得非常好，无论是放在卧室、书房，还是更衣间，都非常雅致。

　　纳图兹不仅仅设计沙发和扶手椅，还设计起居室的其他内饰，由它提供的整体家居方案包括桌子、灯饰、墙柜系列及其他饰品。如著名建筑师克劳迪奥·贝利尼设计的 Saturno 餐桌、Minerva 餐椅、Fortuna 墙柜及 Giove 茶几都遵循了相同的美学思想：避免方正呆板，将橡木打磨出曼妙曲线，塑造无与伦比的视觉效果。反面烤漆蒙砂玻璃也被应用到餐桌、茶几和壁橱的制作当中。

　　此外，曾在罗马高级定制时装品牌 Ateliers 工作室受训的建筑及造型师尼格拉·德尔·魏玛以传统的意大利手法，为纳图兹创作了 Gattopardo 织锦系列，其灵感来源于巴洛克和新古典时期奢华富丽的西西里建筑，构图大胆华美，用色明艳亮丽。尼格拉·德尔·魏玛设计的优雅墙饰元素使想象飞跃出砖瓦界限，而前往另一片生活空间。

不仅如此，纳图兹还是"世界经济论坛"最重要的赞助商之一，专门负责 VIP 休息室和两个休息区域的布置。2009 年，纳图兹在"世界经济论坛"位于二楼的演讲室中陈设了两个高贵的无铬皮革面的 Domino 沙发，及用玻璃装饰作桥梁的 Marta 咖啡桌，并在其中一个放松区域准备了冷色调无铬的 Brend 扶手椅及 Carrara 大理石的咖啡桌。与之对应的，是具有当代设计感的白色皮革 Releve 沙发和 Nautilus 咖啡桌成为三楼和一楼纳图兹休息区域的主角。当时的与会者中有联合国气候变化政府间专门委员会主席拉津德·帕乔里以及经济学家加里·哈默尔，他们都对纳图兹的产品给予了极高的评价。

一件作品只有在被倾注了创作者的情感后才能经受住时间的洗礼，成为一件旷世的艺术品。纳图兹在追求美丽、精工细作的同时，传递的正是一份文化、传统和品质的魅力。纳图兹的设计师们用精湛的手工工艺，呈现纳图兹沙发的传统风格，同时也用明晰的车线来标榜纳图兹沙发的与众不同。

制作纳图兹沙发所选用的自然材质还营造出了温暖、温馨的色调，而通过科技，更呈现出漆光和哑光表面的鲜明反差、织物和彩色之间的强烈对比。自然和人工、真实和虚幻、传统和革新，时尚潮流总是互相争锋，又相生相息。纳图兹对家居的独到见解，为每一个人呈现了家居的最新潮流——自然传统，风格时尚及科技优雅兼而有之。

⊛ 纳图兹 Brend 扶手椅和 Releve 沙发

高级定制并不是顾客单纯的头脑发热与拜金行为，而是品味人士对品牌文化价值的最大尊重。纳图兹作为世界顶级沙发品牌，始终为人们打造着梦想中的家居生活模式。各种不同的设计风格相互激情碰撞，加之对优雅气质的孜孜追求，已经成为纳图兹的品格。纳图兹的价值，为时光所见证，纳图兹的品位，亦沉淀其中。

帕斯库勒·纳图兹时常把这样一句话挂在嘴边："家，永远没有阴郁。家，是家庭的具象化的空间上的延伸，也是可以和三五知己分享闲暇时光的地方，它可使人沉浸在真正被称之为舒适的氛围中，细细品味并重新发现生活的乐趣。置身客厅，四周环绕着充满活力的设计、色彩和材质，充满视觉美感的外形，并且极其实用的家具能带给你安全、安心的感受，没有比这个更美妙的感觉了。"这位"沙发之王"始终以"你的生活之道"的理念为全世界的人们创造和谐的生活空间和广受欢迎的家居解决方案。

除了因为拥有100多位家具设计师、色彩专家、建筑设计师、工程师和室内设计师团队的技术支持外，纳图兹家具得以卖出高价的另一个原因就是其无与伦比的细腻要求。作为世界皮革沙发制造业的领袖，纳图兹集团因其对皮革与生俱来的热情而誉满全球。皮革好似纳图兹集团产品的第二天性，纳图兹集团的制革厂每天要处理1.1万多张原皮，每一张原皮都需要经过23道独立工序的处理。这些皮革根据不同的纹理分为两大类：天然皮和保护皮。天然皮价值珍贵，触感柔软、滑顺，真实还原了皮革本来的特性。保护皮则是在皮革表面加覆一层肉眼看不见的保护涂层，经久耐用，适合家里有调皮小孩或宠物的家庭。

此外，纳图兹每一种原材料的挑选和生产都需经过210项不同的检测。一张纳图兹沙发的整个生产过程，包括从原皮制革到框架和填充料的制造，从沙发套的剪裁缝制到最终的组装，覆盖了35道不同工序，而且制作加工过程需要15间加工厂的共同协作才能完成。为了确保安全运输，所有产品的包装全部由帕斯库勒·纳图兹根据亲自监管，以确保顾客购买到的每一张纳图兹沙发都是独一无二的、最好的、自然的皮革艺术品。

作为世界上最昂贵的沙发品牌之一，纳图兹有着非常灵活的适用性并且款式众多，热爱该品牌的人们永远都能在纳图兹的产品里找到最适合自己的沙发，因为在高级定制的世界里，一切皆有可能。纳图兹能够提供200万种设计，以满足不同顾客的不同需求。无论是纳图兹的沙发、扶手椅，还是其他的装饰品，在风格、舒适程度、装饰效果、面料、色彩以及功能性的选择上，各式各样的家具产品带给你的感受绝对是超乎想象的。

　　另一方面，纳图兹还用它的质感和实用，满足身处于各种文化、各种生活方式中的消费者。线条简洁的纳图兹沙发有着时尚前卫的风格，而用经典诠释时尚更是它的专长。除了外观，纳图兹沙发最吸引人的还是它的舒适。纳图兹用充满质感的优质材质精心打造出柔软的沙发，带给人们最温暖的呵护，而这份舒适感全来自于其所选用的顶级的皮革及面料。据说，纳图兹选用的面料每克纺线可延伸出 90 千米，其粗细只有羊毛线的 1/300，它的质地如同高级成衣面料般让人迷醉其中。光滑的铬金属沙发脚与框架，向上倾斜的扶手，搭配完美的皮革套面，赋予沙发轻快的灵动感。纳图兹沙发多到让人目不暇接的款式，可以适应不同人群的生活习惯，无论是在开放式的还是私密式的环境里，都能成为人们关注的焦点。

　　纳图兹沙发完全由手工制作完成。所有的生产都是在客户下订单确认后，才安排生产的，因此公司没有库存货，并且所生产的沙发大都是使用自己生产的材料进行制造。今天的纳图兹不仅是意大利最大的家具制造商，更是全球皮革沙发的领导者，每天都有来自世界各地的消费者光顾它的专营店，寻找梦想中的家居生活模式。

海丝腾的床是有"魔法"的，因为能够说服人们在一张床上做如此高昂的投资，这本身就需要"魔法"。海丝腾的"魔法"来自其世代传承的精良工艺以及对材质的严格要求。《纽约时报》曾这样评价海丝腾："海丝腾让人与天堂的距离缩短到一'梦'之遥。"

Hästens®

海丝腾
王室睡眠的奢华体验

历史篇
LISHI PIAN

如果时光可以倒转，生活在中世纪的那些王公贵族绝不会再让自己躺在镶满宝石的床榻之上，而会义无反顾地扑向海丝腾床具，让自己在睡梦中体验一下飞翔到天堂的滋味。与这些贵族们相比，今天的我们显然要幸运得多，因为瑞典手工艺者佩尔·阿道夫·简森在1852年就为世界奉上人们渴望拥有的、最舒适的顶级床具——海丝腾。

中世纪的欧洲，人们在床的构架上开始加入艺术元素，他们给床架铺上皮毛和柔软的织物，用以增加床铺的舒适感和豪华感。那些有钱的王公贵族更是用贵重金属、象牙、木刻，甚至珠宝来装饰床具，以此来显示他们的财富和特权地位。当时的人们深信，床距地面越高，这个家族就会越成功、越

　　繁荣，而且会一直成功、繁荣下去。同样，床的规格也是个人及其家族地位的象征。床越高大，越显示主人的富裕。从 14~15 世纪开始，奢华的床具便在整个欧洲流行起来。然而，贵族们永远也不会想到，世界上最舒适的床具在 400 年之后才出现。如果他们泉下有知，一定会痛悔自己生不逢时。这个被誉为"世界上最舒适的床具"品牌，就是海丝腾。

　　创立于 1852 年的瑞典床具海丝腾是迄今为止最古老的床具品牌之一，被称为"欧洲人一辈子梦想拥有的床"，从而备受推崇。拥有 160 多年历史的海丝腾，以其纯手工打造、纯天然材料和始终追求优质睡眠的理念，让人们了解了什么才是真正的好床。

　　佩尔·阿道夫·简森对产品的要求极高，追求质量和工艺，对他来说简直就是信仰。他也把这种思想灌输给了他的同事以及继任者，让其牢牢地

印在海斯腾人的脑海中。这一点从他的孙子大卫的日记中就可以看到——"生产便宜的产品的确非常赚钱，但是这样做绝不会赢得回头客。我们希望我们的产品不仅赚钱，更要能赢得尊重。"佩尔·阿道夫·简森毕生都致力于海丝腾的发展，他一生的座右铭是：天然的材料，精湛的工艺，过硬的质量。这一座右铭至今仍是海丝腾公司的核心企业文化。

从诞生之日至今，海斯腾一直沿用家族经营模式。当时光到了20世纪50年代，海丝腾更因使用昂贵、稀缺的天然材料及纯粹的手工制作，引起了瑞典王室的注意。1952年，海丝腾被瑞典国王古斯塔夫十六世·阿道夫钦定为王室供应商，从而更加闻名世界。虽然海丝腾的床是世界上最昂贵的，但它还是吸引了许多人前来订购。

瑞典王室成员已经在海丝腾床上熟睡多年，直到现在，瑞典王宫的每个房间都有它的身影。不仅如此，海丝腾在全世界也备受人们的推崇，尤其是那些世界富豪。应该说，他们追捧海丝腾并非完全出于其"王室血统"，而是看重它独一无二的完美的舒适性。

⊛ 海丝腾品牌 Logo

在所能找到的资料中，海丝腾最早的床垫交货收据签于1852年。在这一年，现任公司总裁简·赖德的高祖父佩尔·阿道夫·简森创立了这个家族式的企业。佩尔·阿道夫·简森是一个传统的手工艺者，起初他主要制作马具，同时也兼顾制作床垫。这位马鞍工匠制作完一张床垫后，都会在上面印上一个"奔腾着的骏马"的图样，这个图样后来成为海丝腾床垫的Logo。海丝腾在瑞典文中也是"来源于马"的意思。

尊贵篇
ZUNGUI PIAN

历史上，曾经有 3000 多种品牌被选为瑞典王室的指定供应商。不过这种特权不是终身制的，瑞典王室每隔 10 年就要对这些品牌重新进行审核筛选，而且审核标准也越来越严格。瑞典王室为此专门成立了一个专家评定小组，其成员大多由各领域中极富品位的专家组成，他们有艺术家、学者等。正是在这些人的慧眼之下，很多品牌逐渐被淘汰，又有许多品牌被纳入其中。到目前为止，仅有不到 50 个品牌有幸成为瑞典王室的指定供应商。而自 1952 年以来，海丝腾在层层筛选和考核中，始终立于不败之地，一直是瑞典王室唯一指定的床具供应商。

在全世界，量身定制海丝腾床具的富豪更是络绎不绝，影星汤姆·克鲁斯结婚时甚至把它作为礼物送给了他的新娘。芝加哥半岛饭店、迪拜帆船酒店、美国喜来登酒店更是用海丝腾床具来营造完美的入住体验。

《纽约时报》的时尚专家在试用海丝腾床具后，给出这样的评价："海丝腾让人与天堂的距离缩短到一'梦'之遥。"曾经就有这样一个真实的故事：一位中年男子独自走进海丝腾的专卖店，他来来回回试了好几张床，最后在一张床上躺了下来，店员随即调暗了店内的灯光。几分钟后，那张床的方向竟然传出了轻微的鼾声。20 分钟后，那位中年男子醒来，有些羞窘地问店员："我是不是睡了很久？"离

开之前，他买下了那张价值约 28 万元人民币的海
丝腾床。也许你认为这个价格已经足以令人瞠目结
舌了，然而这对海丝腾来说算不了什么。提到价
格，海丝腾恐怕是世界上最昂贵的床具了，各款价
格从 12 万到 86 万人民币不等。在海丝腾床中，无
论框架（Frame）系列还是欧陆（Continental）系列，
均特别设计双人床的左右两边软硬度不一，可以根
据两个人不同的需要来分配，而且独立弹簧的设计
让睡觉时常翻身的人不会影响身旁的人。当然，其
镇店之宝则是被誉为"百万大床"的 Vividus。
Vividus 是海丝腾的工匠们向现任公司总裁简·赖德
的献礼之作，每一张床都由瑞典大师级工匠耗费
140~160 小时用手工精雕细琢而成。

海丝腾凝结了简森家族五代人的智慧结晶，其
所使用的昂贵、稀缺的天然材料令模仿者望而却
步，这使它成为一个无法被复制和取代的品牌，缔
造了一个永恒的王室传奇。

一个品牌在通往世界最高品质的路上并无捷
径。160 多年来，海丝腾始终坚持选用天然纯正物
料，并完全通过手工来制作每一件床具。作为瑞典
历史最悠久的床具品牌，海丝腾凭借着精湛的制作
工艺和产品质量，在全球 25 个国家广受追捧。每
张海丝腾床具都有带有瑞典 Svan 环保标志，这份殊
荣至今仍只为海丝腾所独享。海丝腾也已通过生态
纺织品标准（Oko-Tex）和瑞典全标准
（Mobelfakta）认证。

20 世纪 70 年代，在一场盛大的国际展会上，

有一张参展的床，从开始到结束，一直乏人问津。的确，在五光十色的展会上，人们要注意到这样一张床，还真有些难度：它通体包裹着蓝白格纯棉布料，没有床头，没有装饰，简单朴素得好像来自乡村客栈。这张卖相不佳的床就出自海丝腾。坚持这种朴素的风格正是杰克·赖德的决定。他说："如果所有人都觉得大错特错，那么换一个角度来看，也就意味着那是正确的。"蓝白格后来成为海丝腾床的标准风格并延续至今。

从外表上看，你绝不会将海丝腾床与其近百万的价格联系在一起，因为它朴素得不能再朴素了。它既没有过多的装饰，也没有镶任何黄金白银或者钻石，凭什么可以卖到90多万？莫非海丝腾公司的人全疯了？

杰克·赖德之所以选择不花哨的蓝白格作为海丝腾床的外观特征，就是想告诉人们，海丝腾床的所有价值其实就是它内在的东西。床，重要的不是看上去怎样，而是躺上去是否舒适。"让你的身体去选择床，而不是眼

睛"——这就是海丝腾的理念。

我们都知道，人们一生有将近三分之一的时间需要在床上度过，那么究竟怎样的床才符合我们的心意呢？我们看够了那些价格昂贵但是做得毫无人情味的产品，仿佛谁使用都一样毫无特色，比较起来，量身定做的产品总是来得更加贴心一点。最主要的是，海丝腾一直坚持全天然选材并致力于手工制作，而这正是海丝腾床具能卖上天价的真正原因。

自从诞生的那天起，海丝腾就坚持选用纯天然材料，即便经历过盛行用人造材料来降低成本的工业化时代，它仍不放弃使用天然材料，并坚持用手工制作。正如海斯腾公司总裁简·赖德所说的那样："在海丝腾的世界里，永远不会存在'自动化'这个概念，这是海丝腾床具非凡品质的基础。没有一种机器制作的床具其质量能超过由一位技术娴熟的

床具工匠制作的床具。机器生产可能会降低成本，但不会提高质量，只有人才能通过他们的观察力制作出上乘的床具。"

人们躺在海丝腾床上，身体的感觉远比躺在含有乳胶、泡沫塑料、聚亚安酯成分的床上要舒服得多，这是因为海丝腾床所使用的是棉、亚麻、纯马尾毛、纯羊毛等有生命的天然原材料，它们能让人们睡得更舒适、更自然。每种天然材料都有特别的作用：马尾毛可以透气、防潮，是一个天然内置空调；羊毛可以调节周边温度；嵌入的亚麻有消音和防静电功能；底料所用的棉花令人感到柔软舒适。因此，海丝腾床具备了通气、防潮、保暖的特点，它内部的填充材料还可以减轻人在睡觉时身体各部位所受的压力。海丝腾床的外包布使用环保技术编织、漂染，可以说，选择海丝腾床具就是选择了大自然。

海丝腾采用 70 年以上树龄的北欧上等红松木制作床的构架，所有的床架均是木质结构，不用一根钉子，使用的是中国传统建筑中的榫卯结构——榫卯构件受到的压力越大，就变得越牢固。此外，海丝腾的另一个神奇之处在于采用瑞典弹簧，独有的钢化处理使其不会轻易变形，从而更能让人舒缓身体的疲劳。海丝腾所使用的弹簧全部在瑞典本土生产，可以根据需要调节床垫的硬度。

看到海丝腾床具的制作过程，不禁让人感叹经过这么多年，工匠们的手艺传了一代又一代，而海斯腾床所使用的温暖的材质、细致的工艺从来没有改变过。对于奢侈品来说，珍贵之处不仅在于产量稀有，更在于难能可贵的手工制作流程，睡在这样

一张床上，或许你睡醒后不会在意今天和昨天的区别，就像好酒一样，它带给你的幸福感和满足感不会因时间而变淡，反而会越来越醇厚。

简·赖德说过："冰冷的机器代替不了人手的温暖、细腻和热忱，机器做出来的东西是死的、冷冰冰的。但海丝腾是有生命的，它是守护你的睡眠，并可以陪伴你一生的朋友。"有一位香港顾客就表示自己的第一张海丝腾床已经用了 40 年，在用到第 32 年时，送给了女儿作为嫁妆。由此可见海丝腾床的耐用性和人们对海斯腾品牌的偏爱。

乍一想，以近百万的价格来买一张床，确实有些奢侈，但以此换来人生将近三分之一的美好时光无疑是一项划算的投资。海丝腾绝不仅仅是世界上最舒适的床那么简单，它还是人生一种幸福生活的美妙体验。

金钱能买到一夜好睡眠吗？海丝腾可以明确地告诉你，完全可以。海丝腾床具凭借精湛的生产工

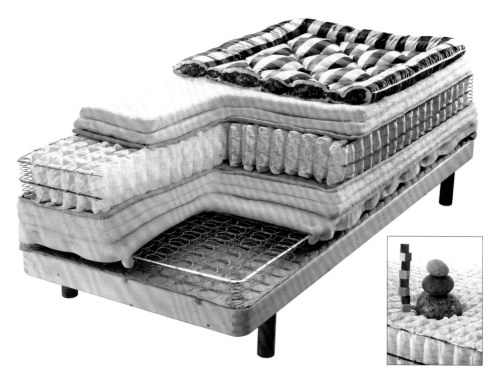

艺、纯天然的原材料和最新的床具弹簧技术之间的完美结合，让你与美梦的距离近在咫尺。160多年来，海丝腾一直在进行生产技术改革，在床具制作方面它一直做着最大的努力。

与那些定制西服、箱包或是珠宝等奢侈品相比，海丝腾床具并非最贵，但用近百万元投资一张床、投资睡眠质量，还是会令人们感到惊讶。人们常常喜欢用奢侈品来标示自己的社会地位，从手表到座驾，无一不是秀场。而床，是个人生活最隐秘的角落，并不适合用来炫耀地位和财富，只有静夜里自身的舒适才是人们无法抗拒地选择海斯腾的理由。所以，喜欢海丝腾的人，不是为了炫富，除非是开一场卧室派对，不然他们根本无法展示自己为睡眠一掷千金的豪气。大部分的海丝腾客户，只是用自己能够承受的价格，购买期待中的顶级睡眠享受。

海丝腾拥有不同系列的产品，有人算过一笔账：假如买一张28万元的2000T型海丝腾床，按照海丝腾标准质保年限25年来算，每天的平均费用约为30元。平摊到两个人身上，每个人只有15元。由此可见，花近百万买一张床，换来人生将近三分之一的美好时光无疑是值得的。

睡在云朵之上，会是一种什么样的感觉？只要躺在莎温床垫上，你便能知晓云端上天使的美梦。

SAVOIR BEDS
SINCE 1905

莎温

躺在云朵上的奢华享受

历史篇
LISHI PIAN

莎温公司创立于20世纪初期，因为为英国王室生产床垫而声名显赫。多年来，莎温公司一直是众多的顶级豪华酒店的"御用"供货商，无论多么尊贵的客人只有在萨沃伊这样的豪华酒店才能享用这种奢华的床垫。

一个人对于顶级精品的认知程度不同、理解不同，他们所选择的生活方式也会不同。比如住在英国伦敦首都酒店和住在其他地方的酒店的人会是完全不同的两类人。首都酒店位于英国伦敦最尊贵的地区，距离哈罗德百货公司、哈维高级购物商场、斯隆街和海德公园只有几百米远，从这里前往伦敦西区也十分轻松。不仅如此，酒店内的客房都经过独立的设计和传统的装饰，配备了精美的艺术品和古董家具。而套房和双人间都配有莎温公司手工制作的特大床铺、手工刺绣的床垫和精致的埃及棉床单。每张床边配备了控制器，可以掌控灯光、收音机和带有卫星频道的互动电视系统。大理石浴室内设有大型浴缸、强力淋浴和豪华的浴袍和其他卫浴用品。酒店内也设有高级餐厅和酒吧，为客人提供传统的英式下午茶、手工糕点、斯康饼和果酱。凡是曾在这家五星级酒店居住过的人都会被这里专业的英式管家服务所折服，24小时无微不至的服务，身穿英挺制服的管家随传随到，并且永远保持着微笑……让每一位宾客都能真正体会到尊贵之感。

据说那些在这家五星级酒店居住过的人都会有一种"邪恶"的想法，那就是希望把酒店的床垫搬回家，让自己在家中也能享受到莎温床垫所带来的神奇感受。已故的摩洛哥国王哈桑二世，影视明星埃玛·汤普森、丽莎·米内利，以及许多社会名流、王室贵族在住过伦敦首都酒店之后，不约而同都有上述的意愿，显而易见这些人都是莎温床垫的忠实追捧者。

莎温床垫究竟有何魔力能让众多名流如此青睐？绝大部分的原因在于莎温床垫具有一种低调的高贵气质，在最开始时并不公开销售。莎温从1905年创立之日起的相当长的时间只为英国王室量身打造具有卓越舒适感的定制床垫，后来才开始为一些五星级酒店提供特殊手工制作的床垫，而其真正进入国际市场，也只不过几十年的时间。正因如此，当像哈桑二世国王这样尊贵的客人体验到莎温床垫舒适的感觉后，产生不惜一掷千金购买莎温床垫的想法就不足为奇了。

莎温公司创立于20世纪初期，当时除了为英国王室生产床垫之外，其服装定制剪裁的多样化也

◎ 奢华舒适的莎温床垫
已故的摩洛哥国王哈桑二世对生活极为讲究。一次他出访英国，曾下榻在配有莎温床垫的五星级酒店。在安睡一晚之后，他做了一个出人意料的决定，一口气订购了24张莎温床垫，以备家用。当时莎温床垫的最低售价已达几千美元，即使放在现在，这也是一笔不小的开支。

在整个大不列颠出名。在当时，莎温公司就不惜成本使用最上等的材料和手感最为蓬松的马尾毛来手工缝制床垫，而且统一制作弹簧床架和床框。30 年后，也就是在 1935 年，莎温公司被伦敦萨沃伊酒店收购，这家酒店是当时世界上为数不多的顶级豪华酒店之一。为了打造自己的独特品牌，萨沃伊酒店宣称，只有萨沃伊酒店的宾客才能享用这种奢华的床垫。

直到 1997 年，萨沃伊集团才将莎温床垫投入市场公开销售。从那时起，莎温床垫开始在柏林、

"用你三分之一的生命来享受顶级生活"

你可以想一想，如果花费 8000 多美元买上一张头等舱单程机票出行，用过之后机票就毫无价值，以同等价格买一张相比之下可享用 30 年之久的莎温床垫绝对是一项不错的投资。更为重要的是，一张舒适无比的床会确保你的睡眠健康，正如莎温公司给出的忠告那样："良好的睡眠，将给你的身体和精神增添能量；而糟糕的睡眠，将让你一天都力不从心"。

上海、新德里、巴黎、纽约、莫斯科、斯德哥尔摩、洛杉矶、迈阿密以及伦敦开设展示厅，此后不断发展壮大。

5.5 万美元的床能让人睡得更好吗？莎温床垫为什么如此昂贵？5.5 万美元到底买到的是什么？100 多年来，莎温床垫一直致力于为尊贵的客人提供前所未有的超级睡眠体验，如果你愿意，你也可以享受一番当年温斯顿·丘吉尔、玛丽莲·梦露都经历过的睡在莎温床垫上的感觉——如婴儿般甜美地睡在云端。

对于普通消费者来说，想要定制一张莎温床垫还是有点难度的，因为为此你至少需要付出 8000 美元，但这只是入门级莎温床垫的价格，若要购买一个最大尺寸的床垫套装，其价格是 5.5 万美元。也许你已经被这个价格震惊了，会怀疑这 5.5 万美元的床能让自己睡得更好吗？莎温床垫床为什么如此昂贵？5.5 万美元到底买到的是什么？

想要知道莎温床垫的秘密，那就先听听莎温床垫的客户们是怎么说的吧。英国著名演员及剧作家埃玛·汤普森曾获得奥斯卡最佳女主角奖与英国电影和电视艺术学院最佳女主角奖，而且多次提名奥斯卡奖、金球奖、艾美奖。这位颇具天分的演员曾经患有失眠症，但自从使用了莎温床垫之后，她居然奇迹般地摆脱了失眠的痛苦。或许你会怀疑这只不过是厂家的炒作而已，那么你又怎么解释摩洛哥国王哈桑二世一次性订购了 24 张莎温床垫的行为，幽思敏·阿迦汗公主拥有 8 张莎温特制的床榻呢？

还有温斯顿·丘吉尔、罗斯柴尔德家族、奥普拉、埃尔顿·约翰，以及更多的电影、电视、摇滚、体育明星和商界领袖，他们为什么都不约而同地选择在莎温床垫上睡觉呢？

还是让我们从头说起吧。如同精密手表一样，每张莎温床垫都经过工匠们的精心打造，而且全部采用手工制造，这绝对没开玩笑。如今有许多号称是"手工制造"的东西，但实际上大多是靠人操作机器制造而成的。莎温床垫可不是这样，它们是确确实实的手工制造，更准确地说是"精工制造"。如果你有机会来到该公司的工厂内，看看工匠们工作的情景，你会看到他们一丝不苟、精益求精地工作，说不定你也会突然禁不住诱惑要买一张莎温床垫。每张床垫由工匠使用羊毛和马毛制成，这些工匠们在制作床垫时会穿着萨维尔街裁缝定制的制服并打着领带。

除了精细的手工和讲究的材料外，莎温床垫与其他床垫的区别就是莎温公司只接私人定制的订单，莎温床垫的价格根据其尺寸、客户的特殊需求，以及是只需要床垫、还是需要床垫及弹簧床架套件，还有是否需要定制床身或床头而决定，一般价格在8000美元到5.5万美元之间。每个床垫组都是设计师按客户提供的身高、体重数据和睡眠习惯特别制造的，需要数周时间才能完成。

不仅如此，每张床垫上都会标上客户的名字，以此确保每张床垫的专属性。他们的定制承诺十分简单：如果你不喜欢成品，我们会为你另做一套。此外，床垫可以做成各种尺寸和形状，所以当你住在一座中世纪城堡或托斯卡纳别墅里，想摆放具有

强烈个人色彩的家具时，或是需要为你的私人游艇或私人飞机布置奇特形状的床榻时，莎温床垫无疑是你的最佳选择。

莎温床垫的舒适性不只来自于采用上等天然的材料、依靠手工制作那么简单，由于每一张莎温床垫都是针对不同客户各自的睡眠习惯而专门特殊制作的，因此，可以说莎温床垫公司销售的并不是床垫，而是一个健康科学的睡眠系统，人们可以通过这个系统来获得更高的生活质量。从这一点上讲，莎温床垫的奢侈性只是附加值而已。

在英国，有人曾戏称，如果莎温床垫公司改行做失眠治疗诊所，那么世界上所有治疗失眠的医生都将失业。这个说法并不为过，因为莎温床垫一直被业内人士及专业医生称为治疗失眠症的"行家"。

莎温床垫会让每一位失眠患者体验到睡在云朵上的感觉，只要躺在上面，你便能知晓云端上天使的美梦。

评价一张床是否舒适，主要看其床垫的设计。好的床垫首先要正确承托。"正确承托"不是越硬越好。太硬的床垫，不能均衡承托身体所有部位，承托点只会集中在几个部位，如肩部和臀部。由于这些部位受到特别大的压力，会导致血液循环减少引起人体不适。"正确承托"的真正含义是床垫能够顺应人体身形曲线，根据不同部位在水平状态下的重力情况，提供不同的承托力，达到均衡承托的效果。莎温床垫完美地做到了这一点。莎温的工匠们会根据每一位顾客的个人身体结构、需求以及睡眠习惯来制作产品，他们甚至会生产一张半边硬、半边软的弹簧床垫——这是特意地为那些体重较重，却又有着一位娇小、轻量级身材伴侣的人士设

◉ 经久耐用的莎温床垫

实际上，从床垫的抗菌程度、牢固程度和磨损程度来看，10~15年的使用寿命已经近乎极限。莎温床垫的寿命可达20年之久，这主要取决于床垫舒适表层选用的材质、床垫内部和四边及底座的保护结构。

计的。

　　另外，床垫的舒适度还表现在所选用的材质上。莎温床垫确保所使用的材料全部为天然的纯羊毛、羊绒，而不同于市面上流行的乳胶、太空记忆棉等材质。对此，莎温床垫的设计师曾表示，由于材质的特性，有些床垫看似完美，有令人一躺下就不想起来的柔软错觉。殊不知，太柔软的床垫，会因承托力不足而导致睡眠者脊椎无法保持平直，背部肌肉在整个睡眠过程中就会处于紧张状态。因此，莎温床垫公司严格规定每张床垫内部有 864 个弹簧，确保床垫不至于过软。另外，莎温床垫在边缘处还添加了一层填充料，这是特意为喜欢坐在床边上的人所设计的。这种设计是十分必要的，因为如果你也有这么一张床的话，相信你也会花更多时间待在床上，不管是坐着还是躺着。

　　曾经的莎温床垫只在英国伦敦五星级酒店中才可一觅踪影，如今它已经遍布全世界各大声名显赫的酒店之中。建议你如果有机会可以尝试一下莎温床垫的"睡眠测试"——在体验一个晚上之后，若你决定定制一张莎温床垫的话，那么酒店的费用则由莎温床垫公司替你埋单。

◎　莎温"梦想的天空"床垫

作为奢侈品顶级设计大师的斯图尔特·休斯，凭借极高的艺术天分与造诣打造出无数奢华之作，让每一件作品都充满了传奇色彩。由他亲手设计的至尊华盖床榻，更是极尽奢华之能事，630 万美元的身价让其成为世界上最贵的床。那些对生活有着高标准要求的品位之士都渴望能躺在这张床上安享富贵之梦，当然这个梦必是无比奢华的。

Dubbed Baldacchino Supreme

至尊华盖

最昂贵的奢华之梦

如果说伯瓦西、哥伦布斯蒂这些世界顶级家居品牌的商品是奢侈品，应该没有人质疑，但奢侈品的范畴就局限在此类品牌里吗？显然不是，在你没看过斯图尔特·休斯亲手打造的家居产品之前先别急着评论。

英国著名设计师斯图尔特·休斯在时尚界绝对是前 100 名最有影响力的人物之一，这位生于 1971 年的年轻设计师拥有点石成金的本领，他能使原本平凡的东西一经手就变得不凡，被人称为设计领域最惊世骇俗的大师。与其他设计师不同的是，斯图尔特·休斯的设计范围极为广泛，从珠宝到时装，从手机到家具，从游艇到豪宅……无不显示出他过人的设计天分和高雅的艺术品位。由他设计的产品都极尽奢华，而且他在讲究奢华的同时追求的是更加个性化的展现。所以，他不局限于和哪一个品牌

◉ 斯图尔特·休斯亲手打造的至尊华盖大床

密切合作，这样他就跳脱了品牌的限制，可以为传统的大众手机品牌操刀设计限量版，又可以为讲究个性、时尚的手机品牌装点其"外衣"。但不管这些他设计的产品的前身如何，经他创作后的产品的价格几乎都是天价，几百万欧元的售价早就跳脱了使用的层面。因此，与其说他与品牌间的合作是奢侈品的创造，不如说二者之间的合作是在创造一件艺术品——具有收藏价值的艺术品。

斯图尔特·休斯于1971年出生在利物浦，这个充满活力的城市曾经孕育了许多世界闻名的艺术家、喜剧演员、发明家和政界要人。作为土生土长的利物浦人，斯图尔特·休斯深受影响，从小便开始研究这些成功者的故事，直到2002年他开始了自己的传奇。这一年，斯图尔特·休斯和妻子凯瑟琳一起创办了以自己名字命名的网站，专门提供产品高级定制升级服务，也正是从那时候起，斯图尔特·休斯开始尝试把这种"无所不能"的本事应用到各种各样的物体上。

斯图尔特设计的很多奢侈品豪华到令人瞠目结舌。以他设计的手机为例，他设计过一部贵到吓死人、价值500万英镑的iPhone 4，上面镶满了500颗钻石，按钮还一次用两颗可互换的"鸽子蛋"大钻（7.4克拉的粉红钻和珍稀的8克拉无瑕美钻），使用者可视心情随意变换。单单这两颗钻石，身价就超过400万英镑。斯图尔特设计的其他的奢侈品还包括手提电脑、汽车、游艇、珠宝、西装，甚至还有豪宅。

在家居领域，斯图尔特·休斯更是创造了一个奇迹。由他亲手打造的名为至尊华盖的大床，以630万美元的价格打破了之前由高端商品制造商Parnian推出的一款价值21万美元的床榻所保持的记录，成为世界上最贵的床。

斯图尔特·休斯设计的这款床在意大利和英国两地手工制作而成，全球限量两张，用料极尽奢华，整个床体用栗木雕刻，华盖以樱桃木为材料，细节处使用了107千克的黄金装饰，并且在床头板处镶嵌有钻石及其他不同种类的宝石。当然，如此珍贵的材料及奢侈的装饰也离不了床上用品的搭配：别致的海绵床垫、豪华的意大利丝绸与精棉，若有人拥有如此一张床榻，谁能说他不是在上面安享富贵之梦呢！

芙蕾特素来享有"寝饰界时尚大师"的美誉，它历经了150多年的岁月，将世界各国的文化与艺术转化成品牌设计的底蕴，并以意大利现代设计手法加以呈现，将优雅和时尚武装到人们日常生活的最私密处，使其家用纺织品成为值得收藏的艺术品。

芙蕾特

寝饰界的时尚大师

150多年前，芙蕾特以顶级艺术织品之姿，诞生于弥漫新古典主义的法国，开启了全球最奢华的寝具历史。150多年的淬炼，芙蕾特以高超的织品工艺技术、经典细腻的刺绣图腾、兼具时尚品位的色彩，营造了欧洲贵族生活的典雅氛围，也展现了自身低调奢华的华美质感。

大多数人对爱马仕、路易威登、劳斯莱斯、宾利、兰博基尼等奢侈品牌耳熟能详，但知道芙蕾特（Frette）的人就未必那么多了。创立于1860年的芙蕾特是世界上历史最悠久的豪华纺织品制造商，它诞生在法国，不仅是意大利王室和全球其他众多王室的指定供应商，也是世界多家知名五星级酒店的供应商。从它1860年成立开始，许多大牌杂志就

纷纷对其进行报道和宣传。事实上，作为专门织造贴身家用纺织品的顶级品牌，芙蕾特每一季的产品都深深地影响着国际时尚界的潮流走向。

作为世界顶级床上用品品牌，芙蕾特有着悠久的历史，它因欧洲王室贵族的需求而诞生，其发展过程就像一部欧洲贵族编年史。1860年，埃德蒙德·芙蕾特在法国的格勒诺勃创建了一家纺织品公司。在当时，中国的传统织造技艺已经登峰造极，然而当清王朝的帝王贵族在摆弄着康熙五彩瓷器和雍正粉彩瓷瓶时，并没有意识到这个法国人正在不断发掘拥有更高效率的技术，来逐步抢占未来家居装饰品制造业的顶级地位。芙蕾特公司在这一期间致力于开发各种奢华的纺织制品，其产品包括埃及棉床上用品、蒙古开司米羊绒毯以及奢华的天鹅绒垫子等。

5年后，芙蕾特纺织品公司迁至意大利，搬到了现在的总部所在地——米兰附近的康科尔佐，其第一家商铺于1878年在米兰开业。芙蕾特公司在埃德蒙德·芙蕾特与两位意大利人吉赛贝·麦基和卡洛·安东尼耶提的共同经营下，以惊人的步伐迅速壮大。两年后，即 1880 年，它便拥有了卓绝的名声。意大利外交部要求芙蕾特公司为其驻全球各地的领事馆提供床上用品，从此，芙蕾特走向国际舞台。1881 年，芙蕾特成为意大利王室御用品牌，在接下的几年间，芙蕾特不断地为欧洲王室成员及贵族们定做床上用品。同时在 1881 年，芙蕾特第一次获得了米兰国际家居展览会的金牌。

150 多年来，芙蕾特一直采用最好的面料来制作产品，得到了欧洲王室贵族以及梵蒂冈教皇的青睐。如今，世界上众多的豪华酒店和高级住宅内都有芙蕾特产品的身影。自 1899 年为威尼斯的皇家达涅利酒店供应床上用品开始，芙蕾特成了世界各大顶级酒店床上用品的专用供应商。

随着时间的推移，芙蕾特逐渐成为全球规模最大的豪华寝饰织品企业。20 世纪 70 年代，芙蕾特在世界各主要城市如巴黎、米兰、伦敦、纽约及洛杉矶等地开设寝饰旗舰店。今天，芙蕾特顶级床上用品在欧洲王室贵族间口口相传，它已逐渐成为全球追求高品质生活人士的心爱产品。从某种意义上来说，人们想要拥有这样一款顶级床上用品，更多的是被它传奇般的尊贵血统所吸引。试想，从前专属于王室的奢华用品，现在自己也能享

◎ 芙蕾特豹纹皇后被套和马利克垫

用，这样一种心理认同感的诱惑，又有几人能抵挡得了？

150 多年来，芙蕾特以"创造最舒适、最豪华的居家饰品"为设计主旨，将唯美的观感、温柔的触感完美地呈现在顾客面前，其生产的床上用品已经不再是家饰产品那么简单，而是向优雅的意式格调致敬的艺术之作。芙蕾特如同钻石般珍贵诱人的顶级床上用品，吸引了世界各地的名流们成为它的忠实拥趸。

花上近 60 万元去买床单被褥，对很多人来说绝对是奢侈的。即使那些有能力享有奢华生活的明星们，比如著名影星皮尔斯·布鲁斯南也未必会如此奢侈。但如果他们面对的是芙蕾特家居饰品时，情况可能就大不一样了，他们会不约而同地想要把芙蕾特产品买回家中。著名流行歌手布兰妮在一次接受《滚石》杂志采访时就曾公开讲述了自己躺在芙蕾特产品上面时的那种陶醉感。此外，还有迈克尔·舒马赫、玛莉亚·凯莉、比尔·盖茨、迈克尔·福克斯、迈克尔·道格拉斯和凯瑟琳·泽塔－琼斯等名流，甚至连梵蒂冈教皇都是芙蕾特床上用品的忠实用户，他们在使用芙蕾特产品之后都有一个共同的感受：选用芙蕾特并非要炫耀奢华的生活方式，而是善待自己的表现。芙蕾特产品用精美布料传递着温暖，用装饰品迷惑着感官并吸引人们的注意力。

自 1860 年起，芙蕾特一直以其卓越的品质、独到的设计和无可匹敌的提花图案，成为欧洲王室贵族和政要们的首选。不仅如此，世界各处的豪华会所、酒店，也常选用芙蕾特的床上用品。人们所熟知的超级豪华邮轮泰坦尼克号、高级豪华专列"东方快车"都是芙蕾特的客户，巴黎的丽兹酒店、伦敦萨沃伊酒店、纽约广场酒店、香港半岛酒店和新加坡莱佛士酒店也以成为芙蕾特的客户为荣。

芙蕾特究竟有何魔力能让人们愿意如此一掷千金？除了高贵的"王室血统"之外，芙蕾特纺织品达到的艺术境界也是原因之一。在国际设计界，家纺设计无疑是重要的一个领域，而在艺术界，家纺作品也占据一席之地。与画作相

◉ 印有皇后花纹的芙蕾特被套

比，艺术化纺织品用的手段不是涂抹，而是编织和印染。欣赏画作，人们得到精神的满足，而使用艺术家纺，人们获得的是身体和心灵的慰藉。纺织是将经、纬纱线在织机上相互交织成织物的工艺过程；在织造时经纱应具有适当均匀的张力，并按照预定规律与纬纱交织，构成具有一定的组织、幅度和密度的织物——传统的对织造本身的解释，更接近于对一种技艺的描述。然而，有着150多年纺织品从业经验的芙蕾特却不仅仅满足于技艺本身，而是把对纺织品的艺术追求作为不断促使自己前行的动力。

在众多家纺品牌中，芙蕾特的纺织技艺堪称顶级，其纺织过程也非常特别，它采用的丝光处理工艺、上浆工艺均为专门研制的独门密法，其采用的面料及工艺直接影响家居产品的发展潮流。

触感温柔，体感温暖，拥有影响整个空间氛围的魔力——这常常被视为顶尖家纺产品追逐的境界。在每一年的家居装饰博览会上，面料设计师们在沙发、床具、台面以及一切用得上纺织品的地方挥洒灵感。在众多家纺品牌中，芙蕾特的纺织技艺备受称赞，凭借独特技法，芙蕾特创造出世界上最美丽复杂的图案和最鲜亮持久的色彩。

芙蕾特以其顶尖的产品质量闻名于世，这要归功于技师们的专业精神。芙蕾特寝具织物中所选用的棉花原料全部来自埃及特定的棉花生长区域，因为只有那里的棉花纤维最长，品质最好，也最稀有。值得一提的是，绝大多数的芙蕾特产品以500线纺织，这让其品质更是无可匹敌。

◉ 芙蕾特150周年全球限量珍藏版产品

　　芙蕾特纺织寝具织造的过程也十分特别，由于工艺的需要，其所采用的全部是特别定制的纺织机，过去经常使用的方式是纸板模式，而现在使用电脑操作，可以使纺织机上的每一根细纱都能够单独运动，从而变幻出美丽复杂的图案。此外，还有专业操作人员将绘制的创意草图"画"到棉布上。

　　织物成形之后，还要进行清洗、漂白、丝光处理、熨烫和上浆等一系列过程，以使布料光亮柔滑。芙蕾特的丝光处理工艺世界罕有，而意大利拥有全世界最好的此类工艺师。芙蕾特的上浆工艺也是自己研制的独门密法。此外，芙蕾特运用的每一个纺织样式或是蕾丝设计都仅供独家使用，并受法律保护。正是传承百年的生产工艺和意大利卓尔不凡的设计品位，成就了芙蕾特至美独特、无与伦比的纺织珍品。

　　芙蕾特用世界上最优质的棉花、蚕丝和独家延续的纺织技术，为世人呈现了大量耐人寻味的床上用品、披毯，还有睡衣、毛巾，或古典简约，或带有强烈色彩和装饰感，总之，与身体关系最亲密的各种家用纺织品，

◉ 芙蕾特克里斯蒂娜（Christina）系列

　　该系列产品呈现出华美大气的花纹组合，如同一幅浓墨重彩的油画，在 5 平方米左右的织物上面恣意挥洒。令人惊喜的是，这套产品上看不到人们常见的那些简单重复的花纹，而是掺杂着享乐主义与浪漫主义元素，用典型巴洛克式的框架设计和戏剧性的色彩和复杂的复古花型工艺织就。在这些繁复的复古花型工艺背后，我们可以亲身感受到设计师的用心良苦：这是一次对于巴洛克式建筑空间设计与线条色块平面布局的和谐嫁接，至少在克里斯蒂娜系列产品上，这种从三维到二维的转型是成功的。当然，这一切都要归功于芙蕾特最优秀的技师团队缜密慎微的织造技术与代代传承的欧洲纺织经验，然而即使如此，团队成员精工细作、花费数月之久才能创作出一套克里斯蒂娜系列珍品。

在芙蕾特的世界里应有尽有。然而这些成就并不能够让这个百年品牌满足，它怀着对艺术的无限追求一直在努力前行。

如此珍贵的工艺材质，还不足以体现芙蕾特产品的顶级身价。芙蕾特还常常采用限量和定制的方式，让产品更具有独特性和珍藏价值。比如，芙蕾特在 2008 年推出的限量版克里斯蒂娜（Christina）系列产品，其绝妙之处不仅在于其高贵的品质，而且在于其能够根据顾客要求在框架内绣上文字，从而真正成为顾客专属的独一无二的珍藏织品。整个系列由床组 9 件套、限量 5 件式毛巾礼盒、珍稀长毛貂皮毯等组成，总价值近 60 万元人民币，全球限量发行 64 套。设计师安扎丽就特别指出："这套产品彻底划清了流水线产品与私藏珍品之间的真正区别。"

芙蕾特素来享有"寝饰界时尚大师"的美誉，除了限量版的克里斯蒂娜系列，还有演绎北欧雪国氛围的斯堪的纳维亚系列；将中国传统文化中象征吉祥的腾龙、龟纹等纹样以现代美学设计演绎推出的东方系列；而那不勒斯系列则是以最常用作艺术品雕刻的青金石与粉红大理石的肌里纹路为灵感，延伸到床上用品的设计中，并撷取希腊艺术品、陶瓷绘画及浮雕艺术创作的精细、生动及优美，通过完美的设计阐述希腊艺术之美，并传递着融合美学与历史文化的丰富内涵。

也许依芙德伦冰岛鸭绒被令人震惊的并不是它高昂的售价，而是它能左右所有品位人士的喜怒哀乐，更能让他们渴望体验王室的极致生活的愿望得到满足的能力。尤其是人们钻入被子里的那一刻，绝对会让依芙德伦180多年来提供的王室享受得以重现。

依芙德伦

王室的私家床品

180多年来，依芙德伦以法兰西最精湛的纺织印染技术，为人们带来了人世间最极致的睡眠体验。

无论时代怎样变更，有一个地方始终为我们提供慰藉、梦想的依托和避风的港湾，这个地方就是我们的家。家，对不同的人蕴含着不同的意义。家的内在意义是不变的，变的是家里的配套设施越来越适宜人们居住。当时尚的触角深入家居空间时，更多的潮流元素演变为空间设计及家居装饰的多样选择。如芬迪家具的皮草元素令其拥有了令人过目不忘的奢华品质，阿玛尼家具的低调、优雅的设计精神让简单也具有昭示品位的力量……但无论人们怎样变换自己家的模样，有一个品牌人们始终不忍舍弃，它就是创建于1826年的法国顶级家纺品牌依芙德伦（Yves Delorme），其定制的冰岛鸭绒被在今天依然是法国、意大利贵族及摩洛哥王室指定的私家床品。

依芙德伦是豪华家居饰品的杰出代表，无论是法国的 Bonne Mache，英国的哈罗德，美国的波道夫·古德曼，还是香港的连卡佛，在这些世界顶尖的高级名牌专卖百货公司中，你都可以发现依芙德伦永远都是他们的共同选择。不仅如此，依芙德伦还是法国最具权威性的高端品牌协会的会员，100多年来它一直在为全球热爱家纺用品的人们设计深具文化内涵的法式家居产品。

依芙德伦隶属福莱蒙德罗姆集团，该集团创建于 1845 年，由欧内斯廷·福莱蒙德夫妇在法国纺织行业的中心地带里尔创立，集团自那时起便专注于为尊贵客人奉献极致舒适的家居睡眠体验。其间，福莱蒙德家族与家居用品设计大师依芙·德伦先生走到了一起，五代人的创业激情和秘传工艺被织进了每件产品里。依芙德伦将法国的经典与现代时尚完美地融合在一起，充分体现了华贵家居的生活品位，使顾客享受到极致家居产品带来的视觉美感与舒适生活。

依芙德伦的产品全部采用顶级品质的材料制造，以精梳埃及长绒棉作为主原料，配合刺绣、印花、提花、缎织、蕾丝等丰富而传统的欧洲编织工艺，保持着始终如一的高品质。了解依芙德伦的人，不会将其产品简单地归类为家纺产品或者床上用品。时至今日，依芙德伦以其精致而优雅的设计，让每条床单、每条毛巾，抑或是每张桌布都拥有耐人寻味的质感。

几百年来，众多欧洲王室无不将冰岛鸭绒被作为王室贵族的御用床品，他们对冰岛鸭绒被所带来的尊贵感受推崇备至。

在依芙德伦众多顶级产品中，有一款令人惊叹的极品绒被——冰岛鸭绒被。作为法兰西极致风情的奢侈床被代表，依芙德伦这款价值 29.8 万元的极品绒被，以其尊崇的历史传承、典范的价值认证以

及精美复杂的制作工艺颠覆了人们对于床被奢侈品的原有概念。这款绒被一经推出便引来无数观者侧目而立，不禁发出"究竟是什么原因造就了这款顶级绒被"的猜想与疑问。

依芙德伦的发展历程同样也是一部欧洲王室贵族奢华享受的编年史——顶级的原材料，完美的工艺以及坚持限量生产的原则使它成为欧洲王室贵族享用的极奢之物。法国、意大利的贵族及摩洛哥的王室都不约而同地选择依芙德伦所制作的冰岛鸭绒被作为专属的私家床品，其"尊贵血统"及"正统地位"由此可见一斑。

依芙德伦冰岛鸭绒被年产不超过10条，只在全球少数的奢侈品百货商店中才能见到。在欧洲，有不少买了依芙德伦冰岛鸭绒被的人只是将之作为收藏之用，因为只有这些站在财富金字塔尖的人士才真正了解它的稀有价值。

❀ 依芙德伦制作精美的
枕头和靠枕

　　依芙德伦冰岛鸭绒被是由被誉为"欧洲顶级羽绒"——冰岛野鸭绒制成的。这种鸭绒是当今世界上最昂贵的羽绒，只能在冰岛野生绒鸭废弃的巢里找寻。另外，由于这种绒鸭属于数量稀少的野生动物，本着维护人与自然和谐共存的原则，依芙德伦与当地人一起想尽办法守护鸭巢不受其他动物的侵害，并且使绒鸭在其生长周期中长期处于一个被保护的状态。所以，当地人只能将绒鸭自然留下的绒毛收集起来，而不能任意围捕取绒。制作一条依芙德伦冰岛鸭绒被需要几十个人每年春夏在冰岛四处寻找这种产绒野鸭的孵卵地，为了不惊动或打扰这些可爱的野鸭们，许多经验丰富的人不惜守候两个月之久才去废弃的鸭巢收集野鸭掉落的绒毛。随后野鸭的绒毛将会被汇集到工厂通过 68 道手工工序来分拣收集，只挑选其中品质最好、毫无杂色的作为加工原料送至缝制车间，再由 30 名缝纫经验超过20 年的老技师用各种烦琐的纯手工制法，费时一个星期左右才完成缝制。

◎ 巴卡拉水晶摆件

　　法国首席水晶品牌巴卡拉，一直以纯洁和完美震撼着每个人的心灵。在这款极具魅力的水晶摆件中，镀金的色彩与水晶的纹理达到了一个优雅的平衡，其中大莨苕叶纹图案元素被戏剧性地添加到摆件的设计中。

享有"王室御用水晶"美誉的巴卡拉水晶，以纯洁和完美震撼着每个人的心灵。巴卡拉水晶奢华和绚烂的华丽外表背后，是其 200 多年来不曾改变的手工艺传统。

Baccarat

巴卡拉

水晶生活的艺术大师

创建于 1764 年的巴卡拉水晶厂，不断扩展对世界的影响力，致力于发展高品质的具有创意的精美手工水晶制品。许多著名艺术家都被巴卡拉水晶的魔力所吸引，设计出多姿多彩的作品，形成了巴卡拉的"生活艺术"系列。

巴卡拉水晶被誉为"天下最昂贵的水晶"，其水晶家居饰品，包括水晶枝形吊灯、水晶壁灯、水晶烛台、水晶酒具等，皆是美轮美奂的艺术珍品。巴卡拉并非其品牌创始人的名字，而是法国一个小镇的名字，这有点类似于德国钟表重镇格拉苏蒂。

18 世纪以前，水晶被视为极为珍贵的物品，在当时只有王室贵族才能享用由水晶制作成的各种器

历史篇
LISHI PIAN

具，水晶的生产与制作也都是由皇室亲自督管的。直到 18 世纪中叶，法国国王路易十五颁布一项特别命令，允许民间生产水晶。他授权梅斯大主教在法国东部莱茵河畔的小镇巴卡拉创建圣安妮玻璃工厂，从那时起，巴卡拉水晶的传奇被慢慢开启。严谨的风格混合着童话故事的浪漫，在这个村庄飘散开来。树林、花园、巴卡拉城堡连同水晶加工厂一起，共同经历了将近三个世纪的岁月。巴卡拉人世代在熔炉旁不断尝试、改进，力求向上，这坚毅的精神发展成为巴卡拉水晶的文化，超越了历史的洪流，屹立至今，并且将永无止境。

巴卡拉这个名字真正享誉世界要从 1816 年说起，当时的工业家安妮·加布里埃尔·阿提盖斯接管了圣安妮玻璃厂，并将其转变为一家水晶厂，正式命名为巴卡拉。阿提盖斯从比利时引进幼精沙，让巴卡拉成功转型，开

◎ 制做于 1820 年左右的巴卡拉水晶钟

    此件水晶钟为王室御用水晶的重要佳作，其奢华的设计、独特的制作工艺至今无人企及。整座水晶钟以西方的古典神庙为外形，四个螺旋形状的水晶柱庄严大气，其顶部与底座由晶莹澄澈的水晶与鎏金铜件相间构成，精工打造的特质使整座水晶钟散发出独有的法式贵族气息。

始生产高级水晶酒杯以及餐具等。不出几年光景，巴卡拉的工匠们就从为路易十八制作酒具起步，生产法国王室的御用水晶。那一年是 1823 年，巴卡拉水晶加工厂接到了历史上第一份王室订单。随后，巴卡拉开始为法王查理十世、路易·菲利普一世、拿破仑三世以及法国总统制作酒具。直至今天，法国爱丽舍宫的餐桌上仍在使用巴卡拉的 Juvisy 系列酒具。

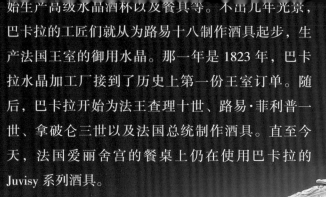

1830 年 11 月，巴卡拉水晶第一次进军土耳其市场。土耳其市场增长迅速，特别是灯饰、烛台，以及君士坦丁堡王宫所用的穆哈咖啡具和水烟袋，都由巴卡拉特别定制。1840 年，巴卡拉开发出独门技术，在高温烧制水晶制品时添加金属镏盐，使其闪耀出不同的色泽，其中最具有代表性的是巴卡拉红色，

由于必须混用纯金，因此这种水晶制品尤为昂贵。巴卡拉又是第一家研发出不透明水晶的工厂，并当仁不让地一跃成为世界顶级水晶品牌。次年，巴卡拉经典的哈考特系列面世，如今这一系列仍在生产，依然采用经典的平面大块切割方法，其产品带有浓郁的建筑风格色彩，而这正是巴卡拉水晶品牌的象征。哈考特系列远销全球，闪耀在世界各地的奢华餐桌之上。

大约 20 年后，也就是 1860 年，法国和英国签署了一项自由贸易条约。法国巴卡拉水晶厂为巩固其地位，专门为产品设计了第一枚商标。商标被印在纸质标签上，贴在每一件出厂产品的底部，直至 1936 年。

1867 年，巴卡拉在这一年的巴黎世界博览会上展出了一对由琼·西蒙雕刻的华丽花瓶，赢得了一枚金牌。这对花瓶至今仍存放在法国巴卡拉巴黎博物馆里，两只瓶子分别描述了"水的寓言"和"土的寓言"。1878 年，巴黎举办了第三届世界博览会，巴卡拉再次夺得金牌。在当时，"日式风格"大大改变了此时的装饰艺术，巴卡拉也开始使用一种全新的雕刻技术来制作水晶产品。

巴卡拉走向世界是在 1885 年，这一年巴卡拉接到大批印度市场的水晶灯饰和家居订单，从那时起，巴卡拉逐渐走向全世界，在墨西哥、阿根廷、乌拉圭、巴西、柬埔寨、美国、日本、古巴等国都可见到巴卡拉水晶散发的光芒。

1896 年，巴卡拉的盛名开始响彻整个俄罗斯。继沙皇尼古拉斯二世访问巴黎之后，巴卡拉水晶厂昼夜赶工以完成俄罗斯的大量订单，并大量设计生

◎ 巴卡拉红宝石利口酒具
巴卡拉水晶酒具首席设计师路易斯·康福特·蒂凡尼和托马斯·奇彭戴尔总能充满激情地保证每一件巴卡拉酒具的完美，其中最为人称道的就是这组产品，三支鎏金醒酒瓶矗立中央，14 只利口酒水晶杯环绕周围，给人出人意料的华贵无比的视觉感受。该组作品最独特的设计便是盛装酒具的水晶酒棺，热烈的红色与强劲的金色搭配，营造出法国艺术独有的奢华魅力。

产烛台、喷泉、餐桌中央摆件、包括伏特加酒杯在内的名贵酒具等器具，以满足俄罗斯的市场需求。

巴卡拉的水晶制品遍布各个领域，1907 年香水瓶日产量 4000 只（1897 年日产 150 只）。几乎所有的名贵香水生产商、时尚设计师都指定要用巴卡拉生产的瓶子，其中就有考迪、霍比格思特、让·巴度、夏帕瑞丽、伊丽莎白·雅顿、娇兰、迪奥、梦妮坦、范思哲、兰蔻……这些还只是其中的一小部分。

1925 年，在巴黎举行的现代装饰及工业艺术国际展览会上，巴卡拉设计师乔治·舍瓦利耶设计了一个水晶亭参加展览，水晶亭在水的主题中淋漓尽致地展现了乔治·舍瓦利耶的灵感。悉尼皇家剧院购买了一个巨大的由 3 米高的枝形吊灯形成的水幕墙。5 年之后，威尔士王子为他的游艇定制了带有方形底座的巴卡拉酒杯。

随着巴卡拉水晶的声名不断壮大，巴卡拉于 1948 年在纽约成立了一家分公司，正式进入北美市场。从那时起，巴卡拉开始与众多著名设计师合作，其中最著名的便是萨尔瓦多·达利。巴卡拉能让每位水晶设计师挥洒自如地发挥出他们的天赋才能及灵感，创造出触动人心的优质水晶制品，如安德莉·普特曼、帕特斯·巴特勒两人共同设计的新型灯饰，以及蒂埃里·勒库勒设计的竖琴家具等。毫

◎ 巴卡拉水晶摆件

　　巴卡拉的设计大师设计了摆件等诸多经典的水晶制品，材质纯正、玲珑剔透、色彩流行。再加上大胆的造型，天马行空的不规则外形，以及工匠的鬼斧神工，在薄薄的水晶上雕出层次分明的图案，令巴卡拉的水晶制品瑰丽脱俗，与时尚同步。

无疑问，巴卡拉的能工巧匠们深谙如何能让那些会发光的玻璃更晶莹剔透、璀璨生辉的道理，正因如此巴卡拉这一法国顶级水晶品牌在两个半世纪以来终于征服了一代又一代人。

Baccarat

巴卡拉水晶灯饰

水晶的诗意

水晶是光的艺术。大自然中存在着各种各样的光，一旦被吸入巴卡拉水晶便形成光芒四射、纵横交错的美丽图案，超越时空震撼着每个人的心灵。巴卡拉水晶灯犹如一座光学的迷宫，展现的不仅是诗意，还是光的生命。

巴卡拉令人叹为观止的作品，非水晶灯饰莫属。19 世纪上半叶，大型水晶灯的制作仍是英国及捷克制造商的天下。巴卡拉奋起直追，以瀑布造型的吊灯、熠熠发光的喷泉、高耸优雅的照明烛台连同雕绘复杂的摆饰花器，参加 1855 年、1867 年及 1878 年在巴黎举行的三次万国博览会，并荣获大奖。

巴卡拉水晶灯的光芒深深吸引了各国王室的注意。当时俄国沙皇尼古拉二世在 1896 年出访巴黎后，立即定购了巴卡拉的伏特加专用酒杯、餐具以及水晶桌椅等，还另外定制了 12 座获得 1878 年博览会金奖，各由 79 支烛架组成的 3.85 米高的高脚烛台，后来被昵称为"沙皇烛台"。

尼古拉二世这位俄国末代沙皇，追求永无止境的奢华的疯狂行为，现在也许让人觉得不可思议，但当时却激起各国王室贵族的竞相效法，像是日本大正天皇的水晶碗、印度宫廷的水晶家具、葡萄牙国王的水晶凉亭等，巴卡拉"王侯们的水晶"的美誉，由此奠定。

水晶灯饰起源于欧洲 17 世纪中叶，也就是在洛可可艺术时期。当时欧洲人对华丽璀璨的物品及装饰尤其向往，水晶灯饰便应运而生，大受欢迎。今天的巴卡拉水晶灯不仅延续了那一时期的奢华风格，更加入了现代时尚的气息。

在巴卡拉众多的设计师中，最让人期待的莫过于为巴卡拉水晶设计玛丽柯琳枝形吊灯的鬼才设计

◎ 沙皇巨型烛台和水晶水果托盘

此款烛台拥有超过 100 年的历史，由俄国沙皇亚历山大二世向巴卡拉定制，展现了辉煌的帝国气势，令世人赞叹不已，目前已成为巴卡拉水晶博物馆的珍藏作品。

大师菲利普·斯塔克，他的设计仿佛在诉说一个大胆、有弹性且性感快活的故事。他为巴卡拉设计的这款飘逸到仿佛无视重力存在的吊灯，以绚丽的色彩将实用便捷同梦幻般的美丽结合到一起。穹顶 12 枝型吊灯的变化，昭示了菲利普·斯塔克的设计思路曾出现过矛盾。它那乳白色的伞架和下面的水晶伞骨组合在一起，让人产生出一种错觉，就仿佛这灯是可以伸缩的。于是，那枝型吊灯变得仿佛悬浮在半空中，光芒四射，灯光饱满而圆润。从窗外看过来，这件吊灯犹如在雨中唱歌一般，将人们从现实带入梦幻，显得顽皮而又令人愉悦。

菲利普·斯塔克被称为设计领域的鬼才。早在 2003 年，巴卡拉总裁安妮·科勒尔·泰廷爵女士买下玛丽·洛尔·德诺阿依斯的私人宅邸后，便聘请他装饰这座 3000 平方米的宅邸。菲利普·斯塔克接下这份工作时曾表示过，巴卡拉的精髓在于"幻觉世界的综合"，他认为透过水晶切面观察到的事物表相，往往更具诗意。

◎ 巴卡拉玛丽柯琳吊灯

菲利普·斯塔克在玄关尽头设计了一个内藏水晶灯的庞大水族箱，地面则是镶有水晶碎石边的红色地毯。登上楼梯后，映入人们眼帘的是一把气派夸张的椅子，还有一盏美如白纱蓬裙的水晶吊灯，仿佛在悬空舞动……此刻，人们注视镜中倒影，恍惚间就像爱丽丝闯入到巴卡拉似梦还真的仙境，如果这就是菲利普·斯塔克希望达到的效果，那他的确做到了。

如今这座豪宅已经成为巴卡拉的总部，底楼是珠宝、酒杯餐具、装饰用品等的专卖区，特别设计的后现代冷酷风格的隐秘客室只接待贵宾。楼上则设置了陈列巴卡拉历史精品的艺廊，被命名为"水晶屋"。水晶屋中还暗藏了一间带有黑水晶吊饰的粉红沙龙，让重要顾客可以在此静谧地享用佳肴。安妮女士经常在这里举办豪华宴会，以彰显巴卡拉的精神底蕴。

巴卡拉灯具在历届世界顶级家具展上的光芒绝对最受人瞩目，巴卡拉八位"御用"设计师菲利普·斯塔克、艾瑞克·利维、莫阿提、里维埃、杰米·海因、埃里柯·何睿、米歇尔·卢基以及雅尼·科萨雷，对欧洲经典的枝型吊灯进行了重新诠释。他们坚持完全自由不受约束的设计风格，借用一个永恒的场景，将巴卡拉水晶吊灯的生命和灵魂蕴藏在四季的跳动节拍中。同时他们将历史与现代完美无缺地融合为一体，将创新和传统结合起来，于是，时间的流沙从指缝滑落，刹那变成了永恒。

由米歇尔·卢基设计的光彩水晶系列灯具，其每一个部分都超越了水晶本身的美丽。在衍射的时候，水晶灯也能同时融合并接收到被放大的光芒，从而将人们感官的愉悦加倍放大。米歇尔·卢基设计出球形的容器将光捕获，然后将其牢牢地圈在倾斜的灯柄中。当灯光流动，人们已经分辨不清其中的任何轮廓和边界。把开关打开，灯泡的光就将"融化"在瓶中，原本被包围在瓶内的光芒开始漫

◉ 巴卡拉千夜烛台

由著名设计师马赛厄斯所设计的。该烛台仿佛有一种魔法，散发着中东风情。

Baccarat

过瓶口，将其包裹。于是，暗淡和光芒，开始相互融合且交织。不管是作为吊灯还是地板灯，都犹如一座灯塔一般绝世独立。它的灯光完美地衍射出去，直到变得熠熠生辉。正如米歇尔·卢基自己所说的那样："世界上只有钻石的光芒发散出去的时候，其亮度才丝毫不会减弱，反而会和原本的光芒相得益彰，更加熠熠生辉，就像一束极强的光束一般。只有钻石才能达到这种极致的效果。"显而易见巴卡拉水晶灯达到的效果就如同钻石光束一般。

莫阿提和里维埃设计出了巴卡拉历史上第一盏平面吊灯，技术的进步使水晶灯灯光的漂浮感成为可能。这盏吊灯有着完美的对称比例，在古典的设

◉ 巴卡拉 Senritsu（太阳的节奏）吊灯

此款吊灯灯如其名，两个半卵形状拼接在一起，在下面点缀了无数水晶垂饰以起到放大的效果。透过编制的水晶菱形花冠，灯光犹如上演着一场芭蕾舞剧，其中流淌的元素更增添了日本俳句的风格。

◎ 巴卡拉枝形吊灯

　　国外某媒体把法国巴卡拉水晶评为最佳的家居装饰品,对于巴卡拉从众多的品牌中脱颖而出人们无须惊奇,巴卡拉水晶能让人一看就会着迷,品牌的时尚经典风格始终以潮流带领者的风范被一众独具品味而又享受生活的人所追捧。

◈ "Fibre de Cristal" 吊灯

计上添加了创新元素。莫阿提和里维埃把各种材料混合起来使用，加上对称美和对于尺寸的灵活运用，给这盏名为 Fibre de Cristal 的吊灯赋予了抽象的意味。Fibre de Cristal 适用于各种高度的建筑物，无论从哪个角度看，其轮廓都非常完美。这盏灯的表层是一层碳纤维平板，灯芯位于中央位置，水晶那细致优雅的光芒从位于中央位置的灯芯向外散放，犹如太阳球体；而其在周围被二极管吊灯的灯光包围，犹如星云一般。莫阿提和里维埃在 Fibre de Cristal 中的设计思路是想利用水晶灯表现夜空的主题，让吊灯灯光如银河般闪耀。

"水晶透着神奇的光芒。这灯光让水晶变得鲜活而充满生命感。它们的结合使得自然和文化获得一种完美的平衡。"设计师杰米·海因这样说道。作为 2009 年设计的水晶糖果系列的延伸款式，这盏灯由铜色、白金色和白色三种颜色组成，被命名为"糖果灯"，它的结构丰富而多样，开关由巴卡拉的红色水晶玻璃垂饰扳手制成，被优雅地镶嵌在灯座上。它既控制着灯的开关，又使灯光四散开来。陶瓷底座和水晶灯罩之间的外部曲线，给人一种相当完满的丰富质感。当灯被打开之后，灯罩周围那优雅的华夫饼式样的浮雕，更让视觉效果得到了进一步的升华。

走在水与火这两种元素的分界线上，日本建筑师兼艺术家堀木绘里子为巴卡拉设计了一对水晶灯——Sora 和 Senritsu。它们诞生于两种材质和两种技艺传统的结合，是诗意的重生。Sora 的设计构思是从"月亮的眼泪"得来的。

这个设计也对著名的天顶 12 枝型吊灯进行了重新诠释。凝露滴盘和灯杆外面都包裹着日本的和纸，就像是珍珠的外层一般，而灯中央垂着由手工绘制的水晶八角形饰品。设计师将二极管的白色光芒与和纸发出的柔和光芒巧妙结合，使天顶吊灯以另一种优雅的方式重生，并散发着轻柔的气息。

艾瑞克·利维曾说："巴卡拉水晶从光学迷宫变身成为明亮的发光球体，将每一寸空间和壁龛都变成了完美十足且星光闪耀的舞台。"他也使巴卡拉天顶吊灯呈现了全新的面貌。他从水晶冷加工中受到启发，不再把吊灯设计成传统的圆形，而是加以颠覆，设计为椭圆形。吊灯的中间是明亮的碗状灯芯，光裸的栏杆可以伸展，吊灯可以自由调节到任何高度。站在灯下向上看去，吊灯散发出一种娇美细致的波浪形光芒。

◉ 巴卡拉水晶动物园系列

继 2009 年的水晶糖果系列之后，杰米·海因再度与巴卡拉水晶合作，只是这回他完全走的是可爱路线。不晓得是不是因为杰米·海因的孩子刚好出生，水晶动物园系列很有幼儿玩具的味道。整个系列包括小鸭、小熊及小猴三款，每款都有透明和彩色两个版本。

Baccarat

🏵 巴卡拉黑夜系列枝形
天顶吊灯

这款吊灯是由菲利普·
斯塔克设计的，使用黑色
水晶使其更富现代气息，
重新演绎了这一巴卡拉经
典设计。菲利普·斯塔克保
留吊灯的原始结构和装饰
设计，但增添了含铝制反
射镜的黑色灯罩以增强灯
光投射在黑水晶上的效果。

这一系列的陀飞轮吊灯是从热加工水晶中获得
的灵感，其加工方式使灯光变得热烈而兴奋，所以
它们的光线旋转跳动。这种技术应用后所带来的真
正成就便是——6 个线圈形灯架的倒影仿佛是在不
停运动的螺旋形剪影。

自从 2010 年的洁朗系列之后，雅尼·科萨雷将
灯具的创新性向前推进了一步，他的秘密花园灯具
就像是一个热闹且赏心悦目的乐园，由水晶和发光
二极管两组截然不同的材质构成，这款灯具是手工
技艺和高科技相互结合的产物。这款灯具款式复
杂，水晶与发光二极管相互配合从而发挥出最佳的
效果。灯被置于一个可以伸缩调节的支架上，犹如
一顶伸展开来的光芒四射的旋转形王冠。从暮色到
破晓，水晶的诗意将其光芒刻印在黑夜永恒的空间

里。有人曾评价雅尼·科萨雷的设计融合了他对创新不懈的探索。而巴卡拉水晶也正是通往无法言喻之美的完美通道，它借助光来传播完美，渐渐变成了有形的物质，最后与水晶融为一体。

Baccarat

巴卡拉水晶酒具

餐桌上的光芒

巴卡拉瑰丽而显赫的各类水晶珍品已经遍及世界各地，因其名贵的用料，灵动多变、紧贴时尚潮流的设计和精致超卓的制作工艺而广受欢迎，经特殊工艺生产出来的巴卡拉水晶酒具更成为显赫、尊贵的代名词，也是各国王室御用水晶酒具之一。

除了水晶灯，巴卡拉出产的水晶酒具也颇有盛名，最为人们熟知的便是轩尼诗、马爹利的酒瓶，他们都是由巴卡拉水晶厂制作的。最初，盛装人头马路易十三的瓶子只是一个金属酒壶，瓶身刻有巴洛克风格的百合花纹，雷米·马丁家族在购买其版权后，将复制该酒壶的重任交付给巴卡拉水晶厂。人头马深知唯有杰出的水晶制造商才能打造出与其品牌相媲美的尊贵与奢华，因此，它选择携手法国知名水晶品牌——巴卡拉，这无疑为人头马路易十三的王者地位更添风采。精湛的技艺、至高的热忱和无上的盛名，干邑之王与水晶大师们的合作再创辉煌，数个世纪以来他们对完美的不断追寻使路易十三水晶酒瓶成为不朽的传奇。

从金属瓶子到巴卡拉水晶，作为干邑之王的经典符号，其盛酒酒瓶的制造工艺一直随着时代脉搏

◎ 左图为巴卡拉法国水晶宫

而演变，并一直保持着王者风范。如今的黑珍水晶瓶，带着现代简约的颠覆意味同时又不失霸气，同样是以极致来诠释王者之美。

每个路易十三酒瓶都是不同的，因为每个酒瓶全部采用手工吹制，独一无二。如果你有机会去看看巴卡拉水晶瓶的生产过程，你可以看到它们是如何被吹制出来的，然后是如何被慢慢精细打磨出其代表王室血统的百合花标志以及瓶身的手工曲线。路易十三黑珍水晶限量至尊装全球只有358瓶，每一瓶都镌刻有001到358的序号，这是法式奢华艺术的体现。由此，你可以理解为什么路易十三的瓶子在某些时候也是明码标价的。尽管酒瓶并非人们买路易十三的初衷，但事实上也不乏专门收藏路易十三各式巴卡拉水晶酒瓶的人，他们这样做完全是出于对巴卡拉水晶的喜爱。

除了路易十三，轩尼诗和马爹利等著名酒商都不约而同地选用巴卡拉的水晶瓶。在他们看来，唯有巴卡拉水晶瓶才能真正衬托出美酒的品质。巴卡

◉ 无铅水晶酒杯
为庆祝巴卡拉水晶厂创立170周年，巴卡拉推出了这套酒杯以为纪念。

拉专门为轩尼诗·李察干邑打造酒瓶，每个酒瓶由工匠耗时 40 多小时手工雕琢而成，用以盛载琥珀色的、被世界知名干邑品评家马克·戴·莫奈誉为"世上最完美干邑"的美酒，给人们带来视觉与味觉的双重震撼。

　　巴卡拉的创举在于研制出不透明的水晶，也就是说在不增加含铅量的基础上，仍然维持水晶的高折射率，同时又使水晶变成不透明的颜色。只要你足够细心，就会发现每盏巴卡拉水晶灯都有红色小块水晶，这是巴卡拉水晶生产工艺上的一个特色，工匠们在高温烧制水晶时会添加金属镏盐，这样才使水晶产生不同色泽的变化，最特别的要算巴卡拉红，因为必须要混用纯金，价格十分昂贵。因此，一些红色巴卡拉酒杯的价格也高过其他颜色酒杯很多倍。

一套好的酒具不仅代表着人们的品位与风度，更能体现出人们奢华时尚的生活态度。什么才是世界上最好的酒具？有识之士无疑会选择巴卡拉水晶酒具。欧洲人，尤其是以美酒和浪漫著称的法国人，更讲究美酒与水晶杯的搭配。早年间，法国贵族们都习惯用水晶杯来盛装美酒，认为只有如此，才能尽享每一缕的袭人酒香，也只有这样才能体现他们的生活情趣和品位。

在欧洲，人们对使用的酒具极为讲究，一般一套完整的水晶酒具应包括一只酒樽，一套水杯，一套红酒杯，一套香槟酒杯，一套白葡萄酒杯，一套烈性酒酒杯。在巴卡拉出产的众多水晶酒具中，以 Oenologie 系列水晶酒具最为著名。这一系列的水晶酒具延续了巴卡拉水晶晶莹澄澈、精工打造的特质，散发着贵族气息。在这一系列中，酒杯部分共包含勃艮第（Bourgogne）红酒杯、波尔多（Bordeaux）红酒杯、罗纳河（Cote du Rhone）红酒杯、卢瓦尔（Loire Valley）红酒杯、白酒杯、香槟杯、顶级勃艮第杯、顶级波尔多杯、干邑白兰地杯以及啤酒杯等共 11 只形制不同的酒杯。

巴卡拉水晶酒杯是人们享用美酒时的最佳选择，其最大的特点就是既薄又轻。酒杯撞击时发出的极为清脆悦耳的声音，让人们在一享口福的同时，也可以享受到"耳"福。此外，水晶酒杯完全无杂色、澄清透彻的效果，更适合人们尽情欣赏真正"酒色"。

"完美"是巴卡拉的口号，其每一件水晶制品均使用精挑细选的原料，由优秀的工人秉承创新的设计理念，依靠精密科技制作完成，每件水晶制品

19 世纪拿破仑三世时期经过精工镶嵌的巴卡拉水晶酒具

这套酒具由 4 个玻璃酒瓶和 16 个镀金水晶玻璃杯组成。

美国总统罗斯福与法国总统密特朗，都是水晶爱好者，巴卡拉为他们特别设计了专用的酒具系列，现仍陈列在白宫和爱丽舍宫。巴卡拉接受名流定制早已成为传统，并专设部门，以满足贵客们对个性化的要求。

都需要 50~60 个人的手工制作工序，如此繁复的制作流程令巴卡拉水晶酒具的透明度和艺术完美度均达到了水晶制作工艺中登峰造极的水平。巴卡拉完美的水晶酒具将巴卡拉的精神带进人们的生活中，提升每一个热爱生活的人的享受层次。

Baccarat

巴卡拉家用饰品
巴卡拉的"晶"典之作

　　王室的餐桌或贵族的盛宴毕竟离普通人太过遥远，普通人即使有幸窥其堂皇，也未必能亲其芳泽。幸而巴卡拉懂得顺应时代的潮流，把创造的艺术延伸到生活领域，从水晶果盘、水晶摆件、水晶时钟、水晶花瓶，到水晶烛台、水晶相框……它让人们的家居生活无处不闪耀着水晶的光芒。

巴卡拉水晶被誉为世界上最昂贵的水晶，而这恰恰迎合了世界各国王室贵族追求奢华的品位。日本大正天皇曾不远万里特意在巴卡拉定制水晶碗，印度宫廷也不惜重金在这里定制水晶家具，更甚者葡萄牙国王聘请巴卡拉特意为他制作了一座水晶凉亭……从1916年开始，巴卡拉的第一位设计师乔治·舍瓦利耶便以其天才的创意，设计出玻璃餐具、水晶灯具、香水瓶以及各种动物造型的产品，一直到20世纪60年代，其风格都对玻璃艺术产生巨大影响。

◉ 巴卡拉"沙漠之船"水晶香炉

今天，由巴卡拉设计的水晶家居用品几乎渗透到人们生活中的每一个角落，从水晶灯到水晶摆件，从水晶家具到水晶酒具、水晶花瓶，无处不闪耀着巴卡拉水晶的光芒。与其说这些是家居用品，不如说它们是艺术品。

在众多家居用品中，巴卡拉的水晶花瓶美得简直让人无法用言语来形容。其中由著名设计师杰米·海因亲自操刀设计的水晶糖果系列花瓶，被誉为巴卡拉有史以来最具诗意的设计，该系列共有9款作品，每款全球限量发售25件。人们称巴卡拉与杰米·海因的合作是百年世家巧遇新生代鬼才，那精湛工艺与天马行空的创意的碰撞，无疑会诞生出光芒与诗意的作品。

水晶糖果系列的灵感来自糖果店的糖果盒和各种新鲜的热带水果。在颜色上，杰米·海因采用了最为纯粹的原色；在材料上，杰米·海因巧妙地借助彩色水晶与镶金陶瓷的透明与非透明的特性，混入巴洛克风格的造型，将自己的

◉ 餐桌和船形容器水晶

这是"巴卡拉瑰宝"水晶制品展展出的 300 件最负盛名的参展瑰宝之一，长宽高为 160 × 85 × 161 厘米。

幽默感和坑性十足的想象力表现得淋漓尽致，给人以无比华贵又出人意料的视觉感受。这种大胆的设计将彩色切割的水晶和带有雕刻的金色或金属光泽的陶瓷完美而巧妙地结合在一起，把晶莹剔透的奢华和朦胧的温柔演绎得淋漓尽致，再一次证明了他的非凡的创造力。

荷兰设计名师迈克尔·沃德思为巴卡拉设计的水晶森林家居用品系列，是近几年极为抢眼的杰作。该系列包括刻着不同图案的多用途蜡烛瓶子，多面切割、以金属或大理石作底座的花瓶（其中大理石底座的花瓶为限量发行），一套完美典雅的水晶酒杯和酒瓶，以及梦幻森林中的灵魂作品——一个水晶打造的雄鹿雕塑。

巴卡拉水晶产品的生产过程十分严格，各道工序的工匠必须经过 7 年的学徒期才能正式独立工作，巴卡拉的经营者们也相信唯有如此，其产品才有资格出现在王室的餐桌上。今天，巴卡拉工匠们巧夺天工的美誉仍然代代相传，纯粹与美的融合是巴卡拉所倡导的品牌精神。当把水晶的剔透精神融入品位生活，人们才可以真正领悟巴卡拉水晶散发出的销魂光泽。

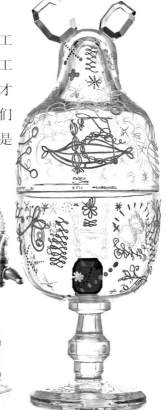

水晶灯，这个起源于欧洲的灯饰尤物，以其奢华、璀璨、典雅的特质深受全世界人们的喜爱。世界上最古老的水晶灯品牌沃特福德，200 多年来一直坚持传统体系和经营方向，这使其产品成为收藏级的奢侈品，被人们誉为"爱尔兰之光"。

沃特福德

爱尔兰之光

　　爱尔兰沃特福德的水晶制造传统已经有超过两个世纪的历史。18 世纪 30 年代，有不少规模较小的水晶制造厂于爱尔兰兴起。不过直到 1783 年，乔治及威廉·彭劳斯兄弟开设了自己的制造厂后，沃特福德水晶的传奇才正式开始。

　　在新年之夜，世界上恐怕没有比纽约时报广场更令人兴奋的地方了。从 1904 年开始，每年的 12 月 31 日夜晚，在这个被称为"世界的十字路口"的地方都会举行盛大的迎新年活动，数以百万计的人聚集于此，等待那颗巨大的彩球缓缓降落，大声倒计时送走过去的一年，欢迎和庆祝新年的到来。最初，这颗巨大的彩球并不是由水晶制作的，直到 2000 年，这个象征希望、变革和梦想的巨大彩球被更换，由爱尔兰著名水晶品牌沃特福德的水晶加工

厂特别设计制作而成。此后，每年都会有超过 1 亿名全美观众和 10 亿名全球观众通过电视欣喜地见证沃特福德水晶球降落的历史性瞬间，向其致以注目之礼。

　　沃特福德这个来自爱尔兰的古老水晶品牌一向以遵循古法吹制、雕刻闻名于业界，其创始距今已有 200 多年的历史。实际上，沃特福德是爱尔兰东南部的一座海滨港口城市，离都柏林约 158 千米，建于公元 850 年，既是爱尔兰最古老的城市，同时也是一个繁华、现代的艺术中心，真正让沃特福德闻名于世的便是这里的水晶制品。其实，爱尔兰很早便开始生产玻璃制品，其历史最早可回溯到 1585 年，当时伍德豪斯在乔治·龙格与拉菲·彼林两人协助之下，在当地建造了两家玻璃工坊，伍德豪斯被人誉为"玻璃制品艺术史上成功的第一人"。尔后，龙格和彼林两人从伍德豪斯手中买下工坊继续经营。

　　到了 18 世纪 30 年代，爱尔兰沃特福德的水晶制造业不断兴起，在当地出现了数十家小型的水晶制造厂。1783 年，乔治及威廉·彭劳斯兄弟开设了自己的制造厂，这标志着沃特福德水晶的传奇正式开始。乔治及威廉·彭劳斯兄弟不仅注重其零售生意，还致力于扩展业务，他们的全盘扩展计划在当时就需花费 1 万英镑，这绝对算是一笔巨款。然而，他们却在短短两个月间成功地向国会申请到拨款，这足以证明他们的水晶制造厂在当时的地位是多么的显赫。

　　沃特福德水晶厂的辉煌得益于一个人，他就是被乔治及威廉·彭劳斯兄弟专程从英格兰聘请来的水晶制作大师约翰·希尔。可以说，没有约翰·希尔，就没有沃特福德水晶的传奇。约翰·希尔来自英格兰西部的小镇斯陶尔布里奇，这个小镇当时已有制作玻璃的历史，他来到爱尔兰的沃特福德，还带来了一批技术纯熟的玻璃制作工匠。约翰·希尔凭借独有的水晶制作秘方——在水晶中加入了 33% 高铅从而令水晶制品晶莹剔透，为沃特福德水晶奠定了"纯净"与"完美"的名声。相较同时期其他的玻璃工匠，由他制作的水晶制品没有任何杂质，呈现出鲜明的银白色。于短短数年间，沃特福德水晶凭借其空前未有的纯正、鲜明的色彩和精湛的工艺技术蜚声国际，沃特福德水晶也因此被爱尔兰政府指定为官方唯一水晶制造商。

18 世纪末期，许多报纸都竞相报道沃特福德水晶，皆特别指出其特色：能够制造出全欧洲最实用、最美观的水晶。沃特福德水晶制造厂全盛时期工匠数量达到了200 多人，主要客户为爱尔兰贵族，产品大量销往英格兰、西班牙、美国、加拿大、法国、葡萄牙和印度等地。

19 世纪上半叶，乔纳森·盖特切尔与乔治·盖特切尔父子一手将沃特福德水晶制造厂的事业推向国际舞台。沃特福德水晶制品数次夺得都柏林皇家学会展览的奖牌，并在1851 年的水晶宫万国工业博览会中展出后，立即获得全世界的瞩目。不幸的是，这年过后，因英国政府严厉的税制所限，沃特福德水晶制造厂被迫关闭，幸运的是，1971 年重新对外营业后，其出产的高质量水晶产品，比如碗、杯、奖杯、吊灯等仍受到顾客追捧而远销世界各地。

沃特福德水晶是爱尔兰人的骄傲，更是爱尔兰人在工业制作技术上的荣耀，事业繁盛期内的沃特福德水晶还收购了英国老牌瓷器品牌韦奇伍德，沃特福德旗下品牌还有德国名瓷罗森泰和英国名瓷皇家道尔顿。然而，沃特福德水晶却成为2009 年全球经济不景气的受害者，总工厂被迫关闭，这场

"浩劫"被爱尔兰政府称为"爱尔兰的国难"。此后，沃特福德水晶被迫交由政府接管，以等待新主人的出现，相信有朝一日，沃特福德水晶定会再次闪耀在世界上的每个角落。

拥有 200 多年历史的爱尔兰之光沃特福德对水晶制作过程追求完美的坚持，多年来始终如一，被公认为是最高纯度的水晶极品，多次获得伦敦水晶宫廷展的奖章。

早在 18 世纪，沃特福德水晶便开始享誉欧洲，各国王室纷纷采用沃特福德水晶产品来装点宫殿与居所。如今的爱尔兰城堡国宾馆内战斧平台的中央通道上方，便悬挂着沃特福德水晶吊灯，它与宾馆内 18 世纪的法国壁毯、意大利大理石桌面的圆桌完美融合，尽显华贵尊容。

此外，每年的网球 ATP 大师杯赛的水晶奖杯也是由沃特福德精心制作的。奖杯的设计灵感源自球场上的激烈赛事，造型独具匠心。该奖杯一共动用了 7 位工匠，先以 1400 摄氏度的高温融烧，再花上 100 多个小时吹制及雕刻而成。为力求完美，沃特福德工匠一共制作了 8 座奖杯，再从中挑选出一座完美无瑕的奖杯作为真正颁奖之用，其制作过程也犹如网球比赛，最后只有最优秀的一位可以成为冠军。至于那些落选的奖杯，最终一律被捣碎融掉。值得一提的是，被最后选中的奖杯并不是在沃特福德水晶制造厂内最终完工，为表郑重，沃特福德水晶制造厂首席雕刻师皮特·弗斯金会特别从爱尔兰远赴比赛现场，在举行颁奖典礼前，亲手刻上

◉ 沃特福德纽约时报广场"要有欢乐"水晶球

豪华邮轮奥斯特丹号也选用了沃特福德水晶地球水晶灯

冠军选手的名字，正式完成沃特福德奖杯制作的最后一道工序。

2003 年由荷兰公主正式命名的超级豪华邮轮奥斯特丹号（MS Oosterdam），也选用了沃特福德水晶。奥斯特丹号邮轮以一个宏伟的沃特福德水晶地球和 3 层中庭显示其非凡的设计和创意。奥斯特丹号邮轮使用温暖的色调，突出了水晶元素，而大理石、黄铜镶嵌的树林造型以及可爱的插花、无价的艺术品和古董更遍布邮轮的每个角落，加上软垫椅子和柚木散步甲板，这一切让每一位乘客的假期之旅更显华贵。

当然，与时报广场上那个巨大的沃特福德水晶球相比，奥斯特丹号邮轮上的这颗水晶地球是小巫见大巫了。时报广场是美国的文化中心，被称为"世界的十字路口"。每逢新旧交替之时，数以万计的人们聚集在这里迎接新年的到来，这项传统源自于 1904 年，那一年纽约时报选在 12 月 31 日当天迁入广场旁的新大楼，并在午夜施放烟火庆祝，从此变成了广场岁末的传统活动。从 1907 年起，庆祝活动增加了跨年彩球降落倒数计时。

2000 年，这颗象征着梦想和希望的彩球由沃特福德水晶制造厂制作，一直使用到 2007 年后"退役"，现被纽约时报所珍藏。在 2007 年的跨年活动中，沃特福德水晶制作厂制作了一个新水晶球，该球被命名为"和平之

多年来，时报广场跨年水晶球吸引了数百万人在 12 月 31 日来到时报广场迎接新的一年的到来。新的跨年水晶球将会是时报广场上方一颗璀璨的珠宝，让纽约客和来自世界各地的游客一饱眼福，而且时间不仅限在 12 月 31 日一天，而是全年如此。

希望"，寓意着友谊、团结、勇气、希望、丰裕。水晶球的内部装有 432 盏飞利浦卤素灿烂水晶灯泡（由 208 盏透明灯，56 盏红色灯，56 盏蓝色灯，56 盏绿色灯，56 盏黄色灯组成），此外还有 96 盏高密度闪光灯，透过沃特福德水晶散发出绝对梦幻的色彩。水晶球的表面由 90 个旋镜组成，将光反射到时报广场任何一个角落，所有灯泡和旋镜都是由计算机控制的，能让水晶球产生充满艺术美感的图案效果。

沃特福德水晶灯

WATERFORD CRYSTAL

光明与希望的象征

自诞生之日起，水晶吊灯对于建筑而言就是光明与希望的象征。拥有百年精湛技艺历史的沃特福德水晶灯，透过水晶的光线来呈现永恒、富贵、圆满及喜悦，塑造出传家之宝的价值。

沃特福德水晶灯饰在世界上享有极高的声誉，比如伦敦威斯敏斯特大教堂在庆祝建成 900 周年时就选用了沃特福德水晶灯，美国的肯尼迪艺术中心也选择使用沃特福德精心制作的水晶吊灯。

沃特福德首席水晶灯设计大师比利·坎宁曾表示："沃特福德制作水晶灯已有将近 300 年的历史，从 18 世纪起就得到高度评价，其独特的雕花图案均依靠工匠凭经验以细腻手工雕成。雕工先以墨水徒手在水晶上绘出基本的几何图案，然后用小铜转轮刻出极度细致、深度不同的花纹，令水晶具

◉ 2008 年 11 月 11 日时报广场跨年活动揭晓当年新的跨年水晶球

新的时报广场跨年水晶球是高约 3.86 米的网格球体，是 2007 年水晶球高度的两倍，重约 5386 千克。新水晶球覆盖着 2,668 颗沃特福德水晶，采用飞利浦公司的 Luxeon Rebel LED 背光源灯，能够在时报广场上空变幻出亿万种瞬息万变的色彩，如万花筒般绚丽多彩。

有磨砂效果,增加其观赏性。可以说,每一盏沃特福德水晶灯都堪称经典之作,从极简到奢华,从现代到繁复,用精湛的水晶制作技艺来实现人们对光的梦想。"比利·坎宁于1985年加入沃特福德,至今将近30年,是水晶灯规划、设计、安装、保养全方位的专家。

比利·坎宁曾经设计过许多令人不可思议的水晶灯作品,其中包括沃特福德经典水晶吊灯光芒之舞,他带领沃特福德水晶灯工艺进入新的创意境界,如2005年为欧洲第四大球场柏林克罗克球场的运动员交谊厅大厅设计的水晶吊灯。克罗克球场经理皮特·麦肯纳曾说过:"沃特福德水晶灯独特的设计,让所有到过这个运动员交谊厅的人驻足赞赏,现在这里已成为了运动场游览中的特殊景点,这款作品是彰显设计师比利卓越设计能力的最好证明。"

此外,比利·坎宁为台湾远雄中央公园打造的全球唯一定制款的水晶吊灯,也极为抢眼。其中一盏名为月之丰华的水晶灯,是运用9种切割工艺技法雕琢而成,比利希望通过日光的融合来传达阿波罗太阳神照耀大地的意境，并在日光经 3424 颗水晶折射后绽放唯美温暖的光彩。因此，白天于挑高达 15 米的日光穿顶，阳光会因沃特福德水晶精湛的切割方式完美折射，让居住者感受到建筑的温度与生命力；夜晚，穿顶化作星空，俯视大厅的水晶吊灯也散发出如月光般皎洁的柔光，迎接辛劳一天返家的人们，也暗喻"万物滋长，生命延绵不绝"的寓意。

另一座令人赞叹的春之礼赞水晶灯，则由 11288 颗水晶打造而成，重量达 550 千克，这盏水晶灯也是沃特福德在亚洲打造的第一大的水晶灯，其创作灵感源自于意大利的知名画家波提切利的知名作品《春天》中三位侍奉爱神维纳斯的女神，传说她们是希腊神话中天神宙斯的女儿，象征着光辉、喜悦与繁盛，也代表中央公园三栋品字形建筑间的和谐之美。春之礼赞水晶灯犹如涌泉般的水晶灯造型，3×3×3 水晶基座堆砌绽放出多层次光芒，引领出生生不息的生命内涵，并借由光线与水晶的相互表现，更体现出永恒建筑的华丽气度。

如果说建筑是凝固的艺术品，那么水晶灯则是最后点睛的一笔。沃特福德水晶灯会提升居室的品位，增添生活的价值与美感，也让建筑之美如史诗般印刻在人的心中。

WATERFORD
CRYSTAL

沃特福德水晶餐具
餐桌上的名片

沃特福德的百年工艺以及其令人艳美的王室贵气，让其水晶餐具、家饰用品都广受欢迎。

现代社会的快节奏生活使快餐文化盛行，人们在吃饭时已经无暇欣赏精美的餐具了。更要命的是，快节奏的生活使艺术餐具显得累赘，艺术品一样的饭碗并不适合让人捧着坐在沙发上边看电视边吃饭。相比之下，设计更加现代，价钱更为低廉，携带更为方便的产品广受欢迎。然而，那些品位之士则完全是另一种想法，他们相信富有艺术感的餐具是一种身份的象征，品位的体现。正如美国沃特福德水晶餐具专家琼格·佩雷斯建议的："即使是在日常生活中，也不妨使用品质优良的高档器皿为新居增添亮彩。因为，餐桌就像你的名片，餐具则代表了你的品位。"

琼格·佩雷斯对餐桌陈列有着极大的兴趣，而且对选择餐具也颇有研究。他曾经在各式各样的电视节目中接受千奇百怪的挑战，展示他在餐桌陈列方面的天赋。他认为，高贵的餐具并非都是"老祖母"专用，有时只要改变它的使用方式同样能彰显品位。曾经有一次，节目要求他"在平时生活中，让新娘们感受到以不落俗套的方式使用奢华器皿的乐趣"。于是，观众们很快就看到，精致的香水瓶被用来盛酱油，优雅的细颈瓶装着橄榄油，一只古董茶壶则盛着龙虾奶油浓汤，用餐时再斟入杯中……

这些令人惊艳的创意如此别出心裁，正如琼格·佩雷斯所说，"餐桌就像你的名片"，餐桌上陈列的各种器皿是主人品位和喜好的体现，因此，他鼓励新人们更具想象力地使用各种器皿。比如，沃特福德水晶餐具系列中有一款用来盛小甜点的蛋糕盘，佩雷斯在家时就把它翻过来，用来放薯条蘸酱。

　　如果你有幸到爱尔兰，千万不要忘记参观沃特福德水晶制品车间，你可以看到各项制作工艺。其中最特别的一项工艺就是通过烧制，将沙、铅和碳酸钾转化为闪闪发亮的水晶。在沃特福德宽敞的水晶制品商店中，一件件晶莹剔透的水晶玻璃艺术品在背景灯光的衬托下，散发着无限魅力，使来自世界各地的游客为之痴迷。这里的玻璃器皿从几十欧元到几百欧元不等，有的水晶艺术品甚至高达几千欧元。当然，对于沃特福德的受用者来说，高昂的价格并不是问题，因为沃特福德水晶家饰用品与餐具体现的是主人的生活品位与艺术素养。

嘉格纳凭借卓尔不群的功能、革命创新的技术，为有识之士展现了顶级厨房生活的奢华魅力。嘉格纳整套厨电价格高达 100 多万元人民币，拥有它的家庭无异于在厨房里"开进"一辆百万豪车。作为世界顶级厨房用具奢侈品牌，嘉格纳代表了一种百折不挠、锐意进取的精神，它引领着人类的欲望，创新着人类的生活，更展现了德国人的坚忍意志和完美主义情结。

GAGGENAU

嘉格纳

厨房奢侈家电的缔造者

作为德国本土品牌的嘉格纳历经300多年的风霜洗礼，成为厨房电器中的奢侈品。由封·布兰奎特提出的"追求设计简约、功能至上的专业厨电"的发展方向，至今仍是嘉格纳恪守的品牌哲学。

有人说，美国人擅长把最平常的东西卖到全世界来赚钱，比如他们发明了用糖水和二氧化碳混合在一起的饮料"可口可乐"。德国人则不然，他们向来对自己的传统很自豪，并以制造精良的产品再将其卖给特定人群而闻名于世。如尊贵座驾梅赛德斯-奔驰、钢琴之王施坦威、相机贵族莱卡、"神的眼睛"卡尔·蔡司镜头、美兹闪光灯、超级跑车的足下战靴马牌轮胎、世界王牌啤酒柏龙……德国人无时无刻不在向世界展示着自己"严谨，扎实，完美极致"的专业态度和将"设计的科学"最大化的钻研精神。德国人锐意进取、拒绝平庸的个性，让全世界的人都达成了一个共识，那就是"德国出品，必属精品"。而作为世界顶级专业厨房电器品牌的嘉格纳，更用其非凡的品质呈现了德国人对待奢侈品的认识与理解。

嘉格纳这个名字来自于德国黑森林脚下的小镇，因为它靠近著名的温泉疗养胜地巴登－巴登城，所以早在19世纪，这里就是德国上层社会和欧洲权贵们的聚首之地。1681年，巴登总督希望通过利用穆尔克河流域的矿藏资源来增加贫困农民的收入，特意成立了嘉格纳铁制品工厂。该工厂成立之后的70多年，不断有人前来洽谈承租该厂。直到1758年，安东·莫布纳家族的到来，为嘉格纳带来了持续性发展的机会。

19世纪中期，欧洲迎来了工业化时代。1873年，来自法兰克福的商人米歇尔·弗罗尔西姆买下了嘉格纳铁制品工厂，并在1879年的一次商品交易会上遇见了来自康斯坦茨湖畔的年轻炉灶专家泰多尔·贝尔格曼。这次相遇，为嘉格纳在厨房电器上的成功奠定了基础。贝尔格曼作为一名工业先锋，他的加盟为嘉格纳注入了活力。贝尔格曼最初负责自行车、炉具等新产品研发。在率先突破搪瓷技术后，嘉格纳的订单接踵而至。1888年1月1日，泰多尔·贝尔格曼把嘉格纳铁制品公司变成了一家合资控股公司。但在当时，其主要产品仍只是自行车和烤箱。

直到1931年，嘉格纳才真正开始了它的传奇之路。封·布兰奎特家族买下嘉格纳之后，将其产

品慢慢从独立式厨房炉灶过渡到厨房电器上。当时嘉格纳的掌门人奥托·封·布兰奎特不仅对烹饪充满了无限激情，更坚持不懈地探索更新更好的厨房电器解决方案。"他希望能像专业大厨那样，可以在自己的厨房里尽情享受烹饪的乐趣"，正是他将嘉格纳的产品线慢慢从独立式厨房炉灶过渡到嵌入式厨房电器，产品线拓展到烤箱、蒸汽烤箱、微波炉、咖啡机、灶具、抽油烟机、冰箱、酒柜、洗碗机等，而这也让嘉格纳迎来了真正意义上的辉煌。厨房家电这一革新性的产品最初在欧洲的风行与奥托异想天开的厨房之梦密不可分，而充满激情与勇于创新也成为嘉格纳的灵魂。

　　1961年，奥托·封·布兰奎特的儿子乔治·封·布兰奎特接管公司后，很快做出决定，除了生产可随意放置于厨房的独立式烤箱和烤炉之外，还要坚持创造嘉格纳独有的厨房科技——研发及生产现代厨房电器。可以说，是嘉格纳的产品拉开了现代厨房电器的序幕。

　　1973年，嘉格纳收购了位于法国阿尔萨斯—洛林地区利普斯海姆城的生产工厂。同年，嘉格纳在美国成立子公司，继而开始面向全世界扩展它的营销网络。1975 年，公司正式更名为嘉格纳家用电器技术有限责任公司。自 1995 年起，嘉格纳家用电器技术有限责任公司成为 BSH 集团的一部分，而 BSH 集团可谓行业中的专业翘楚。同时期，嘉格纳产品的设计获得无数的国际设计奖项，一次又一次地为公司赢得无上荣誉。

从 1681 年的铁制品厂到现在的世界顶级家电品牌，嘉格纳不仅作为一个品牌在成长，它也是厨房电器发展史的见证者。回顾过去的发展历程，嘉格纳代表了一种百折不挠、锐意进取的精神，正是这种精神与德国人的严谨及创新理念，让嘉格纳品牌魅力不朽。

在工业科技高度发达的今天，一个品牌若能如常青藤般历久弥新，如夏花般绚烂夺目，那一定少不了对"以人为本"的设计精神的执着追求，嘉格纳正是其中的典范之一。今天的嘉格纳不仅简洁实用，细节之处更流溢出始终如一的艺术感，它始终坚持内外兼修，经得住时间和时尚的双重考验，每一件产品都堪称历经时间锤炼的大师之作。

⚙ 嘉格纳嵌入式 espresso 咖啡机

世界上没有人比名厨吃得更好，也没有人比他们更懂得吃！新鲜白松露、最上等鱼子酱、一磅300 美元的鲔鱼腹肉，在他们眼里都不稀罕。完美的烹饪不仅需要新鲜的食材，还需要得心应手的厨房用具。嘉格纳将纯净之美与精湛技术相结合，为这些美食家的创作带来了无限可能。有"纽约食神"之称的丹尼尔·布鲁，拥有多间高级餐厅，尤以纽约的丹尼尔餐厅最出名，他旗下的所有餐厅都

选用了嘉格纳的产品。与丹尼尔·布鲁一样，一流大厨阿伦·杜卡瑟——全球唯一拥有三家三颗米其林星餐馆的厨师，就曾公开表示："有时候，嘉格纳就像我最得力的助手，与它在一起工作非常快乐，它从未出过错，而且总能完美地完成我交给它的所有工作。不仅如此，它的模样既时尚又优雅。"

虽然大众对于嘉格纳这个品牌并不如卡地亚、路易威登般耳熟能详，但其实已有 300 多年历史的嘉格纳是唯一被列入德国奢侈品排行的厨电品牌。5.6 万元的 espresso 咖啡机、7.8 万元的蒸汽烤箱、38 万元的酒柜，如此天价让人咋舌却绝不缺少一掷千金者，除了上述那些名厨之外，不少名人政要都是嘉格纳产品的忠实粉丝，比如著名车手舒马赫、国际影星成龙、前教皇本笃十六世、德国前任总统克勒等。

大多数设计师改造家庭厨房空间的方式仅限于厨房内部空间的划分，而嘉格纳的移动厨房展厅却打破了四围的墙体，做了一个透明的、预制的房屋，找到风景优美的地方停下来，人们在烹饪和享受佳肴的同时有风景为伴。移动厨房的灵感源自纽约现代艺术博物馆馆长巴里·贝格道尔发起的一场主题为"构造现代住宅"的比赛。奥地利建筑师奥斯卡·里奥·卡夫曼和阿尔伯特·勒夫共同制作了一个可灵活组合的模块化设计的预制房屋，而在决定厨房部分选择哪个品牌的时候，两位设计师不约而同地决定，一定要选嘉格纳，因为嘉格纳的咖啡机、烤箱、冰箱、酒柜等厨房电器都能被完全嵌入橱柜中，这就让人可以用最简约的线条将厨房的有限空间进行完美地划分和整合，让烹饪变成一件简单又有趣的事情。

◉ 嘉格纳 Vario 400 系列厨具

嘉格纳在全球坐拥 40 多家顶级餐厅客户。在澳大利亚、葡萄牙、新加坡、南非、瑞典、西班牙、泰国、土耳其、英国等国家的高档楼盘及酒店中也都可以见到嘉格纳的各类产品，其中包括位于瑞典马尔墨的 HSB 银行"扭曲之塔"大厦以及新加坡的天堂岛度假区，人们认可并欣然接受嘉格纳所带来的一切享受。

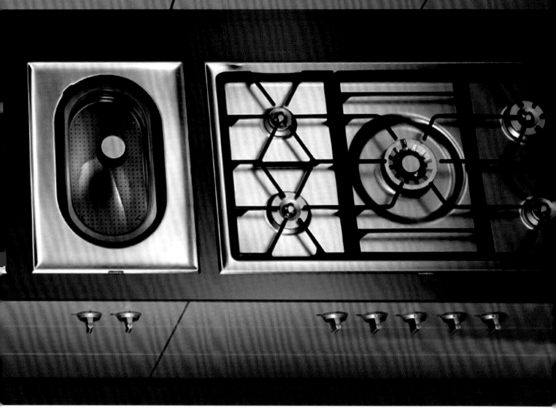

　　嘉格纳与传统电器的不同之处在于它既坚持奢侈品的考究工艺，又进一步构想更为绝妙的创意。比如嘉格纳早年生产的 EB388 烤箱的多道特殊工序（多重金属整形、铣磨、组装）的背后都包含了精巧的手工工艺，至今仍被收藏于纽约现代艺术博物馆作为艺术品展览。

　　在秉持厨房为烹饪而存在的理念的同时，越来越多的生活鉴赏家追求一种更完美精致的厨房生活体验。嘉格纳品牌的出现，创造了一种新厨房定义：烹饪美食却不会被厨房空间所拖累，烹饪美食之后更可以在一个很特别的地方享用美食。人们经常会感叹"太奢侈了"，但却很难准确地定义"什么是奢侈"。人们往往用金钱去衡量奢侈：宽大的房子，繁复的装饰，昂贵的物品。实际上，奢侈品是一种超出人们生存与发展需要范围的，具有独特性、稀缺、珍奇等特点的消费品。奢侈品非生活必需，但又引领着人类的欲望，创新着人类的生活。嘉格纳的厨房电器产品就是对奢侈品最完美的诠释，它让奢华回归到平实的生活中，让烹饪变得像演奏交响乐一样美妙。它凝结了德国人的巧思与严谨精神，向人们诉说着设计之厚重、人文之魅力。

嘉格纳专业存储酒柜

GAGGENAU

嘉格纳酒柜

美酒的私人管家

当藏酒成为一种新风尚，嘉格纳的顶级酒柜便更像是美酒的私人管家，从储酒到醒酒，从恒温控制到充裕的储藏空间，每一项服务都精致贴心，令美酒历久弥香。嘉格纳的 Vario 系列酒柜紧紧锁定四要素：温度、湿度、防震以及防辐射，使得美酒适得其所，口感永葆青春。

作为德国奢侈品排行榜上唯一的电器品牌，无论是材料的挑选，还是生产工艺的雕琢，嘉格纳 Vario 系列酒柜对每个细节都有着近乎苛刻的要求。榉木制酒架、经玻璃珠打磨后熠熠生辉的铝金表层，像极了一位管家考究的穿着与配饰，散发着德国式完美主义情怀。

嘉格纳 Vario 系列 RW496 独立式三开门酒柜是嘉格纳的明星产品。118 瓶的贮存空间和三个独立温区（4摄氏度 ~21 摄氏度之间调温）解决了众多酒类爱好者首当其冲的难题，他们不必再困惑于如何同时存放不同种类的酒，在这款酒柜中，无论是红葡萄酒、白葡萄酒或是香槟，都能在各自所需的理想温度下得到安心储藏。

此外，通透明亮的大玻璃门，全景视窗，又阻挡了紫外线"杀手"；关门后亦能点亮内部冷光源，将美酒佳酿与艺术之光一起珍藏。为保证久存佳酿的醇正口感，RW496 酒柜具有湿度可调和醒酒模式，使美酒柔和地达到饮酒温度。此外，爱尔兰全手工制造的精美雪茄盒也让人惊喜地被设置在酒柜里，这一设置足以彰显使用者非凡的生活品质。

然而，谁说德式的厨具就一定死板无趣呢？你能想见吗，如储藏红酒这般严肃认真的事情，也能变得像益智游戏般轻松有趣。嘉格纳 Vario 400 系列酒柜融合了数位设计师的灵感精华与顶级厨师的专业建议，是首次使用模块化制作的完全内嵌式厨房电器。其中的酒柜、冰箱与冷柜可以随意搭配出无穷无尽的组合，这种管家式私人化服务满足了藏酒者的个性需求。酒柜内饰更是别具一格——两朵暗夜玫瑰在酒柜上悄然绽放。

这款酒柜最大的特点就是灵活好玩，能满足人们的一时兴起，配合着心情换花样，就像做排列组合一样，为生活提供了无数个可能性，你永远都不会知道下一个是什么样。作为一个德国奢侈品牌出品的高端酒柜，它的设计风格是低调的，但细节上却又是奢华的，材料和工艺都很考究。低调的奢华，应该是一种真正的生活品质的代表。美酒也有生命，能够呼吸，嘉格纳酒柜不仅是美酒鉴赏室，更为美酒提供了专业的存储天堂。

GAGGENAU

嘉格纳蒸汽烤箱
专业的私人御厨

价值 7 万多元的烤箱可以做什么？做蛋糕，还是大虾？事实是远不止这些。作为嘉格纳旗下的顶级力作、温度误差仅有 1℃ 的蒸汽烤箱几乎无所不能，无论是鲍鱼意式调味饭，还是香葱三文鱼柳，甚至是传统中餐东坡肉，它都能将其完美呈现出来。

奢侈品必须是设计精美且包含精巧的手工技艺，细节处更应精美。嘉格纳的蒸汽烤箱就完美地体现了德国人在细节上的执着与钻研精神。早年间，嘉格纳公司就曾将烤箱控制显示屏内嵌于烤箱门体上，此举开创了外观设计的先河。如今这款蒸汽烤箱在外观上不仅延续了一贯的简约经典设计风格，更在功能上做足了功课，甚至具备了你想都想不到的功能。

嘉格纳蒸汽烤箱特别适合烹制肉类，蒸汽和热风的完美组合赋予食材更多的美味元素。在密闭的烤箱内腔里，蒸汽可以防止肉类被烤干，少量的蒸汽渗透到肉纤维里面，保证了肉品的鲜嫩。这款烤箱最大的特点就是装备了一套冷蒸汽系统，由此产生的无压力冷蒸汽可以快速地传递热量。还不仅使烹饪中的食品始终保持湿润，而且更节能。用这款烤箱烹饪出的食物不仅美味，而且食物还能保持烹饪前的色泽和形态。这种无压力的蒸汽烹饪是烹饪鱼的理想方式，蛋白质不会凝结也不会流失，并且鱼可以始终保持鲜嫩多汁，口味出众而矿物质、维生素和其他营养成分也不会轻易流失。

在国际上很多名厨都是采用低温烹饪这种专业的方式来制作美食的，比如传统的威灵顿牛排、澳洲牛柳。如果你有了这款蒸汽烤箱，制作这些美食将变得再简单不过了。嘉格纳蒸汽烤箱会通过精确的温控来掌控烹饪的全过程，以

⚙ 嘉格纳蒸汽烤箱

蒸汽烘焙功能极具特色，它可防止食物在烹制过程中变干，比如在烹制面包、家禽或肉类时使之保持松脆。同时，热蒸汽带着两倍于热风的热传递量穿透食物中心，如同专业烹饪一样获得完美效果。

持续、稳定、缓慢、柔和的火力保证完美的烹饪效果。例如一大块牛肉，在此方式烹饪下，皮下几毫米的地方仍然可以保证新鲜的粉红色的湿润，即使在肉已经熟透的情况下，仍然可以在恒定温度下保持很久。

除了这些常规的功能外，嘉格纳蒸汽烤箱还具备了榨汁、发酵、解冻、加湿及除湿等一系列让人意想不到的功能，值得每一位品位之士探寻与鉴赏，更值得感受与拥有。可以说，嘉格纳蒸汽烤箱并不是一件厨房电器那么简单，它几乎就是一位专业的私人"御厨"。

可以说，除了制作美食，嘉格纳这款蒸汽烤箱还可以让你通过烹饪来体会真正的贵族生活——在细节上追求极致，这是一种对自己的取悦，这就是奢侈。

GAGGENAU

嘉格纳自由组合冰箱
厨房里的变形金刚

可以毫不夸张地说，摆放在嘉格纳冰箱里的食物是极为幸福的，因为它们在那里获得了更长时间的保鲜期，从而能给人们奉献由始至终的天然美味！

嘉格纳通过尖端科技实现了冰箱的"小气候"微控，让所有食材得到了最天然的呵护。奢华尊贵的 Vario 系列的冰箱与酒柜一样，在同等的高度下，全线产品可以互相组合搭配，嘉格纳提供了 45.7 厘米、61 厘米、76.5 厘米、90 厘米多种宽度的选择。

它们之间既可相互独立，又可完美组合，既满足你对容积的需求，又体现了和谐的整体美感。这种完全嵌入式设计，将冰箱与橱柜完全合为一体。当然，也可以选用不锈钢或铝合金门板，与橱柜的组合同样完美。冰箱内腔为全不锈钢，隔板、搁架等内饰为铝合金与玻璃材质，并拥有全新设计的三维立体光源照明设备，这样不仅保持食物的健康新鲜，同时也方便人们查看和提取，而这种设计也让冰箱外观看起来赏心悦目。

　　嘉格纳冰箱和酒柜都基于同一专业标准制造，绝不马虎。革新的技术，造就了美轮美奂的产品。全新产品线让组合更多样化，拥有多种标准尺寸的冰箱不仅能自成一体，更能完美组合，实现消费者对个性化的要求。而使用不锈钢或铝合金材质的设计，使得即使内嵌于橱柜中的小容积冰箱也美观非凡。

品评一种优质的生活时，要从哪里谈起？究竟该从宽敞明亮的客厅谈起？还是从铺陈于眼前的各式奢华的家居用品谈起？恐怕这些远比不上一套符腾堡奢华厨具来得重要。毕竟在国际厨具品牌中，不是谁都能担当得起"世界厨具之父"这样的美誉。拥有160年历史的符腾堡厨具，以顶级的钢材、精湛的工艺设计和日耳曼民族特有的严谨态度，确立了其在国际厨具市场的领袖地位。符腾堡厨具所能带来的一切，会温暖生活中的每一个细节，让人们的生活充满了质感与温情。

符腾堡

"世界厨具之父"

从1853年成立之日起，符腾堡厨具集众多"第一"于一身：生产出第一台咖啡机，生产出第一个家用压力锅，第一次使用不锈钢制作厨房用品……160年来，符腾堡因其卓绝的设计与极富艺术感的产品，被业内人士誉为"世界厨具之父"。今天，人们可以在符腾堡的众多产品中体验到烹饪的乐趣，享受它们带来的尊崇享受。

购买一套厨具需要多少钱？这是个无解的问题。德国最著名的厨具品牌符腾堡以高品质和种类齐全著称，它为消费者提供从准备到烹饪，从上菜到进餐，从饮酒到喝咖啡，以及最后的储藏所需要的一

系列高质量和功能完美结合的产品，可以满足品位
之士对高品质餐饮的多种需求。当然对于普通消费
者来说，他们绝不会花费上万元甚至十几万来购买
全套的符腾堡厨具的，这毕竟太过奢侈了。

那么，顶级厨具品牌符腾堡与普通厨具有何区
别？最直接的区别就是，普通厨具只能下厨房，而
上不了厅堂。世界上诸多五星级酒店、高档餐厅、
豪华邮轮、高速列车头等舱等都指定符腾堡为首选
厨房用具。

1853 年，身为磨坊主的丹尼尔·斯特劳布与斯
维策兄弟一起在德国南部符腾堡州的小镇盖斯林
根，成立一家金属制品加工作坊，主要生产纯银与
镀银的餐具和厨房用品。在当时，这家作坊算上丹
尼尔·斯特劳布本人，仅有 17 位员工，但却创造了
一个奇迹。作坊最初所生产的高档银质餐具，极大
地满足了欧洲贵族们的奢侈要求，产品很快远销到
欧洲各地。1862 年，丹尼尔·斯特劳布在伦敦国际
博览会上获得镀银技术金奖。四年后，他在柏林开
设了第一家专卖店，之后专卖店遍布整个欧洲。

到了 1874 年，该公司的产品种类就已经达到 1000 种。不论是世界上第一台咖啡机，世界上第一只家用压力锅，世界上第一次使用不锈钢制作的厨房用品，还是至今无人超越的大马士革刀具，该公司创造了无数第一奇迹，于是，丹尼尔·斯特劳布当之无愧地成为该行业的先锋和标准的制定者，并不断引领人类生活方式发生改变。1880 年，在符腾堡联合银行（1924 年并入德意志银行）的撮合下，丹尼尔·斯特劳布将自己的工厂正式命名为符腾堡金属制品厂（Württembergischen Metallwarenfabrik AG），即 WMF，并公开发行股票。它是符腾堡州第一批上市公司之一，也是德国最

◎　符腾堡银套装（包括茶壶、
　　糖碗、牛奶壶和托盘）

早的上市公司之一。

1927年对符腾堡来说极具特殊意义。在这一年的莱比锡国际博览会上，符腾堡推出了用Cromargan制作的一系列锅具、餐具和其他一系列厨房餐桌用品，获得极大成功。Cromargan是符腾堡对18/10标准不锈钢的注册商标，"Crom"代表其中含铬成分，"argen"代表不锈钢具有银色的光泽，Cromargan是由18%的铬、10%的镍以及72%的钢合成的材料。铬使钢材具有防锈保护层，镍成分不仅保护钢材免受酸性腐蚀，并且增添了不锈钢的光泽。当时符腾堡出产的最具创新的产品就是一款压力锅，它是世界上第一款家用压力锅，其手柄可以

自由拆卸，而且拥有五大安全系统，至今仍无人可以超越。

　　符腾堡的刀具在市场上占据着十分重要的地位。作为世界最著名的刀具品牌之一，符腾堡的刀具以锻打一体成型而著称，整只刀具包括刀刃和手柄由一整块专用刀钢锻打成型，具有极高的质量和牢固度。由于刀具所采用的钢材和工艺，刀体在原子结构上形成像锯齿一样的结构，这使其成为世界上最坚硬最锋利的厨房刀具，极具收藏价值。

　　今天的符腾堡是优质产品的提供者，也是新的生活方式的倡导者和追随者，符腾堡的许多产品都体现了这样的主题。当人们追求自然随意的生活，与朋友在家聚餐时，家庭餐厅已经成为一个社交场所。符腾堡全系列厨房用具，不仅满足了人们在生活方式上的需要，也为人们提供了从物质到精神上的享受。而享受人生的乐趣不正是每个人心中永恒的追求吗？

⚙ 具有新艺术风格的符
腾堡 WMF Atelier 设计室
设计的鎏金铜酒具

今天的符腾堡已成为不锈钢厨房餐桌用品的代名词，是被广为认同的全球最著名的厨具奢侈品牌。就饮食服务业和酒店业而言，符腾堡是餐饮店与国际连锁酒店的主要供货商之一，其产品也一直是世界上很多五星级酒店、高档餐厅、豪华邮轮、高速列车头等舱的指定首选。

符腾堡公司自成立以来，获得的国际大奖数不胜数。譬如，在被誉为设计奖评选的"奥斯卡"的德国红点奖的网站上，人们可以发现，符腾堡是这里的常客。早在 1862 年，丹尼尔·斯特劳布凭借精湛的技艺就在伦敦国际博览会上获得镀银技术的金奖。1892 年，符腾堡独特的"完美硬质镀银工艺"获得专利，并一直沿用至今。2004 年，符腾堡被评为德国三大最具创新精神的公司之一。今天，这个具有 150 多年历史的品牌仍焕发着活力，不断以创新设计占领行业的制高点，被认为是厨具的当之无愧的奢侈品牌。

符腾堡的产品，除了质量过硬、功能卓越之外，同时也是赏心悦目，极富艺术感的。历史上，符腾堡除了生产实用的锅具、餐具外，还生产高档的艺术品。它甚至在1910~1913年间为意大利的一家博物馆复制了佛罗伦萨著名的"天堂之门"，这个作品如今安放在符腾堡的博物馆内。在符腾堡众多产品中，你可以发现许多新奇的设计。譬如，化妆品外观的厨房用具让人们远离厨房里的那种油烟感。女士们如果能在这样的空间里烹饪，定能收获到不少生活之外的乐趣。符腾堡的搅蛋器，外观上让人误认为是某高档品牌保湿霜，其实不然，这款搅蛋器旨在让烹饪过程更优雅，而容器上方的不锈钢盖保湿性更好。此外，唇膏式样的调料瓶也会让许多女士

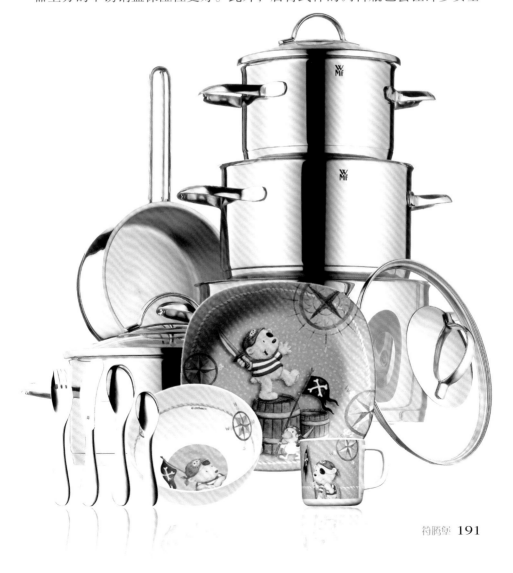

爱不释手……

符腾堡拥有自己的设计工作室——WMF Ate-lier，至今已有将近百年的历史，他们聘请了许多享有盛誉的设计师，与之合作推出大量优质产品，而几乎所有的符腾堡的产品都冠有设计师的名字。对于符腾堡而言，设计是为功能服务的，而功能又以设计来体现。正是这两者的完美结合，使符腾堡成为当今世界顶级奢侈厨具品牌。值得一提的是，某些人购买符腾堡的产品不是为的使用，而是将其当成工艺品收藏。

价格动辄上千元，甚至过万元的符腾堡厨房用具，到底能带给人们什么？对于这个问题，你可以问问那些拥有符腾堡厨具的人们，他们一定会告诉你有关符腾堡的好处。当然他们在说这些话时也会流露出令人不易察觉的自豪感。对许多人来说，拥有符腾堡厨具绝对是值得他们向客人吹嘘的资本，毕竟那些几十块钱的普通厨具永远都成不了可资炫耀的话题。

符腾堡的产品绝非只是用来炫耀的浮华之物，它不仅采用最好的、最优秀的原材料，而且采用德国传统的制造工艺，使外观与实用功能完美结合。比如新款的符腾堡压力锅，其新颖出色的设计完全可跟

◉ 符腾堡 TOPSTAR
压力锅

宝马汽车相媲美，你设定了烹饪的时长后，就可以把压力锅配置的计时器随身带在身上，这样无论你在哪儿，它都能自动提醒你烹饪结束的时间。符腾堡压力锅还拥有世界独一无二的可拆卸把手技术，将压力锅的所有控制界面放在把手之内，这样就极大地提高了压力锅操作的安全性和快捷性。符腾堡 WMF TOPSTAR 不锈钢锅具，已有将近 20 年的历史，畅销至今，被人称为"万年锅"。这款产品由世界著名设计大师 Makio Hasuiki 设计，一经推出便获得了德国最高设计奖——红点奖。在 2004 年，这款锅又荣获了另外两项国际大奖。

符腾堡餐具也独具一格，所有产品都采用一体成型，而且有很多不同的风格系列，例如餐具手柄采用浮雕花纹作为装饰，更显庄重典雅。最值得一提的是，符腾堡餐具的镀银技术在世界上非常有名，这些设计能凸显出主人的尊贵身份。符腾堡餐具的儿童系列手柄使用卡通图画，这让孩子

🌑 符腾堡趣味马戏团动画餐具4件套

们在用餐时能发现更多乐趣。这种种细节足以证明符腾堡以人为本的设计理念。

符腾堡的酒具造型各异，其酒具无不显示它的品质和尊贵，奇特的造型和多种用途让你在不同时间不同场合都有很好发挥。你在使用它时会感觉是在享受生活，当不用时会感觉是在欣赏生活，这就是符腾堡带给你的高品质的生活理念。

当然，符腾堡最有名的还属它的大马士革刀具。其刀具家族分工很细：切丝的、切片的、切花刀的、切面包的、剔骨的、切水果的、切奶酪的，等等，可满足你的多种需要。符腾堡刀具的经典就是它的魔幻系列，采用大马士革钢材制成，需经过38道工艺锻造打磨成型，其工艺至今无人能够超越。从古罗马时代开始，大马士革刀就因其锋利的刀刃，坚固耐磨的刀身，精湛的制作工艺而闻名于世，并专供罗马贵族使用。符腾堡将其带入日常生活之中，那刀身上恒久的花纹，蕴含着古老的文化，精湛的制作工艺，蕴含着无数精工巧匠的心血。它将会带给你古老与高贵的享受，而且极具收藏价值。

作为一个百年品牌，菲仕乐希望通过厨具向人们传达一种对食物的热爱及对品质生活的尊崇。好的厨具不仅要功能完备，使烹调的食物更美味，还要蕴含创新精神，外形设计精美，能像艺术品那样被欣赏。而菲仕乐的产品无疑就是这种好厨具。

菲仕乐

厨房里的珍宝

历史篇
LISHI PIAN

　　被誉为"德国国宝"的菲仕乐，由德国人卡尔·菲利浦·菲仕乐于1845年创立，是世界上现存的最古老的厨具品牌之一。菲仕乐从小型的家庭企业起家，到成为全球知名的厨具品牌和世界上最优秀的不锈钢制品生产厂家，经历了160多年时间。菲仕乐的历史，就是世界厨具发展的编年史，世界厨具点点滴滴的历史进步，都离不开菲仕乐的发明与技术革新。

　　有谁肯花45万欧元去买一口钻石锅？即使有也会被人看成是疯子，但这个世界上从来就不乏疯狂的人。伦敦哈罗德百货商场及俄罗斯某高级商场就曾接待过两位这样的"疯子"，他们各自花掉45万欧元购买了一口菲仕乐最经典的雅格系列锅具。就算是这口锅带有纯金把手，镶嵌着13克拉娇贵美钻，也不至于卖到这样的天价吧？要知道，45万欧元相当于380万元人民币，这样的价钱足可以买一部宾利、兰博基尼，或者一套公寓。然而，这就是德国菲仕乐做的事。菲仕乐自有贵的道理，即使昂贵，购买它你也不会后悔。

　　菲仕乐是世界上现存的最古老的厨具品牌之一，距今已有160多年的历史。菲仕乐现任全球总裁马库斯·科普卡就曾表示："在我们德国，很多家庭的传家宝就是几代人用过的菲仕乐锅具！"菲仕乐的成功并非单纯因为是"德国制造"，更重要的是菲仕乐160多年来对自身品质始终如一的严格要求。这个恪守百年的原则，使它始终在世界锅具产品中占领中高端市场而屹立不倒。1845年，德国人卡尔·菲利浦·菲仕乐创建了一家水管配置厂，他

🏵 菲仕乐全能料理机

菲仕乐料理机可谓是小体积、大能量的典范：切末、碎泥、混合、粉碎、搅拌、研磨、打浆、气泡、蔬果切丝切片等无所不能，各种大小繁杂工作都能轻松快速完成。你可以用它制作保存更多纤维素的果汁、更天然的冰淇淋、健康卫生的豆浆、更营养的冰汤芝麻核桃粉，还能自制护肤面膜……菲仕乐料理机完全可以解放你的双手，没有繁复的清洁工作，不沾手就能直接自我清洁，简单便捷，难怪主妇们都说菲仕乐料理机是厨房的"宠儿"。

从没想过自己的工厂会成为一家厨具厂。20年后，他的儿子卡尔·鲁道夫·菲仕乐继承父业，他利用当时的蒸汽发动机和电力等技术，将工厂改造成金属制造企业。卡尔·鲁道夫热衷于使用新技术和新材料，1900年，他率先将新发现的金属铝用来生产厨具，菲仕乐也因此成为德国的首批铝加工工厂之一。

从20世纪初开始，仅在锅具的发明创造上菲仕乐就取得了200多项发明专利。1908年，菲仕乐推出隔热把手，这一技术获得了德国专利，并在1910年布鲁塞尔世界博览会上斩获大奖。1930年，菲仕乐发明了可以用于电炉的复合底锅具。这期间，菲仕乐生产的锅具也渐渐走出国门，优异的质量使它成为"德国制造"的品质象征之一。第二次世界大战期间，菲仕乐的发展受到影响。战后，公司凭借出众的制造工艺与技术，逐渐走出困境，并再次成为厨房锅具品牌的领导者。1953年菲仕乐发明了世界上第一只现代压力锅，其采用的获得专利的压力气阀技术，让家用压力锅变得更加安全。1956年，菲仕乐生产出世界上第一只不粘锅。20世纪60年代，菲仕乐顺应消费者注重饮食健康的新潮流，推出Vitavit系列快锅和不粘锅，这种锅在烹饪低脂食品时可以避免维生素的损失。20世纪70年代，菲仕乐推出极受欢迎的Bratfein SE平底锅，其把手设计体现了人体力学原理。1973年，菲仕乐发明多重安全阀门高速快锅，将压力锅设计推上新的发展轨道。1980年，菲仕乐研发的世界第一个防烫锅耳取得专利。进入20世纪90年代，菲仕乐再次表现出强大的创新力，其魔力系列以独特品

位在国际上引起轰动，并获得 15 项国际大奖，成为锅具产品功能和设计的新标准。

在过去的 100 多年中，菲仕乐的自动化生产线上使用的工具就有近 9000 件，生产出的厨具延续德国产品惯有的简约风格，功能设计完善。所有的菲仕乐锅具均有 15 年以上的质量保证，这种精益求精的态度，为该品牌在全球赢得了声誉。菲仕乐同时也是世界上最昂贵的锅具之一，更有人戏称，即使不使用菲仕乐的锅具，人们也能将其作为传家宝传给后代。菲仕乐的成功秘诀并不是什么秘密：专业知识、完美制造、不断创新。就是凭借这三个核心竞争力，菲仕乐成为"世界超级奢侈厨具品牌"。

今天，恐怕没有一家工厂能像菲仕乐这样，始终以艺术家的角度与品位来制作厨具产品，其卓越品质和雅致设计，不仅仅诠释了菲仕乐的价值所在，更让全球众多用户成为菲仕乐品牌的忠实拥趸。

◉ 售价 45 万欧元的菲仕乐钻石锅

这款产品是菲仕乐以艺术和传承的名义，向顶级工匠致敬的代表作。

尊贵篇
ZUNGUI PIAN

昂贵的锅具可以改变生活吗？答案是肯定的。菲仕乐锅具质保期通常在 15 年左右，如果使用得当的话，20 年至 30 年的使用寿命也不在话下。这样折算下来，购买菲仕乐锅具无疑是一项非常划得来的投资。对于那些始终关注菲仕乐的人们来说，其非凡的创意和艺术品位已经不再会令其感到吃惊。毕竟这个诞生于 160 多年前的德国国宝级品牌，始终引领着时尚风潮，极尽创意之能事。但面对菲仕乐钻石锅，相信大多数人的心情就不会那么平静了。

　　不论从哪一个角度来看，菲仕乐这款钻石锅很难称得上是厨具，而是一件难得的艺术品。所有的钻石都经过伊德·奥布斯坦大师们的精心切割，以确保每一颗钻石光芒夺目；同时菲仕乐还请来资深金匠助阵，以手工打造锅的把手、锅盖。菲仕乐商标由 738 克纯黄金锻造，13 克拉娇贵美钻镶嵌其上，其他部分仍采用 18/10 不锈钢材质。这是非常有意思的组合，因为近几年来，有一些设计师尝试将不锈钢元素引入高档饰品，将它与黄金、宝石等贵重材料进行搭配，制作出极富后现代感的珠宝。如果将菲仕乐钻石锅看作一件大型的"珠宝"作品，那么它正迎合了这股风潮。

　　菲仕乐钻石锅的产生，并非仅为披上"奢华"的外衣。事实上，即使没有黄金与钻石的点缀，菲仕乐锅具的价格也是世界上最昂贵的。而被选择来打造成首款钻石锅的作品，源于菲仕乐锅具中最为经典的雅格系列。它诞生于 1960 年，经过一系列的改进，现在已经成为经典锅具的代表。和菲仕乐其他锅具一样，雅格系列采用非常厚实的 18/10 不锈钢，保证了长久的使用寿命，亚光的表面设计不会留下水渍，在使用搅拌器时也不会被刮花。

如今这款售价 45 万欧元的钻石锅，已经售出两套。购买者可以享受到菲仕乐提供的顶级服务：购买者可以与 10 位挚友一起，赴欧洲顶级米其林餐厅享受由世界著名厨师奉上的一场饕餮盛宴。当然，这款天价钻石锅还会用劳斯莱斯车送到客户的府邸。特别的是，无论是单品还是套锅，菲仕乐都可根据顾客的愿望度身定制，打造属于顾客自己的奢华锅具。

在过去的 50 年中，菲仕乐始终凭借其精准的德国制造定位，在厨具的发明创造上取得了不可替代的成就，并且还在不断地研发出更多适合消费者新需求的产品，使得其家庭传家宝的地位也变得更为坚实。

经久耐用是德国菲仕乐最好的品牌形象，直到今天，这一形象仍未改变。每一个菲仕乐锅具完全摒弃了手工打磨等原始工艺，堪称完美的艺术品。在菲仕乐自动化流水生产线上，每生产一只锅具都

⚙ 菲仕乐时尚电陶炉

　　试过在炉子上烧烤吗？线条简捷、美观时尚的菲仕乐电陶炉除了炒菜煮饭，还能直接在炉具上烧烤。烤牛排，烤鸡串，烤鱿鱼，烤蘑菇，烤玉米……香气四溢却不见浓烟滚滚，不需木炭，不需吹火，干干净净，美味诱人轻松搞定。菲仕乐电陶炉的触摸式操作系统简约睿智，高温提醒及过热提醒保护装置安全可靠，使用寿命更长达 10 年。快速升温、强力抵抗骤冷骤热以及纵向导热充分保证烹饪区有足够的热度而其余部位不会烫手，不仅安全无辐射，还能保证能得到最充分地利用，科学、健康、节能。

要经过 9000 道工序！德国人对工艺的精益求精、对技术的严谨由此可见一斑。所有的菲仕乐锅具都拥有长达 15 年的质量保证，这也让其成为许多家庭珍视的传家宝。

那么菲仕乐到底有什么过人之处？也许你从来没想过，你可以站立在锅把手上。菲仕乐雅格系列的锅把手，就曾经有过 100 多千克的人站立其上而不断裂的奇迹发生！也许人们永远都无法在锅里装 100 多千克的食物，但使用时的放心与安心会让我们在厨房中也怡然自得。最绝的是，菲仕乐的锅具是用水压冲压成形的，柔软的水和坚硬的钢的对抗造就了菲仕乐锅具，它也延续并成就了这个锅具品牌 160 多年的世纪传奇。

对家庭主妇而言，菲仕乐厨具绝对是不错的选择。你能用半个小时的时间做出下面几道菜吗？土豆炖牛肉、糯米鸡、香煎鱼、清炒荷兰豆，对于许多人来说，这可能是一项不那么简单的任务。可是，如果拥有了菲仕乐蓝点高速快锅，即便你是一位新手，一样可以轻松应付。自发明现代压力锅起，菲仕乐就始终关注使用者的安全和健康，并于1973年研发出了具备多重安全阀门和可断裂硅胶圈的安全高速快锅。每一款高速快锅都经过特殊压力测试，保证其使用安全。内置的温度压力指示器，可显示锅内压力及温度。当温度压力指示器上升至一线时，表示锅内温度达108摄氏度；上升至二线时，表示锅内温度达118摄氏度，这时快锅会发出蜂鸣声提醒用户调小火力，保持或降低锅内压力。这种明确的指示标志，让烹饪过程更安全、更放心。锅底以600摄氏度高温及2000吨高压将钢—铝—钢紧密压合成"三明治"，配合"烹饪之星"花纹，导热卓越，微凹造型确保长久使用不易变形，可以在任何灶具上使用。菲仕乐蓝点高压锅可以用更少的时间烹饪好粥、汤等传统高压锅需要长时间熬煮的食物，还可以自制果汁，10分钟内完成海南鸡饭制作，15分钟将饭菜汤同时出锅，在最短的时间内呈献出丰盛的一餐。

菲仕乐最经典的系列便是雅格系列锅具，包括汤锅、炒锅等。其特殊锅盖设计可加速食物受热，配合密封性锅体，更好地将食物营养及水分保留于锅内。其炒锅的特别之处在于锅盖具备小型油烟机功能，可在烹饪过程中吸附大部分油烟。烹饪无须加水及油，能利用食物所含汤汁、调料所带水分及食物所含油脂完成烹煮，保留了所有营养及美味，也令食物更健康。其具有的齐全的功能，使得人们无论做传统中餐，还是西式大餐，一样能够轻松完成。

菲仕乐现任全球总裁马库斯·科普卡表示，烹饪将不再是生存手段，而是人与人交流的手段。未来的厨房将不再是油腻而烟熏火燎之地，而会是一个情侣、家人、朋友聚会的空间。或许，人们还可以在以后的厨房中增设办公室、客厅功能，餐厅将被"家庭吧"所取代。当工业量产带动的机器美学盛行，菲仕乐便以创新的设计概念，针对市场的需求，研发出高品质、功能齐全又设计感十足的烹调厨具。厨具不再是功能产品，而是更重视外观、概念设计，逐渐成为一种时尚的新宣言。

对于那些信奉"意人利制造"的信徒来说，他们对生活的唯一要求便是一种叫作"趣味"或"乐趣"的东西，而这种东西或许只能由艾烈希的"梦工厂"制作出来。无论你是在亚得里亚海滩度假、在米兰时装名品店购物、在罗马的教堂与博物馆内流连、在威尼斯的水岸咖啡馆聊天，抑或在自家的厨房里用艾烈希烹煮美食，你都会由衷地感叹——有一种生活方式叫意大利！

ALESSI
艾烈希

艺术厨具烹制意式生活

创立于意大利的艾烈希公司一直信奉这样的艺术法则：一切器物的成形，即使其外形再渺小也都是创意和科技的伟大结晶。也许就是因为这份执着，使它成为工业设计界中的佼佼者。艾烈希特有的艺术创新带来的美感让人一见钟情，更让人欲罢不能，因为拥有艾烈希，便意味着与艺术大师在厨房"共舞"。

许多人青睐德国厨具，在于其做工细腻，集现代感、功能主义与自由组合的弹性于一身。但有的人却更喜欢意大利厨具，虽然意大利厨具往往被消费者诉病其太过着重外观，缺乏内在的精准与产品本身的自我要求，但对于这些钟情意大利厨具的人来说，意式情调的厨具有时像塞纳河早晨的阳光，温暖而又柔和，充满艺术想象；有时又像漂亮的意大利女郎，外观设计精致优雅，美丽浪漫。在他们看来，同样是厨具为何不使用更漂亮的那一个呢？

Alessi 除了翻译为"艾烈希"外，有人习惯翻译成"阿莱西"，或许这种翻译也不错，起码人们从这个典型的意大利名字中可以看出"意大利制造"的印记。作为意大利顶级厨具品牌，艾烈希的历史并不长，不需费很大的篇幅就可以介绍清楚，但在设计领域，艾烈希绝对称得上是一个传奇，在许多场合中，艾烈希被冠以"设计工厂"、"梦想工厂"等美誉，甚至有人认为后现代主义以来的意大利设计代表非艾烈希莫属。

1921 年，一位名叫乔万尼·艾烈希的手艺人在意大利北部的奥美良市创办了艾烈希公司。起初，这家公司以制作铜制餐具为主，创办不久便以完美的手工工艺为公司赢得了美誉。到了 20世纪 30 年代，乔万尼的儿子卡洛·艾烈希进入公司。可以说，卡洛·艾烈希是改变艾烈希公司的第一人，正是他将"设计"的概念第一次引进企业。自此，艾烈希公司从一家纯铸造性的、机械性的工厂转型成一个积极研究应用美术的创作工场，这个转变渐进地持续了 80 年，其闻名世界的手工抛光金属技艺，繁复的零件组合方式，直到今日仍无人能及。艾烈希，这个名字也逐渐成为工艺、艺术与品位的代名词。

◉ 卡洛·艾烈希亲自设计的甜瓜形咖啡茶具

当时由卡洛·艾烈希亲自设计的甜瓜形咖啡茶具被认为是早期意大利设计的原型。第二次世界大战后，卡洛·艾烈希正式接管艾烈希公司。预料到

银质和不锈钢取代铜制餐具的趋势，在他带领下的艾烈希公司开始了不锈钢器具的大规模批量生产。随着卡洛的弟弟伊托尔·艾烈希的加入，艾烈希公司开始与各个领域的设计师，尤其是意大利建筑师跨界合作，并取得了很大的成功，当时设计的各种款式的餐具直到现在仍然销量惊人。

1970 年，卡洛·艾烈希的儿子，即现任艾烈希公司掌门人阿尔伯特·艾烈希大学毕业，主修法律的阿尔伯特最初想当建筑师或哲学家，最后还是选择出任家族生意的第三代继承人。"我不参与设计，我是设计师的设计师。"阿尔伯特总是这样形容自己。接掌公司决策大权不久，阿尔伯特认识了当时最具声望的意大利设计师埃托·索特萨斯。埃托·索特萨斯是当今世界最具影响力的设计师之一，众多建筑及日常用品的杰出设计都出自这位巨匠之手。"他对每一件作品都充满了爱。"评论家苏珊·耶拉维奇说，"人类天生具有享乐主义的倾向，而索特萨斯总是知道如何给人们适当的满

足。"埃托·索特萨斯影响了整个 20 世纪的艺术家，更确切地说是全球现代人的生活。因此，有人称他是设计界里的"人类学家"。早在 1963 年，埃托·索特萨斯就帮助艾烈希公司推出了丹尼系列，并大获成功。1979 年，埃托·索特萨斯协助艾烈希公司设计了一系列的经典产品——家庭用葡萄酒酒桶及酒架。1987 年，这位大师又亲自设计了新米兰刀叉餐具组合，这套餐具荣获意大利的金罗盘规划设计奖……两人的合作让艾烈希公司一跃成为世界顶级厨具品牌。

从那以后，阿尔伯特·艾烈希制定了公司的发展方向——制造梦想家居的产品。在他接管艾烈希公司的这 30 年中，曾经与 200 名设计师合作，推出了 600 多个系列的产品，这些设计新颖的家具和厨房用品，奠定了艾烈希在国际家居用品中的领导地位。有时，新的艾烈希产品目录一公布，便引来拥趸竞相购买，有的人甚至成为艾烈希产品的收藏家。

百分之百意大利设计制造的艾烈希厨具，是品位人士和全球厨师心目中的梦幻逸品，精湛的工艺和人性化的设计使其大放异彩。艾烈希公司推出多项博物馆馆藏品级的生活厨房用品，众多有识之士竞相收藏，更有人将其当成"传家宝"保存，可以说艾烈希传承的不仅仅是追求精致的品牌精神，更是一种生活品位。

在艾烈希的产品目录上，你会看到许多新奇而昂贵的商品，比如价值 800 多元的安娜·吉尔开瓶器、820 元的菲利普·斯塔克柠檬榨汁机、790 元的猫食盆、1280 元的烧水壶等。昂贵的价格和精致的设计让人的内心充满了挣扎。阿尔伯特·艾烈希表示："真正的设计是要打动人的，它能传递感情、勾起回忆、给人惊喜，好的设计就是一首关于人生的诗，它会把人们带入深层次的思考境地。"在他的眼里，艾烈希已经不只是工业产品，而是一件件"被复制了的艺术品"。的确，纽约现代美术馆、法国罗浮宫和蓬皮杜艺术中心、伦敦泰特现代美术馆都收藏了艾烈希的经典设计产品，艾烈希公司自己也于 1998 年在西西里岛的恩纳小城建立了属于自己的博物馆，并对外开放。

艾烈希这个以"意大利风格设计"著称的家用品设计制造商，一直与众多世界顶级的设计师合作，如理查德·萨帕、斯蒂凡诺·乔凡诺尼、米切尔·格雷夫斯等，他们为艾烈希共创造了 600 多个系列的产品，正是这些

大师们对传统的坚持及对
对创新的努力，使得艾烈
希兼具工业的实验精神和古典的诗意
美感，从而让厨房、餐桌成为艺术品
的殿堂。

艾烈希厨具产品
的售价也非同一般。
1984 年，设计大师理查
德·萨帕和美食家阿尔贝
托·高齐共同设计了一套
名为猎户座上的腰带（La
Cintura di Orione）的锅具组合。他们以饮食文化为
切入点，考虑每一口锅的实际用途，在该系列中设
计了 12 口锅：从小尺寸的平底深锅，到椭圆形的
鱼蒸锅，每个都被规划了具体的形状和用法。据说
当时这套锅具组合的售价足以让普通家庭倾家荡
产。英国工业设计大师贾斯珀·莫里森、意大利建
筑师阿迪奥·罗西、波普潮流领导者马西莫·莫罗慈
为艾烈希设计的锅具，也同样别具一格。贾斯珀·
莫里森与阿迪奥·罗西将锅盖设计成带有正字标记
的圆锥屋顶，波普艺术家马西莫·莫罗慈则在锅身
上留下条可爱的蕾丝花边裙。如此有卖相的厨具摆
在厨房委实让人感觉震撼，而为了这震撼你又岂能
少掏银子？

安娜·吉尔系列是亚力山卓·麦狄尼的经典杰
作。1994 年出品的这款瓶塞起子一经推出便成为销
售排行榜的冠军，这也使接下来有安娜肖像的作品
成为一个小家族，经久不衰。有些广告将这个形象
描述成 21 世纪的新玛丽莲·梦露。直至今天，艾烈

◉ 仙杜拉单柄平底煎锅
此产品使用特厚铜层和
不锈钢内层。木造手柄配上
不锈钢内层，重点在于多层
的设计，既有舒适手感，又
安全且极容易使用。

希的克鲁西纳罗工厂外还矗立着安娜·吉尔的放大模型。

在今天这个消费型的社会里,艾烈希公司俨然成为当今世界许多制造商追求进步与学习的典范,从早期为王室打造纯银宫廷用品,到近期的波普风格塑胶生活用品,艾烈希跨越了世纪,记录着当代厨具艺术的演变过程。许多生活用品或许因为常见、常用难以引起多大的注意,但当你不知不觉地使用到它们时,会发现这些家用品让一切事情变得轻松简单、饶有趣味,让做家事也更富个性。

艾烈希公司就是以这样一个注重生活创意的态度,设计出许许多多颠覆传统家庭用具风格的作品,每件产品的背后,都有它诗意的感性体验与充满幽默的戏谑趣味。当然,能有此等追求无怪乎它动不动就抱走许多国际性比赛的设计大奖,甚或被罗浮宫或纽约现代艺术博物馆指名典藏,这归功于艾烈希对自身品质、设计理念与意大利风格的执着追求。

◎ 艾烈希双音琴壶

这款水壶的造型很像古罗马战士头盔的造型,搭配以可"吹奏"出不同音调的壶嘴。这款 1980 年设计的双音琴壶,是艾烈希旗下众多设计产品中,阿尔伯特·艾烈希先生最喜欢的一款。

品质篇
PINZHI PIAN

艾烈希仙杜拉铜锅系列被视为史上最精致的锅具之一。有"万锅之王"之称的仙杜拉铜锅,是由世界超级设计师理查德·萨帕与 9 位米其林名厨,耗时 8 年共同研发的杰作,温度高、导热快、散热快、传热均匀、不粘锅是此系列锅具的几大特点。这一系列不仅是顶级、专业的锅具,更堪称设计界的艺术品。

在艾烈希厨具产品中,最引人注意的便是其仙杜拉铜锅系列,仅从外观上看就给人一种雍容华贵之感，铜质制造，金黄典雅。其造型更是一绝，不但种类繁多，而且其设计外观让人有一种似曾相识但又不同于世俗的感觉。艾烈希融入了独特的艺术形式，在同类西方铜锅产品当拥有独一无二的优势。艾烈希铜锅获得了三项国际大奖，足以证明其在厨具界的卓越地位。

早在很久以前，欧洲人就已经开始使用铜锅了。在某些食物烹饪方面，铜锅的导热性好，不仅可以保留食物营养，而且远比不锈钢锅具更为健康。充满艺术美感的感官设计，加上色彩的雍容华贵，还包括快速导热的独特品质和卓越优美的线条工艺设计，注定了艾烈希铜锅在当今厨具界的领先地位。超越专业的水平铸造与完美艺术的魅力搭桥，形成今天艾烈希铜锅独特的风格品质。艾烈希铜锅让每一个厨艺爱好者和普通家庭主妇从传统的钢铁锅具世界中得到彻底解放，他们掌厨的每一天都是丰富多彩、魅力迷人的。即使是再普通的主妇，只要有艾烈希铜锅相伴，都可以成为一名伟大的家庭厨师。最经典的铜质锅具仙杜拉系列是艾烈希研发时间最长的产品，该套组合不仅拥有极强的艺术美感，而且兼具实用功能。仙杜拉铜锅、三层钢锅系列均从美食烹饪的专业角度强调了创新性，与此同时，又将人们对优质生活的要求融入其中。可以说，仙杜拉系列不仅是一套专业锅具，更是兼具收藏与美感的艺术作品。

艾烈希的铜质锅具在国际上享有极高的声誉，许多精英人士和风尚达人都以拥

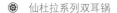
◉ 仙杜拉系列双耳锅

有一口艾烈希品牌铜锅为荣。当然，除了些许虚荣心理之外，那就是艾烈希锅具是由世界最前卫的艺术馆蓬皮杜艺术中心和纽约现代艺术博物馆指定典藏的铜制锅具，其质量和艺术性无可挑剔。艾烈希特有的艺术线条，让人看到它们时想到的不再是烦躁忙碌的厨房事宜，在整个烹饪的过程当中，人们体会到的也不再是简单的做饭做菜，更多的是一种精神上的享受。

意大利的生活方式是一种哲学，全世界要用一百个词才能形容意大利式的生活：第一个当然是创造力，第二个是美丽，第三个是激情。意大利人浪漫，热爱生活，把生活当成艺术品来品味。意大利物产富饶，且都非常优质，这使人们有条件享受优质高端的生活。生活在人们眼中不仅仅是每天过日子，更是一种艺术再造的过程和美丽事物的享受旅途。的确，每个热爱生活、懂得浪漫的人，都应该尝试一下艾烈希所带给你的"意"乱情迷的生活。相信你，一定会沉醉其中。

真正的豪宅不一定非要拥有无遮挡的山水园林景观，但必须要有博德宝橱柜。博德宝拥有不可复制的德国精神，以时尚而不浮夸的设计、优质而高雅的用料、精湛而独有的工艺及简单而完备的功能，为众多品位之士呈献最华贵的生活气派。

poggen pohl®

博德宝

整体橱柜的倡导者

博德宝橱柜是一位非凡人物的智慧杰作。1892年，当雄心勃勃的木工佛莱德米尔·博德宝开设了自己的橱柜公司时，他就发誓要创造一个现代化的并且在形式、功能和设计上和谐统一的橱柜系统。一个多世纪过去了，博德宝品牌已在世界上成为时尚的同义词，它以精湛的工艺将奢华与实用的设计天衣无缝地组合在一起，并以奉献和专业的精神制造出最优质的橱柜，将现代厨房文化带到人们的生活中。

厨房观念的转变意味着人们生活品质和生活方式的变化。在欧洲，厨房除去传统的准备饮食的功能外，大部分已经兼有了娱乐、休闲以及家庭情感沟通、朋友聚会等诸多功能。"生活在厨房"早已成为一种且深入人们骨髓的生活方式，厨房真正变成一个可以愉悦精神的身心享受之地。其实在很久以前，欧洲人对厨房的概念还停留在煮食烹饪的阶段，有些贵族甚至一生都未踏进过厨房，在他们看来，厨房只是佣人待的地方。直到1861年，英国贵族布朗夫人因怜悯佣人的辛劳，专门聘请了工匠为他们装修了一个新的环境：原木工艺的柜子，石头打造的厨房台面，流水冲洗用餐器具等，因其舒适耐用、功能强大、集众多生活方式为一体的特点，让厨房的世界焕然一新，而"整体厨房"的概念也由此诞生。随后，布朗夫人的后裔更将英国文化气息带到普鲁士王室里，为德国增添家

博德宝与保时捷设计
公司合作的 P7340 保时捷
厨房系列

具生活的想象空间，整体厨房随之在德国得到发展，世界橱柜史的首篇亦从此悄然掀开。

1892 年，世界上第一个橱柜家具公司由佛莱德米尔·博德宝创立，按这位雄心勃勃的木匠所说，他的目标就是改进橱柜。事实上，今天的博德宝橱柜家具公司是欧洲历史上最为长久和全球最具影响力的橱柜制造商之一。自创建以来，博德宝在设计、质量、个性方面建立了崇高的威望，并不断进行技术革新，制定行业标准。在当时，博德宝的诞生代表着一个橱柜时代的来临，其客户包括王室贵族、社会名流、富豪商贾，以及追求品位与时尚的中产家庭，并且在众多顶级建筑项目上也被普遍采用。

创新是博德宝的传统，它一向开放地将创新的设计概念融入生活并以此为基础设计和制作高端橱

◉ 博德宝十层光泽工艺橱柜

1908 年，博德宝进行了一项革命性的创新，将当时橱柜所用的传统自然色漆改为新颖的白色漆，此后这一工艺发展成博德宝独有的十层光泽工艺。博德宝也因此赢得了极大的赞誉。

柜。早期的欧洲橱柜制作主要体现在它的基本功能上，也就是侧重烹饪和储存。对此，佛莱德米尔·博德宝大胆加以改革，把艺术性与实用性巧妙地融合在一起，由此奠定了欧洲厨房生活的格调——高贵典雅的艺术。

欧洲首个革命性的橱柜于 1928 年面世，正是由博德宝公司出品的。该橱柜运用了亚光漆油表面处理，再加上独特的外观，演绎出崭新的形式与功能，使博德宝誉满欧洲，成为代表创新形式及优质物料的著名品牌。在两次世界大战期间，博德宝公司的发展深受影响，由于资源短缺，博德宝对橱柜的设计也因时而变，厨房的设计需要能符合善用空间及时间的要求——盘盘组合、工作台面的伸展，用餐的位置……现代橱柜设计的基本概念亦由此而产生。

博德宝于 1950 年在科隆举行的家具展博览上，首次向人们展示了世界上第一套组合式橱柜。当时的博德宝 1000 型（Form 1000）橱柜被记入史册，很快便出口各国。1962 年，博德宝在展览会上又推出 2000 型（Form 2000）橱柜，博德宝的先进技术将组合橱柜改进为最终的固定橱柜。最引人注目的是，新设计用一种称为 Coronal 的均合耐压的层压板代替了 20 世纪 50 年代应用的聚酯涂层，这种层压板目前仍在使用。两年之后，德国的一项调查显示，博德宝橱柜被列为德国本土最佳橱柜品牌，之后博德宝又通过获得令人瞩目的 Trophee Internationa de l Esthetique et de Elegance 奖，进一步巩固了在国际上的领先地位。1970 年，博德宝提出"圆形厨房"概念，名为"实验 70"——在直径只

博德宝"圆形厨房"

早在 20 世纪 70 年代，博德宝便提出这一"圆形厨房"的新概念，并最终由著名设计师路易吉·克拉尼实现。在当时，这一设计令人耳目一新，其独特的造型、齐备的功能及新型材料的运用均体现了博德宝敢于挑战、敢于创新的精神。

有 2.4 米的圆形烹调空间内，台面被固定在 90 厘米的高度，用户只要坐在旋转椅上，便能完成所有厨房工作。从此之后，博德宝相继推出多个令人印象深刻的新款橱柜，其中的 2400 型（Form 2400）于 1990 年获得由国际经济和社会科学院颁发的声望显赫的 Premio Italia 奖。而 2800 型（Form 2800）橱柜更是世界上第一个可全部回收再利用的橱柜。

可以说，德国顶级橱柜品牌博德宝将橱柜设计变成了一种文化，把厨房文化带入了时尚潮流，使人们在全新的厨房空间中体会到真正的幸福所在。

一直以来，博德宝被公认是世界上优质橱柜的最佳生产商。营造有品位的厨房作为生活空间的一部分，一直是博德宝的生活哲学。如今，博德宝橱柜已在各国王室成员、总统、政治家和社会名流的家中落户。从纽约到伦敦，从巴黎到香港，很多顶级的住宅项目都采用博德宝的整体橱柜。

也许你不会相信，美国前总统比尔·克林顿、德国前总理格哈特·施罗德、瑞典王后西尔维娅、摩纳哥公主史蒂芬妮、埃及前总统穆巴拉克、国际著名足球明星大卫·贝克汉姆、一级方程式赛车手迈克尔·舒马赫和电影明星芭芭拉·史翠珊，这些人家中使用的橱柜都是博德宝；不仅如此，世界各地最著名的豪华住宅和酒店中也有博德宝的影子，比如纽约市的公园街 515 号、迈阿密的四季酒店、多伦多的亚瑟王子酒店、东京的樱花酒店、首尔的三星大厦。博德宝中国区市场部总经理也曾说过，"在中国的豪宅市场，如果没有博德宝就不算豪宅"。

博德宝究竟有何魅力会赢得这些名流的青睐？初见博德宝，很多人会感觉它似乎有点过于低调了。简单至极的外观设计，沉稳传统的色彩搭配，与奢华不沾半点边。然而一旦走进它，你就会被其极富创新感的设计所震撼。博德宝的高贵，是由内而发的气质。它的优雅，更是贵族的天性。作为德国的顶级橱柜，博德宝历来极少有装饰，造型也极为简洁。这与意式橱柜所呈现出来的寓意和某些纯艺术性风格截然不同。为符合客户的习惯与需求，博德宝设计出上千种个性橱柜单元方案，并扩展了橱柜收纳功能，兼顾轻便实用设计。更为宝贵的是，它一直选用安全性极高的材质，同时以不靠壁的橱身设计搭配透气背板，创造出会呼吸的厨具风

格，还可以保持柜中餐具的卫生以及人体健康。它将种种优秀特点集于一身，堪称人性化橱柜中的极品典范。

博德宝声称自己从来就不是橱柜生产商，而是全新生活体验背后的"趋势制定者"。多年来，这个著名的德国橱柜制造商一直以不断创新改善厨房环境为座右铭，它的设计已经远远超出传统的厨房设计领域，比如20世纪70年代与美国传奇经典跑车设计大师共同设计的太空厨房，其超现代的厨房风格冲击了传统厨房的规划理念，开辟橱柜跨界合作的先例。在一片赞叹之中，博德宝在20世纪就已经成为德国国家工艺博物馆指定永久珍藏的橱柜品牌，英国白金汉宫里面也配置了三套博德宝橱柜，2006年博德宝还与迪拜棕榈人造岛签署了一笔千万美元的顶级橱柜安装合约。

在一个世纪的岁月里，在思想与艺术的碰撞下，在生活与理性的交融下，博德宝终于成为世界上最受欢迎的橱柜品牌。

一套博德宝橱柜为何能卖到上百万元甚至数百万元，堪比豪宅名车的售价？天价橱柜到底是怎样炼成的？除了那些看不见、摸不着的隐性价值之外，博德宝橱柜不断创新和引领潮流的设计也是成就其天价的重要原因之一。

如果花几百万元买套房子，不会让人很惊讶，可如果用几百万元置办了一套橱柜，你是不是就觉得有点"烧钱"？也许能够买得起如此贵的橱柜的人，压根儿就不会自己下厨做一顿饭，对于他们来说厨房更多的时候是用来观赏的；对于大多人来说，如此高价的橱柜是他们消费不起的，但这无碍于人们对它的喜欢，就像宝马和奔驰车，人人都知道那是好东西。

在世界众多橱柜品牌中，博德宝是售价最高的橱柜品牌之一。也许你会问为什么一套橱柜会如此昂贵？这全在于博德宝精细的制作，正如一只纯正的路易威登手袋，针脚距离一定是固定的；一条高品质的西裤的制作工序一定不会少于 100 道，这就是专业的价值。博德宝橱柜的专业就是通过对一处处细节的审视来实现的，细节的精致是高品质的基础，这也是专业的价值所在。

如今，博德宝橱柜越来越多地出现在世界众多高级住宅内，它的市场也越来越大。从橱柜的角度讲，它具备了多功能性与美观性并存的特点，甚至其选材都会因环境的不同而作相应调整，那么，博德宝橱柜是如何满足所有的条件又赢得众多名流的"芳心"的呢？

首先，博德宝橱柜的设计从来都不是单独存在

◎ 博德宝公司与德国扩展餐桌专家 Draenert 公司合作创作的可变功能餐桌（左页图及本页图）

的。那些极富经验的橱柜设计师会根据每一位客户家中的具体情况，把橱柜设计和家居环境完美融合在一起，从而让博德宝成为搭建通往崭新的生活方式的桥梁。也就是说，博德宝的设计师所思考的不仅是局部的橱柜，而是整体的建筑空间，考虑的重点也不再是如何最佳地把橱柜放进现有空间，而是利用"厨房"概念重新定义这个空间。最能体现这一特点的便是博德宝+ARTESIO厨房系列，设计师会在现有空间里划分出醒目的位置，让厨房最微小的部分也具有定义空间的功能。+ARTESIO厨房系列独特的拱门设计以一种延伸的姿态，迅速连接了厨房和居住空间，它积极整合入整体建筑中，与家具设计一起，创造出崭新的空间感。

　　+ARTESIO厨房系列通过整体设计理念和众多细节处理，为墙壁、地板和天花板的设计提供了协调点。130毫米的网格设计作为关键元素，运用到了橱柜的正面、两侧和墙板，让橱柜和墙壁合为一体。柜体正面和侧面的一致设计，成为厨房设计领域里独一无二的创新之举。同时，博德宝在材质的选择上也独辟蹊径，除了沙石色、尘土色和石膏色的亚光面板之外，还采用松木色或者核桃色的实木面板，以及沙石色、尘土色、锦葵色和石膏色的玻璃面板。

　　+ARTESIO厨房系列专为注重设计感、有独特审美观并关注生活细节的人群而生，这类人每天都会发现厨房的美，观察、体验并感受它的品质。建筑师兼顾房屋设计和空间定义的理念也为室内设计提供了新的思路。+ARTESIO厨房系列摆脱成品橱柜旧有风格，将地板、墙壁甚至天花板融为一体，

◉　博德宝+ARTESIO厨房系列

　　此系列产品曾荣获"极品之选"红点设计大奖，这个让人梦寐以求的设计界的最高荣誉是由国际性的产品设计专业评判小组所评定的。在与汉堡明星设计师哈迪·特朗尼合作的基础上，博德宝+ARTESIO厨房系列荣获设计界这一最久负盛名的奖项。

成功结合建筑与家居设计，是最具创新性的厨房综合解决方案。这一代表作于 2010 年米兰国际家具展上华丽登场。在 2012 年 1 月德国科隆举办的国际厨房展上，这款使建筑与厨房领域共生共栖的设计也获得高度赞誉。

除了 +ARTESIO 厨房系列勇夺红点大奖之外，博德宝以往的厨房系列也曾经获得许多殊荣，如 +INTEGRATION 厨房系列，+SEGMENTO 厨房系列，还有乔治·彭斯设计的 PLUSMODO 厨房系列也分别得到过 Good Design 2005 年度设计大奖、iF2006 年度产品设计大奖、2006 年度红点设计大奖。博德宝与保时捷设计公司合作的 P7340 保时捷厨房系列也在 2008 年夺得红点设计大奖。

博德宝橱柜让厨房不再单单扮演"食物加工地"的角色，而让其成为时尚一族家庭生活中一道亮丽的风景线，让人可以享受到无限的荣耀与尊贵。

作为德国工艺的典范，布尔托橱柜一直秉承着低调奢华的厨房哲学，为人们创作了一系列梦幻般的传奇之作，无论是入门级的布尔托 b1 系列，具有强大收纳功能的布尔托 b2 系列，还是悬浮式设计的布尔托 b3 系列，无不展现了美味空间的奢华品格。

bulthaup
布尔托

展现美味空间的奢华品格

布尔托的存在，是一种标准，是一种典范，用来区分平凡和非凡的差别。自从 1949 年马汀·布尔托成立该品牌以来，他就积极提倡"设计其实是一个完整的过程"的理念，这个过程包括外观、材料和手工等方面，并且是缺一不可的。在这样的理念指导之下，布尔托始终坚持以手工雕琢细节，从而让无数细微的优越累积出布尔托品牌的经典地位。

怎样才算是高品质的生活？也许你会花上一两百万买块名表，或者一部超级豪华汽车，甚至私人飞机也会出现在你的购物清单上，但你会不会花上一两百万甚至更多的钱来布置你的厨房？在许多人的眼中，购买奢侈品大多属于为富豪们自身形象增光添彩的"面子工程"，珠宝、手表、游艇还有私人飞机都是富豪们的显性身份标签，至于说到"厨房"这类无法随身携带的隐性奢侈品，追求其品位的人，除了有经济实力外，大概还真需要一种贯穿生活各个层面的奢华生活态度。原因很简单，因为厨房使用起来舒不舒服，只有自己知道。然而也只有在看不见的地方，才最能体现你的奢华品质。由此可见，对于一位品位人士来说，真正奢侈的并不是奢侈品本身，而是享受家庭生活，享受与家人在一起的平静时光，可以说这是更高层次的人生体验。应该说，世界顶级橱柜品牌布尔托恰到好处地向人们展现了这一思想。

布尔托品牌 1949 年在德国创立，曾在 2005 年、2007 年连续两届当选为德国五大尊贵品牌之一。也许你永远也不会想到，这样一个超级大牌的前身竟是一家锯木厂，创办人马汀·布尔托将其改

为专门生产橱柜及其他厨房家具的厂家，并于 1974
年生产出第一款嵌入式橱柜组合。随后，嵌入式橱
柜的理念及产品开始风靡欧洲。布尔托公司的设计
为自己赢得了无数的奖项，其中就包括了 1997 年
荣获的欧洲设计奖以及欧洲委员会授予的"终身成
就奖"。

　　简约耐看的线条设计与细致讲究的制造技艺，
成功地为布尔托橱柜确立了鲜明形象。最难得的
是，布尔托橱柜还有一种建筑之美，被誉为"生活
空间的建筑师"。这一切都离不开盖尔德·布尔托的
设计思想，作为马汀·布尔托的儿子，他在 20 世纪
80 年代接管家族生意后，锐意进取，将布尔托品牌
发扬光大。盖尔德·布尔托狂热地喜爱建筑，尤其
对包豪斯建筑设计理念研究颇深，当他遇见设计师
奥托·艾舍时，一对厨具界最奇妙的搭档就此诞生。

奥托·艾舍的设计本来与厨房设计风马牛不相及，他是德国乌尔姆设计学院的创办人之一，该学院的宗旨是反映魏玛包豪斯建筑设计运动的传统精髓，但他的思想与盖尔德·布尔托的设计理念一拍即合。奥托·艾舍根据一项对人们厨房内行为习惯所做的调查研究，在1982年出版了题为《做饭的厨房》的著作，书中介绍了一套全新的厨房使用概念，阐述了一种崭新的厨房哲学：厨房不仅因煮食而存在，更是家居生活的一部分，厨具设计也应该格外注意配合人体工程学原理和实用性。这些理念至今仍然影响着全世界的厨房设计方案。在这一研究成果指导下，奥托·艾舍为布尔托创作出了简约美观、功能实际且符合人体工程学原理的橱柜产品。

在形态上，布尔托坚持"厨房建筑美学"的理念，在功能上，布尔托坚持"生活空间"的理念。这证明了布尔托不仅关注厨房原本的功能性，更希望为人们的交流提供平台。对于这一点，盖尔德·布尔托说道："欧洲的老式厨房并不是一个让人喜欢的地方，不仅没有阳光而且空间狭小，人们还总是不得不面对着墙烹饪。但我们的理念是把墙推倒，让面积扩大，让厨房走进生活区，这就是布尔托一直倡导的厨房生活空间。在这里人们不只是简单地完成烹饪工作，而且还会在一起享受美食、自由交流、随意走动，厨房变成了增进感情的最佳场所。我们希望为厨房带来崭新的面貌，并进行重新定义。"

在布尔托的许多系列产品中，布尔托b3系列最直接地体现了这一点。这套产品被称之为"梦幻般的设计"，具有多功能墙壁及悬浮餐具理念，彻

底颠覆人们对厨房的传统概念，使厨房完美地融入理想生活环境。与此同时，布尔托 b3 系列的设计理念还可以应用于厨房以外的家居空间，令整体家居环境更和谐统一。今天，布尔托橱柜一如既往地向人们展示了它的顶级质量、一贯的简洁设计和对细节的坚持。正因如此，布尔托才成为一个经久不衰的奢侈品牌。

 布尔托 b2 系列

布尔托从不愿意将自己归为奢侈品牌，更愿意将自己比作"永恒的建筑"。简约耐看的线条设计、细致讲究的制作工艺、上乘的材料选择与专业的私人定制服务，决定了布尔托只服务于那些"云端的

尊贵篇
ZUNGUI PIAN

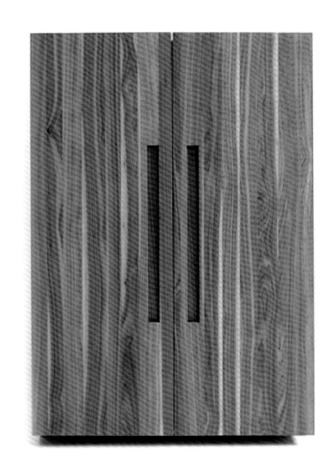

客户"。多年来布尔托出品的橱柜虽数量不多，但几款经典之作却能几十年盛销不衰，这就是布尔托橱柜的魅力。

2006 年，由著名导演道格·里曼拍摄的影片《史密斯夫妇》刚一上映就受到了全球观众的欢迎,大多数观众对安吉丽娜·朱莉和布拉德·皮特这两位顶级明星的精湛表演赞不绝口，但人们并不知道，除了这两位顶级明星之外，还有一位"明星"在整部影片中也有精彩的表演，它就是布尔托橱柜。你是否还记得史密斯太太用来藏枪的全自动橱柜？这款令观众惊叹不已的橱柜便是布尔托的顶级产品。影片中的枪战最终将价值百万的厨房炸了个精光，当然这种情况也许只能发生在电影中，在现实生活中恐怕没人会舍得这样做。

例如布尔托 TOP 系列，每套售价 400 万元人民币的橱柜，当然不能买来仅供厨师烹饪使用。布尔托橱柜服务的消费对象是全球最懂得生活品位的阶层，或许让人难以置信，在白金汉宫，英国女王伊丽莎白二世一人就拥有8套布尔托的橱柜。即使对于世界闻名的设计师们来说，布尔托整体橱柜的魅力同样难以抗拒。意大利时装设计师乔治·阿玛尼、英国室内设计师特伦斯·考伦爵士、日本建筑设计师安藤忠雄，都不约而同地选择了布尔托整体橱柜。

作为世界顶级橱柜品牌，布尔托只接受个人定制，布尔托的设计人员会了解客户的生活喜好和细节需求，以对产品做出有针对性的调整。在他们看来，每个人的生活态度都不同，有的可能比较喜欢宁静的生活，有的比较爱开派对，他们对厨房的需求就非常不一样。客户在这里选择橱柜，要做的决定不仅是选择橱柜的颜色，还要提供一种规划，让工程师了解详细的户型、使用偏好、生活习惯、人口数量，甚至家庭成员的身高。整体橱柜中50%的工序在德国手工制作完成。加工车间里配备精密仪器，甚至使用航空设备中的芯片。这样一套橱柜的价格从100万元到400万元不等，且需要等待半年的时间，这样精致的橱柜也许真的能让人心甘情愿地买单。

布尔托为人们的家居生活空间创造了无限可能，设计细节没有既定的刻板模式，可以满足不同消费者的品位。而且布尔托从不会脱离自己的设计初衷，去改变自己的风格。正如盖尔德·布尔托所说："我们更愿意把产品卖给那些懂得欣赏我们产品的客户。"

⚙ 布尔托 system 25 橱柜

该橱柜是定制橱柜的典范，是一套注重环境保护的绿色橱柜。布尔托当时研发了一种特别的水溶亮漆，降低了其中的化学成分，而橱柜所用的木材只取自生态管理下的森林。所有的橱柜都看不到把手，改用新式的控制门闩装置，只需要轻轻地按一按抽屉或扇门，抽屉就会缓缓滑出，扇门也会自动开启。

品质篇
PINZHI PIAN

　　许多人并不知道，布尔托还是一个具有 60 年历史的木材专家，他们不仅研究制作木材的方法、工艺，还将其与先进技术进行了结合。布尔托强调的是最天然的材料的原始体现，一般情况下，布尔托是将木皮从树上切下来后，进行缝合，再经过高温定型后制成橱柜的板材。更令人不可思议的是，布尔托所有橱柜挡板所用的樱桃木材料，都是可以用来制作小提琴的原料。

　　除了上乘的原料，出色的人性化设计也是布尔托的制胜法宝。布尔托推出的入门级布尔托 b1 系列，便成功地体现了开放式厨房的设计理念，该系列集中地体现了极简而智能的设计思想。这一伟大的设计在布尔托 b2 系列中得到了延续与发扬，其最大亮点是整套橱柜没有使用一个抽屉。这套"没有抽屉的储藏系统"在米兰展会上刚一亮相，就立刻获得了多项国际大奖。布尔托 b2 的成功在于，规避了市面上常见的抽屉式储藏方式所存在的盲点——令用户难于一目了然地看到自己所拥有的物品，从而可能重复购置自己已经拥有的物品或经常不得不翻箱倒柜寻找物品；它把所有物品平放出来，这也是帮助用户"去芜存菁"的过程，尽量保留必要的和最好的；它把所有物件重新归纳为五大组别之后，更实际地计算每一组别所占用的空间及容量，继而决定它的外形，这也再一次证明了"外形取决于功能"

的设计黄金定律。其实从整体上来看，布尔托 b2
系列整体橱柜就是一个小型工具箱的放大版。除此
之外，它还能与冰箱等家用电器统一组合。厨房电
器柜设有电源并安装安全系统，假如电器（如烤
箱）仍处于运作当中，而用户有危险操作，电源便
会被切断。

　　布尔托从来没有停止过创新的脚步，布尔托 b3
系列整体橱柜的出现更是被誉为极限之作。布尔托
b3 整体橱柜最显而易见的特征是悬浮式设计，多功
能墙成为整个厨房的支柱，空间可以得到更合理地
运用。悬浮式概念主要利用具有极大承载力的功能

◎　布尔托 b3 系列

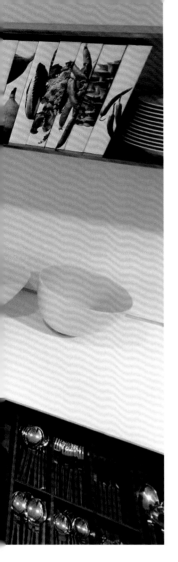

墙面，在这墙面上悬挂厨房内的用具，此举彻底打破过去橱柜完全依赖地板、摆放受一定限制的缺点，同时也很好地利用一直被忽略的墙面。1米宽的墙面可负荷高达1吨的重量，这令冰柜、烤箱等家用电器全部可以悬挂于功能墙面上，不占地板空间，无论在视觉、设计或功能上都能呈现截然不同的空间感。布尔托b3系列功能墙面更可延伸至毗邻的生活空间，令整体家居环境更趋和谐统一。厨具的设置同样符合人体工程学，充分考虑到人们使用习惯的定制组件可以将砧板、刀架、调味品放置架糅合为一体，使烹饪的过程变得更加轻松愉快。

布尔托b3整体橱柜的外形延续了布尔托一贯的简约风格，橱柜的前面板和侧面板的饰板均由同一块木材制成，更为难得的是，木纹接边工艺细致得难以被肉眼察觉。要做到这一点，只能依靠具有多年经验的工匠手工完成。事实上，为了追求更为完美的工艺水准，在布尔托b3系列整体橱柜的加工车间里，很多环节的生产条件非常接近于生产航空设备中所使用的芯片的生产环境。由于布尔托b3整体橱柜中50%的工序必须由纯手工制作完成，这就导致用户必须经历漫长的等待才能看到自己订购的整体橱柜。如果制作这套橱柜的工匠恰好比较少，那么整个制作周期可能会因此变得更长。

布尔托从不为了订单抛弃自己的设计风格和原则，曾有迪拜的石油大亨一次向布尔托下了600多套橱柜订单，同时他们提出了很多要求，比如要求在橱柜的表面镶嵌钻石，或是把橱柜表面的颜色改为金色等。布尔托果断地加以拒绝，因其更愿意与符合其产品气质的客户打交道。

世界殿堂级卫浴品牌 THG 始终坚持"哪里有美丽哪里就会有 THG，哪里有 THG 哪里就会更美丽"的思想。为此，THG 将水晶、黄金及宝石等稀有材质运用到产品中，打造现代家居卫浴空间中的艺术品，将充满艺术感的奢华卫浴设备变为可以传给后代的"珠宝"。

THG

法式贵族的卫浴享受

历史篇
LISHI PIAN

源于 20 世纪 50 年代的 THG 是法国高端浴室设备制造商，经过 60 多年的不懈努力，现代化的工业设备和精湛的手工艺结合使 THG 的产品成为尊贵、时尚、品位、奢华的代名词。

汽车中的劳斯莱斯、时装中的迪奥、手袋中的爱马仕，等等，这些顶级品牌虽然只是面向极少的尖端人群，但它们汇聚全球最精彩创意的设计所带来的巨星风范，总是让世人为之着迷。而在国际卫浴界也深藏着这样一位"巨星"，它就是来自法国的 THG。

THG 品牌诞生于 20 世纪 50 年代的法国北部小镇，当时三位创始人安德尔·特泰德、朱利文·哈迪奎兹和亚历山大·格雷森尼并没有想到，

◎ Palatial 系列卫浴

　　金色装饰演绎着一种高品质的神秘气质,THG 与柏图联手重新阐释了奢华的定义。拥有一套 THG 卫浴产品是很多人的梦想,THG 卫浴可以极大提升家居装修的设计品质。

在此之后，THG 会成就如此辉煌的品牌神话。THG 品牌就是取其三位创始人的家族姓氏（Tetard、Haudiquez 和 Grisoni）的首个字母组合在一起而诞生的。

1970 年，法国著名设计师让·克劳德·德莱潘为了能够将他的设计理念进行完美地实现，选择与工艺精湛的 THG 品牌合作，创造了 JCD 高端系列。也正是这次合作，将 THG 推上了一个新的高度，THG 也从当初的家庭作坊成为系统化的专业洁具生

❀ 上海半岛酒店选用的就是 THG 卫浴产品

产商。如今的 THG 已经成为奢华卫浴的代名词，并成为世界顶级酒店首选的殿堂级卫浴品牌。

创造美丽是 THG 一贯坚持的传统，与众多世界知名品牌及设计师的合作，使其在业界的影响力不断提升。THG 拥有多名资深设计师为其打造的顶级名品，许多人初识 THG 这个品牌就是从以下四位知名的法国设计师开始的——除了让·克劳德·德莱潘之外，还有杰米·达克、皮尔·伊夫·洛琼和尚塔尔·托马斯。他们每一个人都拥有自己的品牌，分别在各自的设计领域里诠释着法国的文化，又分别在 THG 这个以生产卫浴龙头为主的名牌企业里将自己的设计理想演绎成现实的作品。这些大师设计风格各异，其产品吸引着不同阶层人群的目光，在 150 多个产品系列中，从法式新古典风格到欧式皇家宫廷风格，再到欧式简约风格，总能满足不同阶层顾客的需要。

作为一个植根于法式浪漫古典风格的品牌，THG 受到全世界的瞩目。在很多高端酒店中都能够找到 THG 的身影，例如迪拜帆船酒店，阿布扎比酋长宫殿酒店，巴黎丽兹酒店，拉斯维加斯永利酒店，上海半岛酒店，等等。在这些高端场所中，THG 得到了高度的肯定，同时也让喜欢法式浪漫古典风格的人们成了该品牌的忠实拥护者。

THG 龙头以其独特细腻的镶嵌工艺在世界上享有盛誉，其优雅的贵族气质在奢华的设计中展现无遗，THG 大胆采用各种顶级奢华配饰材料——法国莱俪水晶、皇家名瓷柏图、黄金及中国景泰蓝，以手工技艺将宫廷贵气及瓷艺风华展露无遗。这些让

❀ THG 龙头

品质生活的体现并非单纯物质上的奢华，而是感觉上的悠然，是兼顾健康、时尚及优雅的生活体验，追求艺术与美感的融合，更重要的是讲究家居与人的有机结合，会给人带来舒适、优雅的家居生活感受。今天，人们早已习惯将卫浴、生活、休闲三个元素加以综合考虑，完美舒适的卫浴空间不仅能给人以舒心愉悦之感，也成为许多精英人士的一种日常生活方式。

尊贵篇
ZUNGUI PIAN

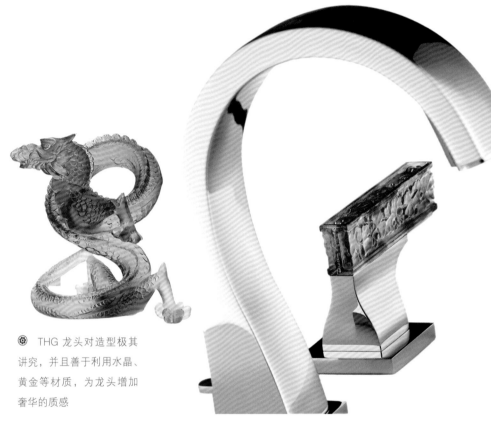

❀ THG 龙头对造型极其讲究，并且善于利用水晶、黄金等材质，为龙头增加奢华的质感

THG 龙头摆脱了常规五金件的概念，转而成为家居中的艺术珍品。

在 THG 众多产品系列中，最受欢迎及瞩目的当属莱俪（Lalique）系列。自 2002 年起，THG 与世界高端水晶品牌莱俪合作，将晶莹剔透的水晶独具匠心地运用到龙头把手之上，使人们不禁赞叹两者完美的结合，屏息欣赏这媲美珠宝的精致与美丽。

与水晶的纯净通透相比，法国皇家名瓷柏图的柔美则是另外一番风景。纯熟的彩绘技艺将色彩鲜明的图案完美地呈现在洁净纯白的陶瓷之上，将不同风格演绎得淋漓尽致。例如，著名法国室内设计师皮尔·伊夫·洛琼为 THG 所设计的 Frivole 系列，白色陶瓷上用银箔勾勒出的华美花纹使得优雅纯洁的气质荡漾开来。当然 THG 的产品并不局限于高端龙头，其推出的 Palatial 奢华浴缸，是其 Marquis 系列中令人瞩目的杰作。精美的浴缸镶有

皇家名瓷柏图符号图案，其法国城堡的设计风格让人眼前一亮。浴缸的外部装饰华丽，以黑色为主色，月桂树叶的花环和手工打造的金色装饰演绎着一种高品质的神秘气质。THG 与柏图联手重新阐释了奢华的定义，以独特的皇家气质、神秘时尚的风格把浴缸设计引领到一个更奢华的层次。而法国内衣教母尚塔尔·托马斯的 Poèmes 系列，如该系列的法语名字"诗"一样，将女性的俏皮可爱表现得惟妙惟肖。

为很多好莱坞明星设计过家居的著名纽约室内设计师杰米·达克将美式简约风格带进了 THG 这个

大家族中。前卫的设计，简洁的线条，加上边缘弧度的完美处理，俘获了包括杰西卡·贝尔等明星在内的众多粉丝。

当然，独一无二的限量产品总是为人所津津乐道的，如 THG 为全球富豪提供的定制服务，为比尔·盖茨的合作伙伴保罗·艾伦的游艇定制独一无二的艺术龙头，为俄罗斯亿万富翁罗曼·阿布拉莫维奇的游艇、私人飞机和别墅上定制的龙头等。若干年前，某位阿拉伯王子想要为自己的马厩定制一个马头形状的龙头，THG 的高级定制工艺完美地实现了他的设想并且在产品上刻上了该家族的标志，此时这只龙头已经超越了其本身的意义和功能，变成了一个值得传承后世的艺术品。

在这个追求个性的年代，那些品位之士愿意通过卫浴产品风格来表现自己的独特个性及理念，而 THG 产品正好满足了他们的需求，让高级定制真正地走进了生活，给本来呆板的卫浴空间添加了个性的色彩。

⚙ THG 龙头独特的镶嵌工艺在世界上享有盛誉

作为世界顶级卫浴品牌，THG 用一系列充满艺术感的奢华卫浴产品完美地展示了精英人士的生活态度。THG 血液中流淌着法兰西我行我素的风格，展现了低调的奢华之美。

对于那些懂得享受生活的人来说，最惬意的休闲方式莫过于把身体浸在高级浴缸中，让洗浴升华为精神上的奢华享受。从某种程度上来说，意大利顶级卫浴品牌德高已经成了现实生活中的"幸福终点站"，你只要向后躺在浴缸中，便能体验到五星级酒店的贵宾待遇。

teuco
德高

幸福的终点站

放松身心的方式有很多种，如果你还是选择到郊外散步或水岸垂钓，恐怕已经落伍了。对于那些懂得享受生活的人来说，让他们最感放松的莫过于把身体浸在高级浴缸中，用微微的烛光、芳香的精油营造放松的气氛，再用热水洗刷掉一整天的疲劳。正如英国某位卫浴产品设计大师所说的："盆浴与淋浴是完全不同的体验，人们正越来越希望能够寻找到一种精心设计的现代化浴缸来呵护自己，以此作为忙碌生活的解药。"

那么，什么样的现代化浴缸才是我们需要的？有人列举了一些世界上最好的浴缸所在的位置，它们有的在朴素的海滨白沙滩上，有的深藏于植物茂密的丛林中，有的甚至要坐水上飞机花几个小时才能到达……可以说，这些浴缸都是独一无二的，当

北省的马罗瑞狩猎旅馆的美茨套房，拥有 308 平方米的木质地板，露天就餐区，私人特大游泳池，还有一个完美的整体式浴缸，从中能够俯瞰占地约 75 万公顷约的马帝圭野生公园，一晚住宿费用超过 4100 美元；纽约的里文顿酒店的价格则更高，不过花上 5000 美元一晚的价钱，你就能在小棚屋的露台上享受能容纳 10 个人的浴缸，外加可以鸟瞰纽约市灯火通明的高楼和桥梁美景。

当然，有另外一种选择会让你足不出户便能享受到这种贵宾五星级待遇，那就是在家中购置一套德高按摩浴缸。创立于 1972 年的德高，为 Guzzin 集团旗下的水流按摩浴缸和多功能淋浴设备专业生产商，在卫浴产品生产领域独占鳌头，有多项世界首创成果。它是世界上第一个使用丙烯酸酯生产多款颜色卫浴产品，且设计别具一格的卫浴产品公司。它营运第一年，即成功推出代表作图形环绕淋浴器（Round Shower）。它革命性地改变了淋浴环境，作为意大利工业的设计及风格典范，它一直被展示在美国纽约当代艺术博物馆内。20 世纪 80 年代，德高公司第一个创造性地把电

子控制板应用于淋浴器和浴缸之中。90年代，德高公司开发出世界上同行业中独一无二的水银波网（hydrosonic）技术，首次把超声波技术运用于卫浴产品中，从而加强对人体的按摩，增强了舒适感。德高执着于创新，不断研发新产品，海滨按摩浴缸（Seaside）就是其中的典范。它倡导一种全新的理念，把人们从传统的浴室概念中解放出来。此外，德高公司超静音系列浴缸产品可以降低70%的水疗按摩马达噪音及震动。如今的德高是欧洲最大的水疗按摩浴缸的生产商，拥有一批其他同行业公司无可媲美的私家专业产品。在4万平方米的工厂中，德高每年都会针对市场开发出20多种新品，它在欧洲和亚洲已成为了许多知名酒店SPA贵宾室的指定品牌，其中包括香港半岛酒店、北京威斯汀大酒店、马尔代夫希尔顿酒店、伦敦萨沃伊酒店和意大利皮特利萨酒店等。

意大利顶级卫浴品牌德高不仅强调功能性与设计美感，并且结合人体工程学的研究，预先考虑到人们在生活上的各种需求。德高的产品兼具提振精神、舒缓压力、美容减脂、促进新陈代谢的多种功能，让人们体验到顶级卫浴设备所带来的乐趣。自20世纪70年代以来，德高不断革新技术，研发出自动清洁消毒系统、超声波水疗系统等多项高水平独家专利，为追求品位的现代人提供了健康、安全的生活享受。

德高在过去以大尺寸设计艳惊四座的海滨浴缸基础上，又研发并推出漩涡喷气机超静音按摩浴缸，它采用荣获世界专利的静音技术，与一般按摩浴缸相比，成功降低了70%的噪音。此外，德高还

⚙ 德高扇形浴缸

　　这款浴缸造型别致，可安装于角落。浴缸内部为不规则的几何形状，宽敞舒畅，浴缸的尺寸为1996毫米×1412毫米，可供两个人无拘无束地沐浴。根据淋浴需要，浴缸的两侧设置了清透的躺椅，柔和的曲面逐渐向中间延伸，为浴缸增添了一道独特的风景线。

　　另外，这款浴缸还有按摩功能，在浴缸边的白色按摩键上轻轻一按，即可在温柔的水中模拟波浪的推进，在泡澡时起到按摩保健的功能。透过清透的玻璃挡板，浴缸底部喷薄而出的按摩气泡尽收眼底。这款按摩浴缸除了具有全面按摩的功效之外，还可以在主人泡完澡之后自动升起，让人避免了从水池中爬出的狼狈。而那清透的曲线优雅的浴缸靠枕和充满现代极简风味的金属龙头和手持花洒，无不镌刻着独属于德高的烙印，闪烁着耀眼的光芒。

推出"温泉卫浴"的概念，为消费者打造兼具声光刺激与静谧享受的声、光、色三重卫浴体验，是奢华卫浴享受的极致代表。

当然，比按摩浴缸更富创意的是来自德高的海滨瀑布浴缸（Seaside Waterfall）。它从热带岛屿和无人海滩的概念幻化而来，可调节的内部感应设计源于对海岸线的联想，水如瀑布状倾泻而下，延展至浴缸的另一边；同时，经典的空气按摩系统可以帮助人身体完全放松，隐蔽的自来水管接头及远程控制系统会给予你根本不在浴室中的错觉。侵泡在这款浴缸中，一切都显得优雅而洁净，你就仿佛置身于室外，感觉时间与空间都暂时停止了，而幸福感则油然而生。

水是万物的源泉，是生命的灵魂。经过 100 多年的锤炼，汉斯格雅将水最完美的一面呈现在人们面前，并缔造了纯粹梦幻般的沐浴文化，淋漓尽致地展现了德国品质的真谛，带给人们感官愉悦和身体舒畅的双重享受。

汉斯格雅

卫浴的水艺术

汉斯格雅的成功不仅源于多年的生产技术经验，更源于对水的热爱，因此无论是功能还是外形，其产品的每个细节都力求精益求精，从而将水最动人的一面完美呈现在人们眼前，为人们开启一段充满艺术与乐趣的"亲水之旅"。

在古罗马时代，人们把洗浴作为恢复体力的方法以法律的形式固定下来；阿拉伯人则把热水浴变

hansgrohe

AXOR | PHARO

化成了其宗教信仰的一个组成部分；日本人则认为泡澡可以使人忘却俗世烦忧，达到清心、安静、放松的境界……然而无论是罗马人、阿拉伯人、日本人，都不曾像德国人那样对洗浴文化有着那样深刻的理解，德国皇帝威廉一世就曾将沐浴文化提升到了一个高度，他有一句名言："清洁的躯体才能培育纯洁的心灵。"

今天，家庭式的梦幻洗浴享受已经成为一种高品质生活的体现。梦幻是什么？从洗浴文化意义上讲就是"运用色彩与造型，灯光与豪华来塑造梦幻风景印象"。这将涉及感官的愉悦和身体的舒畅两个方面。世界顶级卫浴品牌汉斯格雅就一直在追求着这样一个既真实又虚幻的境界。汉斯格雅对水的热爱，让人们了解到水不仅仅是一种普通的资源，更是珍贵、神奇的生命源泉。汉斯格雅，让与水的亲密接触变成人类生活的乐趣。

100多年来，汉斯格雅就是这样无处不在地尝试着，以其独特的设计、一流的工艺与最好的材料完美结合，不但带给全世界人们最好的卫浴设备，也使汉斯格雅成为世界上最优秀的卫浴设备制造商之一。18 世纪 60 年代，欧洲展开了一场声势浩大的工业革命，直至 19 世纪初，当时动荡混乱的社会改变着德意志人民每天的生活。这样的环境让敢于革新的年轻人热血沸腾，汉斯格雅品牌便是 1901 年在德国希尔塔赫建立的。对未来充满期待和创想汉斯·格雅（Hans Grohe）是一名纺织工人，但他还是一位创想家。1899 年，他从柏林地区的鲁肯瓦尔德迁居到希尔塔赫。10 年后，他放弃了纺织工作，建立了金属压制品手工业场。水是他的创想基本元素，汉斯·格雅从 1901 年起开始全身心致力于当时还"年轻"的卫浴行业。年轻的汉斯·格雅认为，就像无论是哪里的农夫都需要一盏煤油灯一样，没有锅就不能煮饭；没有热水，热水袋就不会温暖；没有阻燃布，就容易有火灾……同样，人们也不能没有像样的卫浴产品。在 20 世纪中期以前，拥有自己的浴室对于很多人而言都还是非常奢侈的。与使用浴缸沐浴方式相比，用花洒沐浴对许多人而言是可以承受得起的备选方式。于是汉斯·格雅开始专门生产盘式花洒，这也为他日后的成功奠定了基石。

自 1928 年开始，汉斯格雅的手持式花洒成为当时人们首选的卫浴产品。汉斯·格雅先生也由此成为德国卫浴行业的先驱者，由他亲手设计的花洒产品几十年畅销不衰。在他 82 岁的时候，这位创想家还发明了可以自由调节手持花洒高度的花洒升降杆。如今，该产品在全球都已经成为浴室的常规标准产品——而在 1953 年时，这样的产品可是卫浴领域中当之无愧的奢侈品。

100 年来，汉斯格雅家族几代人凭借对水的深切热爱，将浴室转变为擅于感受生活的人们恣意享受的生活空间。从 1968 年开始到今天，汉斯·格雅的小儿子克劳斯·格雅一直在父亲的公司工作。作为"绿色畅想家"，克劳斯·格雅成为卫浴行业环保和可持续性发展方面的创想发明家。他竭力推动节水和节能产品，开创了一个崭新的时代。经过多年的发展，汉斯格雅品牌旗下逐渐形成三大著名品牌系列：雅生（Axor）、福络（Pharo）和汉斯格雅（Hansgrohe）。作为"水之乐趣"的倡导者与传播者，汉斯格雅以满腔的热情和敏锐的眼光不断探索创新，致力于给消费者带来全新的沐浴快感和享受。至今，汉斯格雅已开发了飞雨花洒、达丽丝（Talis）经典系列等原创的设计杰作，一次次重新演绎了沐浴乐趣。

100 多年间，汉斯格雅的"亲水之旅"走过世界各地，从瑞典的扭转大厦，到米兰的宝格丽酒店，再到纽约的 Yoo 公寓，在所有崇尚设计感和艺术品质的建筑中，人们都可以找到汉斯格雅的身影。

尊贵篇
ZUNGUI PIAN

美国建筑师沙里宁有一句名言，他说："城市是一本打开的书，从中可以看到它的抱负。让我看一看你们的城市，我就能说出这座城市里的居民都在追求些什么。"建筑师眼中的城市就是人们放大了的生活，哪怕方寸空间，只要拥有独具匠心的设计，就仿佛将生命的美好浓缩于一瞬间。这也是汉斯格雅最擅长的功课。革新、创意、高品质的材质与设计始终是汉斯格雅的传统，它不断将产品和行业标准提升到新的高度，如汉斯格雅 1953 年设计

◉ 汉斯格雅达丽丝经典系列产品

❀ 汉斯格雅飞雨花洒

生产的世界上第一根升降式淋浴杆 Unica，它于1968 年世界首创的可调式手持花洒 Selecta，是至今为止被模仿得最多的产品。而它在 1987 年首创的的具有专利技术的 Quiclean 花洒更是目前具有多种出水模式的清洁效果最好的花洒。2005 年"飞雨"空气注入式花洒等众多专项发明触发了国际卫浴行业的无限灵感，不断引领业内新潮流和发展方向。

早在 20 世纪 60 年代，德国著名的卫浴企业汉斯格雅就请来了当时已经闻名遐迩的设计师为他们设计产品。在享誉全球的工业设计论坛 iF 上，汉斯格雅更是以 520 点的高分被评定为全球最佳设计公司，在卫浴行业内以绝对优势排名第一。经过长期发展，汉斯格雅已经形成了鲜明的品牌特色。汉斯格雅注重具有艺术感的设计，突出产品的实用功能。雅生系列的设计具有丰富的表现力，风格多样，以满足私密性的不同要求；福络系列则突出自然、纯净的感觉。雅生系列诞生于 1993 年，旗下拥有数十系列产品，涵盖了从台盆、浴缸、淋浴产品到浴室配件等，其风格或简约，或经典，或传统，或前卫，抑或科技感十足，几乎囊括所有的风格，已成为使用者在卫浴空间内表达生活态度、彰显个人品位、映射自我个性的指向元素。

雅生系列从诞生之日起，就与世界顶级设计师结下不解之缘。菲利普·斯达克、安东尼奥·奇特里奥、让·玛丽·玛颂、帕奇希娅·奥奇拉这些在国际建筑设计及工业产品设计领域赫赫有名的杰出人物，都为其设计过产品。更为重要的是，雅生所拥有的远不止卓越设计这一个方面，它提出的方案，总能满足人们不断变化的卫浴需求，展示着卫浴发展的新方向。

汉斯格雅的福络系列始于一个独具创意的淋浴房理念，通过一个设计优雅、操作简单的预设系统，将各种各样的淋浴乐趣合而为一。优质的材料，精湛的设计，领先的技术，一直以来，福络扮演着欧洲卫浴市场潮流开创者的角色。福络系列主要致力于完备淋浴系统和水按摩系统，同时还包括蒸汽房的设置。除了家庭卫浴，福络系列也为五星级宾馆和豪华游艇锦上添花。无论是全世界最大的邮轮——玛丽皇后二号上的套房，还是英国航空的休息室，都可以见到福络的名字。

汉斯格雅凭借出色的设计赢得了众多高级酒店的青睐，如被称为"世界第一高楼"的迪拜哈利法塔，其内部选用的卫浴产品即是汉斯格雅旗下的雅

◎ 汉斯格雅雅生奥奇拉系列

这系列打破了区域的限制，睡眠区域不再与浴室泾渭分明地隔开——而是将二者和谐地融为一体，让安睡、身体呵护、放松与恢复活力的功能相辅相成，完美结合。以女性视角的设计散发出温馨与感性的光芒。立式屏风不但起到了室内保温的作用，而且将卧室与浴室的视觉空间分隔开来，同时让连接的空间保持开放性。

生斯达克（Axor Starck）奢侈系列产品。巴塞罗那的卡萨坎普酒店、瑞士楚根大酒店等的内部也采用汉斯格雅花洒和雅生斯达克系列产品。上海金茂君悦酒店采用的是雅生斯达克、福络沐浴柱等产品。此外，曼哈顿的 Yoo 公寓大厦、玛丽女王二号邮轮、德国汉莎航空头等舱和莫斯科的 Else 俱乐部等豪华场所，到处都能见到汉斯格雅的身影。

在氤氲的水雾之间寻找一份自我轻灵的自由心情，水的独特力量感，能让我们找回生命的原动力。"水·生·艺术"，这种哲学思想早已被汉斯格雅旗下的雅生奥奇拉系列充分演绎。正如《罗博报告》评审团专家评审所言："汉斯格雅的设计，尽显设计师对家的热爱和每一个细节的美好，让浴房成为充满个性化设计的避风港和安乐窝。沐浴不再

◉ 汉斯格雅旗下的雅生斯达克系列卫浴产品

是急于求成的'快餐'了。将两个浴缸相邻安放，使沐浴者可以互相交流，同时又能感到身处自己领域中的自在。这是集视觉、听觉和感觉享受于一体的盛宴。"

"万物源之于水"，汉斯格雅将人性化的创新灵活应用于日常生活，将实用的产品价值与人文艺术融合为一体，体现了杰出的卫浴文化。汉斯格雅告诉你，要尽情享受生活，享受与水的亲密接触。

"水和空气都不是我们发明的，但是把水和空气混合达到完美效果则是我们的专利。"这便是汉斯格雅一直所倡导和遵循的。汉斯格雅一直致力于将享受水的乐趣与合理利用这种珍贵的资源相结合，不仅在提高出水质量上精益求精，而且还积极开发汉斯格雅空气注入技术及节水技术等。独特的汉斯格雅空气注入技术运用智能的方法将水与空气混合在一起，空气通过花洒盘大量进入花洒，按照每三升空气加入一升水的比例进行混合，气流被撞成无数个气泡，从而使水滴变得更加丰盈充沛，轻缓柔和，让沐浴者享受更高效、舒适的沐浴体验。同时，空气注入技术最高可节水10%。如今汉斯格雅的众多卫浴产品已运用了该项技术，如普拉达（Pura Vida）、飞雨（Raindance），

❀ 汉斯格雅飞雨头顶花洒

汉斯格雅 **263**

飞雨幻雨魔法师（Raindance Rainmaker）等。

汉斯格雅节水技术主要通过独特的流量控制器和特殊的出水口喷嘴，根据水压的变化，做出灵活的感应，让人们在享受舒适沐浴的同时将耗水量降低 50%。其飞雨 Eco Smart 头顶花洒及手持花洒的流量仅为 9.5 升 / 分钟，而柯洛梅达（Crometta）85绿色环保头顶花洒与手持花洒的流量则仅为 6 升 / 分钟。

屡获大奖的设计工作室凤凰设计事务所联合管理者汤姆·斯克赫尔与安德雷斯·霍格解释说："越来越多的人都开始把浴室当成生活区域，而个性化的设计也将继续大行其道。"凤凰设计事务所与汉斯格雅有着 20 多年的成功合作经验，他们谈道：普拉达系列用更多元化的形式和更丰富的情感将舒适和宁静带进沐浴空间。其目的正是要设计能够为我们的感官体验和感知的产品，也就是包含感性与生活体验的诗意设计。汉斯格雅普拉达龙头与花洒系列将白漆色表面与光彩照人的镀铬表面合二为一，将令人耳目一新的双重表面理念引入浴室，用高雅与清新的气质，彰显出真正精益求精的奢华之感。汉斯格雅普拉达系列有多款龙头可供选择，既有明置式龙头，也有暗装式

龙头，方便你轻松打造从淋浴器到浴缸的和谐统一浴室：从 3 孔式恒温龙头到专为浴缸设计的独立式龙头，各种选择应有尽有。精心搭配的普拉达配件和包括手持花洒、头顶花洒、体位花洒及全新的纤细型手持花洒在内的全套花洒系列让汉斯格雅普拉达系列更加丰富而有层次感。普拉达花洒同样以动人而感性的轮廓造型、双重表面制作原理和一体化的设计理念为特色，其别出心裁的造型令它深受人们青睐。

⊕ 1997 年，汉斯格雅在希尔塔赫的"水－浴室－设计"博物馆建成并向参观者展示浴室文化的 700 年发展历史

汉斯格雅"水－浴室－设计"博物馆的历史之旅始于对中世纪浴室文化的介绍。卫浴生产车间中展示了自 1910 年以来使用的原始工具，使参观者对生产卫浴用品、天窗和容器的工艺和技术有所了解。博物馆中代表性的浴室包括 19 世纪的奢华浴室、东欧的预制式浴室以及多彩的 20 世纪 70 年代的装饰艳俗的浴室，充分体现了在水处理上的变化以及卫浴贸易的发展趋势。

　　用"奢侈品"一词已经不足以形容祖伯全景式壁纸的珍贵程度。久负盛名的祖伯公司是当今世界上硕果仅存的几家手工壁纸制造商之一。200多年来，祖伯的壁纸制作工匠们传承百年的纯熟工艺，用手中的笔一勾一画，为世界缔造了一道永远不可复制的风景。

祖伯

不可复制的风景

让·祖伯这位精明的商人通过与顶级艺术家和能工巧匠的合作,将壁纸制作升华为一种艺术,通过令人愉快惬意的效果营造术,让欣赏者忽略了墙壁的存在,仿佛真实地置身于库克船长的船上,或是那不勒斯,甚至是印加古国……祖伯壁纸使用了两个世纪的工具和技巧至今仍在焕发着魔力,向人们讲述着祖伯两个世纪的传奇故事。

被人称为"万能蜘蛛"的法王路易十一,素以诡诈、机智、老练,并具有惊人的活动能力闻名。这位完成法兰西统一大业的国王一直都认为,财富

是权力的象征。为了确保自己奢华的生活，路易十一想尽一切办法来装点他的城堡。1481年，他命令著名画家让·布尔迪琼为其绘制了大批巨幅画作，其数量多达50卷。令所有人都没想到的是，路易十一竟然将这些画作全贴在城堡的墙壁之上。路易十一的举动立即引起欧洲贵族们的效仿，他们纷纷委托画家为自己家的墙壁绘制壁纸。虽然当时这种手绘壁纸并不是真正意义上的墙纸，但却促成了世界上最昂贵复杂的手工壁纸——祖伯壁纸的诞生。

今天，祖伯壁纸被誉为法国文化遗产之一，其壁纸由全手工制作，通常要历时一年才能完成。高昂的价格绝非普通人家所能享用，到目前为止，人们只能在法国布卢瓦城堡中的王后卧室、美国白宫、欧洲散落各处的城堡，以及中东某幢奢侈别墅

◎ 纽约格雷西大厦的餐厅壁纸

这是由著名的祖伯公司绘制的《法国花园》壁纸。

中才能见到祖伯公司的全景壁纸。在苏富比和德鲁奥拍卖行金碧辉煌的拍卖大厅里，祖伯全景壁纸的古董画幅屡屡卖出令人惊讶的高价。而每个星期都会有一组新品被运往北美某座豪华的顶层公寓或是中东富豪的豪宅中。

祖伯壁纸公司成立于 1790 年，最初只是一座纸张印刷工坊，老板叫让·雅各·杜尔福斯。1797 年，当时只有 17 岁的让·祖伯正式成为该工厂的工作人员。5 年后，他凭借出色的工作业绩成为该公司的老板，从那时起，"祖伯"这个名字变成了精美优雅壁纸的代名词。值得一提的是，祖伯壁纸公司所出产的壁纸都是"全景式"的，如今它也是世界上最后一家能够生产全景壁纸的厂家。这种壁纸极为华丽，复杂精美，画面细致入微，描绘了一幅幅充满异国情调的风景，为无数豪宅装饰过房间墙面。

精明的让·祖伯与许多顶级艺术家和能工巧匠签订了合同，让这些艺术天才在画纸上尽情描绘他们心目中的理想世界。第一幅全景壁纸《瑞士风光》于 1804 年在画师蒙仁设计下绘制完成。20 位技艺精湛的匠师花了整整一年的时间，在 3 层梨木印版上精心雕刻，印制出了一幅幅规模宏大的瑞士风景图。这些印版至今仍在使用，整幅壁纸的制作工艺极为复杂烦琐，制作者先在印版上涂绘好颜料，然后按压在纸张上进行印刷。借助一套由数字序号、尖齿和凿孔组成的复杂套版系统，每一种颜色、每一片光影、每一个细部都被一一叠加到壁纸的画面上，展现出令人惊叹的艺术效果。

从第一组设计问世时起，远离尘器、充满异国情调的乐土就成为祖伯壁纸的精选主题。在当代文学作品的启发之下，从未亲身去过画中之地的艺术家将心中的世外桃源描绘得淋漓尽致。随后设计出来的祖伯全景壁纸进一步表现出了独特的风格，将最大限度的细节描摹集中在最小限度的画面空间中。它们变成了错视立体艺术的杰作，通过令人愉快惬意的效果营造术让欣赏者忽略了墙壁的存在，而且将壁纸升华为一种重现了历史的艺术作品。

祖伯全景壁纸所表现的主题多种多样，包括"库克船长海上探险"、"那不勒斯风光"和"印加古国"，设计风格也变得越来越复杂精致。壁纸作品《德拉马克风景》通过富于想象力的笔触展现出古希腊的神奇景象。在印制这幅作品的过程中，匠师们使用了 2008 块木制印版和数百种颜色。

令人遗憾的是，因为某些印版遭到了损坏，整个作品的印版只能废弃，该作品也无法再生产。

今天，祖伯壁纸公司中某些价值极高的印版都已经无法修复，因为全法国最后一位全景壁纸雕版师已在 20 世纪 70 年代离世，现存的印版被法国文化部列为法国文化遗产。根据规定，这些印版永远不允许离开法国。

祖伯公司出产的全景壁纸完全由手工制作，通常要历时一年才能够完成，绝不同于当今那些花哨俏丽的饰品。尽管祖伯全景壁纸的价格非普通人所能承受，但这些描绘理想化世界的装饰画作仍供不应求。

祖伯全景式壁纸之所以珍贵，就在于其 200 多年来精湛的手工技艺。在祖伯壁纸公司有数间凉爽幽暗的储藏室，里面堆满了数千块木质印版。每一块印版都与众不同，而且只能接触一种颜料，版面中浸润着的颜色却可以变幻出多种色调。今天的祖伯工匠们仍像前几代工匠一样，全部采用天然的染料，比如由白垩、马铃薯淀粉、黏胶和色素构成的水基混合物，它们从工作室中一间被人们称作"厨房"的单间里连续不断地生产出来，每种颜料的使用期都不超过 3 个星期。在上色过程中，制作者一丝不苟地执行着一套中度色、深色和浅色依次涂绘的严格程序。这些颜料的卓越质量简直令人惊奇，即便历经多年，它们也不会碎裂或是褪色。

为印版上色是一件极为复杂的工作，工匠们首先将印版浸入颜料，然后通过由凿孔和标记构成的

● 祖伯墙纸的主题常常充满了浓重的叙事风格

套版装置，把它精确地对准待印的壁纸。接着，他们再将压印滚子顶在印版上，开始借助手腕的力量施展出熟练的按压技巧，让印版彻底压在纸张上面。成品能否被成功地制作出来，就取决于这个动作。如果他们在按压时出现一点点误差，便会让颜料的附着度变得过大或是过小，从而整套半成品都只能被丢弃。在仔细检查过自己的作品之后，工匠们还会使用祖伯公司定制的专用猪鬃刷，对稍显不太完美的细部进行修补。总之，要制作一套成品，至少需要上千块印版，历时一年之久才能出厂。

在祖伯全景式壁纸系列中，《美洲风光》至今仍是最受青睐的款式之一。该款壁纸设计于 1834 年 ~1836 年。在总共 25 款的全景壁纸中，祖伯公司目前仍在生产其中的 15 款，而在这 15 款中《美洲风光》是细部最复杂精微的一款。这幅 13 米长的作品被印制在 24 卷手工制成的壁纸上，需要点染 223 种颜色，其印版总数高达 1690 块。画面中对人物和自然环境的描摹鲜明悦目而又充满了活力，再现了殖民时代的美洲风情，该款壁纸曾让美国的前第一夫人杰奎琳·肯尼迪大为心动，为白宫买下了这款《美洲风光》。后来，美国前总统乔治·布什的夫人芭芭拉·布什入住白宫替换掉了原先的全景壁纸，但她保留了《黄金国》——杰奎琳·肯尼迪买下的另一幅祖伯杰作——该作品至今仍在白宫的外交接待厅中展现着无尽的魅力。

法蓝瓷精雕细琢且富有意境，跃然瓷上的奇花珍鸟，引领观者进入心灵桃花源，驰骋于芳草鲜美、落英缤纷的艺术想象空间中。法蓝瓷以复兴中国瓷艺为目标，以对美学的深刻体验为信仰，为人们呈现了世间真正的完美之物。

法蓝瓷

奢华瓷艺的完美典范

谁能想象，一个曾经普普通通的代工工厂，会奋而崛起营造名满天下的奢侈品牌？曾经的台湾代工"埔里王"，如今法蓝瓷品牌的创始人陈立恒低调地表示，他做的不是奢侈品，而是一种可以被复制营销的艺术品。从某种意义上讲，他期望做的并不是稀少而昂贵的产品，他看到的是一波中国艺术精品在全球兴起的大潮。

西方人对中国瓷器的向往和迷恋历经了几个世纪，他们对中国瓷器的尊崇和膜拜，是国人无法想象和理解的。尤其是在16~19世纪期间，整个欧洲社会疯狂迷恋中国艺术品，把中国瓷器、漆器、家具、丝绸等称为奢侈品。当时欧洲的宫廷贵族，都以来中国定购瓷器、收藏和摆设中国瓷器为荣，它们甚至可以作为货币来流通，拥有一件中国瓷器，

◉ 摇马与红花

　　此款作品的设计灵感源自西班牙画家米罗 1920 年的画作《马、烟斗与红花》。《马、烟斗与红花》是米罗艺术生涯的转折点，油画上的"小丑与公鸡"插画本上的图案为毕加索所画，米罗想告诉世人，他自己也是国际前卫艺术家中的一员。法蓝瓷设计师深受此画丰富的想象力的启发，开发出"摇马与红花"瓷品，以亮眼的红色为瓶身色，插画本仿佛置放在瓷瓶之上，而充满童趣与想象力的摇马十分立体，使得瓷瓶洋溢出热闹与欢愉的气氛。

❀ 法蓝瓷鎏金座钟

如果说过去人们的陶瓷消费以实用为主，如今富裕起来的消费者购买瓷器则不再满足于基本款，而是更加看重外形的美观。即使是传统的贴花工艺瓷器餐具，花色也推陈出新，或田园自然，或鎏金奢华。而法蓝瓷和鎏金的结合，更能体现出器物的华美与精致。

那是比今天拥有爱马仕或卡地亚更能说明身份的事。

瑞典斯德哥尔摩近郊爵庭夏宫、葡萄牙贝纳王宫，都以中国瓷器装饰其中。奥地利女王玛丽娅·特蕾莎更是不惜重金，购买了大量中国瓷器，并聘请法国艺术家让·皮埃尔来设计自己的王宫，其场景之辉煌，规模之巨大，均达到无法形容的程度，令人震撼。可见，中国瓷器早已融入欧洲王室的日常生活之中。

中国瓷器在欧洲的盛行离不开法王路易十四的倡导，他是最先在自己的宫廷里建造中国瓷宫的君主，300多年前，"太阳王"路易十四不满足于仅仅收藏中国艺术品，他还把中国艺术元素融入日常生活中。他在凡尔赛宫里为情妇蒙特斯潘修建了特里亚农瓷宫，主要以青花瓷装饰其中。在欧洲，奥古斯都的宫廷令人炫目的程度仅次于路易十四的宫廷。在当时，德国和奥地利的王宫一个比一个奢华，几乎每一个重要的王宫里都至少有一屋子瓷器，但谁也比不过奥古斯都二世。这位国王被称为东方瓷器最优秀的收藏家之一，他一生中只有两大开支，一个是购买东方瓷器，另一个则是发动战争。1717 年，为了得到普鲁士帝国腓特烈·威廉一世的 127 件中国瓷器，他竟然以 600 名全副武装的萨克森近卫骑兵去交换，那些瓷器的价值相当于 27000 塔里尔（德国旧银币），这在当时是一个天文数字。这些身价百倍的瓷器因此被称作"近卫花

⊛ 精美的法蓝瓷花瓶

瓶"，至今仍陈列在德国德累斯顿茨温格尔宫博物馆内。这些中国瓷器器型硕大，布满青花纹饰，极具王室气派，当然也符合奥古斯都二世"强壮者"的称谓。

300多年后的今天，现代欧洲人对中国瓷器的热情与痴迷不亚于300年前的欧洲王室贵族，收藏中国瓷器、用中国瓷器装饰房间已经成为欧洲人的一种风潮。在他们看来，中国瓷器不再是呆板单调的瓶瓶罐罐，也不再是博物馆里阳春白雪的古玩，而是生活中的一个精致的摆件或一套华丽的餐具，是为生活增添无限情趣的时尚艺术品。作为引领中国新瓷器时代的佼佼者，法蓝瓷赢得了许多欧洲精英人士的赞誉，亦成为时尚人士的品质生活之表征，及瓷艺爱好者的珍藏首选。

但在2001年时，景德镇乃至全球瓷器业还不知法蓝瓷为何物。当时享誉世界的瓷器品牌只有英国韦奇伍德、日本则武和丹麦皇家哥本哈根等百年老店，中国瓷器却没有自己的代表品牌。幸运的是，陈立恒先生在此时做出一生最重要的决定——在没有跨国品牌背景和国际营销人才的情形下，以自己的德文名"Franz"作为精品瓷器品牌进军全球市场。

早年的陈立恒接掌家族在台湾南投乡下的工厂，生产圣诞树上不起眼的小饰品。多年后，乡下工厂变成海畅集团，代工生产泰迪熊玩偶和哈利·

◉ 法蓝瓷缤纷派对系列

　　这一系列产品获得了联合国教科文组织世界杰出手工艺品徽章，缤纷派对热带雨林系列是很具代表性的设计，它以热带雨林为背景，歌颂生命的奥秘，来赞叹原始森林的神秘与光彩；箭蛙一声鸣叫，开启派对序曲；蝶儿指挥，奏一首轻快的交响乐；蜥蜴姿态曼妙地点水轻舞，彼此相互争鸣，同时和谐共荣地齐声歌颂生之欢愉。

波特公仔等高级产品。然而，陈立恒并不甘心，用他自己的话说："代工，就像是个流浪汉。"他要像乔治·阿玛尼和路易·威登一样以自己的名字来做品牌，于是法蓝瓷由此诞生。2002 年，法蓝瓷的蝶舞系列便赢得纽约国际礼品展最佳礼品收藏奖。

今天，得奖无数的法蓝瓷已经成为现代中国第一个被国际社会认可的瓷器品牌。陈立恒期许法蓝瓷成为大自然魅力的传达者及东方哲学思想的传承者，更希望人们能够通过中国瓷器这一东方最具代表性的文化发明，一起品味"齐物天地美，逍遥仁者心"的东方哲学精华。正因为如此，法蓝瓷成为中国领导人接见外宾和出访友邦时馈赠的"国礼"，而这也是陈立恒那句名言"瓷器就是中国"的最好见证。

◉ 以凡·高画作《向日葵》为灵感的瓷器

　　在纪念凡·高逝世 120 周年之际，法蓝瓷获得荷兰阿姆斯特丹凡·高博物馆授权，将瓶身化作画布，揣摩凡·高画作《向日葵》中浓烈热情的意境。法蓝瓷彩绘师使用各种渐层色为基底，以叠色的方式展现油画的笔触，并使用手工彩绘方式绘出花叶部分，展现多变化的色彩感。

今天，法蓝瓷已经成为奢侈品殿堂中最灿烂的一个品牌，法蓝瓷的每一件作品都受到了人们的追捧。每一件法蓝瓷作品的底部，不仅会有设计师的名字，也会有雕模师的名字，因为如果没有雕模师将 2D 的设计图雕成 3D 的立体器皿，也不会有如此华丽的瓷器。

自品牌创立以来，法蓝瓷连年获得各大奖项的肯定，同时也吸引了无数政商名流与品位人士的青睐。巨星艾尔顿·约翰就购买了整套法蓝瓷蝶舞系列瓷器；美国前总统克林顿更是收藏了千禧天使作品；影星芭芭拉·史翠珊布置新居时，也是选用法蓝瓷为家居添彩；尼泊尔国王在参访英国伦敦哈罗德百货公司时，也是不惜重金购买了整套蝶舞系列珍藏；2006 年时任法国总统的希拉克访问中国时，对法蓝瓷福海腾达系列作品也是赞誉有加。

在欧洲，法蓝瓷拥有极高的声誉，而且逐渐成为时尚圈中一道亮丽的风景。近年来，法蓝瓷与浪凡打造的多款美女瓷偶，在巴黎时装周造成大轰动。浪凡美女瓷偶一共 6 只，单只售价 2300 元人民币，刚一推出便销售一空。这种跨界合作也让许多新鲜设计元素得以融入法蓝瓷，其与北京故宫的合作，打造出法蓝瓷有史以来最昂贵的餐具——福海腾达系列，总计 206 件作品，整套餐具售价高达 40 万元人民币。

这套福海腾达由北京故宫授权监制、法蓝瓷设计完成，由法国三大顶级精品品牌"代工"制造。其中柏图负责白玉瓷器、昆庭负责银器刀叉、巴卡拉则负责完成水晶杯。福海腾达的设计构想来自于

◎ 法蓝瓷龙瓶

◉ 旺富木槿

　　朱红充满喜气的木槿系列由法蓝瓷设计师蔡智琨先生所设计，在强烈的艳红底色上缀以一朵朵柔弱娇美的木槿花，采用大胆的红绿对比配色，典雅而不落俗气。以卷曲的叶梗作为茶壶及杯盘把手，加上刻意拉长的细长壶嘴，整体造型新颖别致且趣味盎然。在花瓶与大盘的表面，更特

皇帝龙袍上的图腾，其中蝙蝠代表福气、海水江崖则代表山河版图，把帝王贵气在瓷器上展露无遗。法国前总统希拉克曾在故宫见到这套瓷器，立即当面赞扬陈立恒说："你真正拥有中西兼收并蓄的精神。"这一系列将郎世宁的工笔画和康熙皇帝的龙袍具有的气韵在日常生活中的瓷器上复活，这种"古旧时尚"成为法蓝瓷的新创意源头。因此，陈立恒说得很直接："就是要在故宫资产里挖宝。"他认为，法蓝瓷要在全世界走红，就必须深刻理解和借助中国的文化资产。

人们常说，世间没有完美的事物。但这句话显然不适合法蓝瓷，陈立恒对法蓝瓷产品质量的监管极为苛刻，任何一件法蓝瓷产品只要有一点点瑕疵，就会被当场打碎。也正因为如此，成品法蓝瓷温润通透，色泽晶莹典雅，成为永远不可复制的完美之物。

在产品制作上，陈立恒坚守二八法则。每一件法蓝瓷成品，都要经过多番精心设计，选用高品质细致瓷土，以独家配比，运用釉下彩技术，在1200摄氏度~1350摄氏度高温下煅烧，运用独家专利的"倒角脱模工法"刻画立体造型，并历经雕模、注浆、成型、素烧、手工绘彩、上釉、釉烧等上百道工序，才得以最终呈现在人们面前。烧制一件完美的法蓝瓷通常需要数十天的时间，在整个制作过程中只要有一个环节出现差错，整件作品便前功尽弃。一般来讲，一窑会烧制上百件瓷器，但能成为上等精品的仅占 4%。也就是说，烧 100 件瓷器，只有 4 件才达到标准被允许出厂销售。

作为奢侈品品牌的新贵，法蓝瓷在设计过程中，渗入了对西方文化的理解，迎合了西方高端消费者的审美趣味。2002 年推出的蝶舞系列就荣获纽约国际礼品展最佳礼品收藏奖。在东方，蝴蝶自古以来即有自由自在、灵动绝美的意象。设计师以柔美的色彩与线条，勾勒出蝴蝶的生动姿态，看似静止却又充满张力，看似飞舞却又静谧优雅。在西方新艺术的自然线条中，蝶舞系列充分传达了深刻的东方哲学意象。此外，在西方文化里，瓢虫是幸运的象征。陈立恒借此设计制作了一套名为飘然忘忧的产品，全套产品由瓷瓶、茶壶、椒盐罐、烛台等构成，娇俏可爱的小瓢虫与雏菊相配，淡雅而有情趣，推向市场后受到西方新贵们的欢迎。

在陈立恒看来，瓷器并不是只放在橱窗里供收藏的观赏品，也可以用于日常生活之中。为此，他还设计制作了陶瓷椅背、陶瓷吧台、陶瓷壁炉墙壁，甚至是陶瓷手机。他把瓷器看成是生活的一部分，在陈立恒眼里，"瓷器就像爱情，美好但是易碎，要保护好它们"。

◉ 2002 年法蓝瓷推出的蝶舞系列瓷器

⊛ 喜中雀屏

　　喜中雀屏设计师为法蓝瓷的台柱何振武，何振武曾设计多款法蓝瓷著名系列作品，例如获得纽约国际礼品展最佳礼品收藏奖的蝶舞系列等。此次与全球知名设计公司 Kathy Ireland Home" 合作，何振武特别选择以孔雀为主题，创造优雅梦幻的居家氛围，让人在梦幻的气氛下，随着无尽的想象力自由翱翔。在设计方面，他重点表现孔雀美丽而灵动的羽毛，用斑斓色彩与柔美线条带出梦幻的意象，高难度的丰富色彩与纤长描金线条，展现了法蓝瓷纯手工彩绘的极致工艺。另外，茶壶的把手突破了陶瓷烧制技术的限制，设计在茶壶的上方，杯盘组则是法蓝瓷的著名作品，不但在盘面绘有美丽的孔雀，而且与杯子组合起来后，更可从侧面欣赏栩栩如生的立体造型。

　　勒奈·莱俪超乎常人的艺术禀赋从一开始便清楚指明了他的人生方向。对大自然的迷恋加上细致入微的洞察力，注定他能得偿所愿。由他一手创立的莱俪，充满传奇与生命力。百年来莱俪的历件作品，代表着顶级的艺术结晶，一直是艺术收藏者的最爱。它的水晶制品传达给我们的不仅仅是流行的艺术，更是一种优雅的生活态度。

LALIQUE

莱俪

艺术之家的水晶魔幻

勒奈·莱俪不愧是一位神奇的魔术师，他捕捉自然界中每一个精致微妙的细节用以点缀自己设计的珠宝，探寻着如何将平凡的材质塑造成灵性四溢的杰作。他将琉璃与黄金、宝石相结合，创作出美丽非凡的作品。变革性的思维、独特的艺术感，以及生动的造型运用，这一切使勒奈·莱俪一举成为新艺术风格珠宝设计的领军人物。

1945 年注定是人类历史上最不平静的一年。这一年 2 月，文学巨擘阿·托尔斯泰病逝；两个月后，美国历史上最杰出的领导人，连任四届总统的富兰克林·罗斯福在他的别墅里度过了人生的最后一刻，享年 63 岁；仅一个月后，艺术巨匠勒奈·莱俪在法国巴黎与世长辞。这三位曾在文学、政治与艺术领域做出巨大贡献的伟人的相继离世，令整个世界暗淡无光。

著名收藏家卡洛斯提·古尔班基安在得知勒奈·莱俪逝世的消息后，悲痛地说道："我痛失一位挚友，世界亦损失一位伟大的艺术家。他天赋禀赋，才华横溢，自成一派的风格在艺术史上占据超然地位。"勒奈·莱俪被人们称为新艺术时期最伟大的珠宝设计大师、琉璃巨匠，这位天才艺术家凭其独特的设计及制造方法不仅复兴了法国的整个珠宝业，还开辟了一个伟大的新装饰艺术时代。可以说，他在艺术界所取得的成就绝不亚于托尔斯泰在文学界以及罗斯福在政治界所获得的成就。

今天为人所熟知的著名奢侈品品牌莱俪，便是由这位伟大的艺术天才创立的。最初，勒奈·莱俪只是一个在"王宫"供职的珠宝工匠和设计员，但他很快就以出众的才华脱颖而出，于1887年开始与亨利·维维尔和弗雷德里克·宝诗龙这两位著名的巴黎珠宝商合作。在1889年的世界博览会中，勒奈·莱俪的作品——飞燕钻石饰品第一次被展出。4年后，勒奈·莱俪的名字开始被人知晓，1893年他参加了由装饰艺术中心组织的金艺比赛，勒奈·莱俪以一款名为"蓟"的酒杯获得了第二名。法国新艺术运动时期流行将宝石镶嵌在普通基座上，而莱俪一直致力于自己设计基座，并寻求简约朴实的珠宝材质。在这个时期，他制作的象牙与牛角梳子更是被巴黎博物馆收藏。从那时起，勒奈·莱俪的作品频繁出现在法国各种艺术展览中，并且获得了极高的声誉；1900年巴黎万国博览会更是赞誉勒奈·莱俪"在不同的艺术领域内均取得了成功，引发观赏与讨论的热潮"。当时的勒奈·莱俪正处于创作的巅峰，这一期间他创作了无数经典珠宝作品，这些作品多次被效仿，甚至被抄袭。

1912年，勒奈·莱俪在他的珠宝店中举行了最后一次个人珠宝展，设计珠宝对他来说再也没有意义，他要探索更陌生的领域。从那一年开始，勒奈·莱俪将所有的创作热情转向了晶莹剔透的水晶琉璃创作。作为装饰派艺术运动的一代宗师，勒奈·莱俪摸索出一整套用来创作华贵典雅的装饰用琉璃制品的工艺方法：他发明了复杂的琉璃上色、切割和雕刻的技术，同时在手艺高超的琉璃工匠的支持下，莱俪开始了香水瓶、花瓶等高级琉璃装饰品的设计。从门窗到枝形吊灯，从极富艺术感的水晶摆件到水晶餐具……勒奈·莱俪几乎无所不能，琉璃在这位艺术大师手上以不同的姿态不停地变幻着。1935年9月，崭新的莱俪专卖店在皇家路11号成立。时至今日，它仍是莱俪的旗舰店。

1945年5月，这位85岁高龄的艺术大师在巴黎的家中去世。之后，他的儿子马克·莱俪继承了父亲的事业。作为莱俪品牌第二代掌舵人，马克独爱水晶的简洁清雅，他继承了家族的传统，主要生产以水晶为主的家居装饰用品。今天，在莱俪巴黎的精品店里，人们能同时感受到传统文化与现代时尚的冲击。莱俪家族也通过三代人的努力，成为世界上最古老、最著名的奢侈品品牌之一。

◎ 莱俪水中明珠茶几

　　这款茶几由勒奈·莱俪的孙女迈瑞·克劳德·莱俪设计，继马克·莱俪设计了仙人掌餐桌后，迈瑞·克劳德·莱俪也设计了同样出色的水中明珠茶几——由三瓣晶莹剔透的水晶片接合起来的杰作。

◉ 莱俪 2009 年年度珍藏版花瓶以天龙为主题

　　此款花瓶颂扬龙这个象征力量、财富和生命的传奇动物。琥珀色天龙花瓶全球限量发行 88 件，取其在中国传统文化中象征的"财富"寓意，希望能给人们带来幸运。整个花瓶由两部分组成：花瓶瓶身由人工吹塑而成，被两条天龙承托着。两侧的天龙以莱俪独创的双重注入法技术，牢牢紧扣一起。这也是莱俪首次以整条龙的造型作为水晶的主体，龙身上的一片片鳞片，被多位冷工房工匠以手工雕琢得栩栩如生，生动地刻画出天龙慑人的神韵。

　　每当勒奈·莱俪的作品出现在各大展览上或拍卖会上时，全世界的珠宝爱好者、收藏家都会蜂拥而至，一睹这位艺术大师作品的风采。当然，实际上这样的机会少之又少，因为勒奈·莱俪早年的珠宝作品几乎全部被众多王室贵族、私人收藏家以及博物馆所珍藏，因此今天的人们大多只能在书本上才能欣赏得到这些巧夺天工之作。

　　天才的艺术家勒奈·莱俪创造了许多鲜为人知的经典之作，同时也赢得了世界各地的贵族、商界领袖、政界要员以及影视界与艺术界名人的喜爱。

1900 年勒奈·莱俪创造了一生中最辉煌的成就，那一年他荣获法国荣誉军团勋章，其珠宝作品也得到了众多名流的追捧，从伦敦到圣彼得堡，欧洲所有的宫廷与著名博物馆纷纷向他索求作品，在短短几个月里，拥有一件莱俪作品成为每个人的梦想，在法国乃至全世界，成百上千的艺术家纷纷开始仿制他的作品。当时著名的美国商人、珠宝收藏家卡洛斯提·古尔班基安，对莱俪的作品同样情有独钟。当年他从勒奈·莱俪手中购买了大量作品，如今这些奇珍异宝都保存在葡萄牙里斯本的卡洛斯提·古尔班基安博物馆中。

作为琉璃艺术的先驱，勒奈·莱俪也创作了许多极为精美的琉璃水晶作品，著名影星雪莉·琼斯就极爱收藏莱俪的水晶制品，她说："我住进第一座属于自己的公寓时，环境不允许我有任何挑剔，但我坚持要拥有最漂亮的杯子，哪怕只是用来喝牛奶。大概 15 年后，有人送给我一件莱俪水晶的天

⊛ 莱俪黑色限量版铂金珐琅花瓶

◎ 蜻蜓艺术挂件

　　勒奈·莱俪的新艺术风格作品，用黄金、钻石和珐琅组合而成，描绘了四只蜻蜓的仪态。它完全颠覆了法国珠宝设计和制造的习惯，极具创新精神。

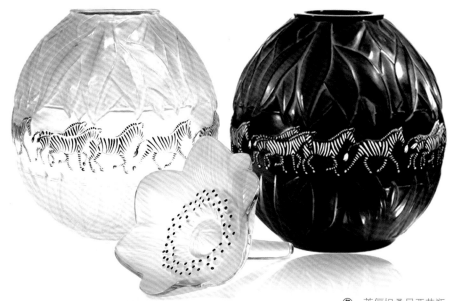

使雕塑，我瞬间就爱上了它。现在，我已经收藏了75件莱俪水晶，但我从未估算过它们的价值。事实上，这些宝贝都不是我亲自去买的，而是我的丈夫、儿子和朋友们送给我的礼物。"这位好莱坞影星将这些水晶作品都保存在一个精致的古董软橡木橱柜里。此外，勒奈·莱俪为豪华列车东方快车、著名远洋邮轮诺曼底号等的餐厅都设计过水晶饰品，由他制作的车头幸运女神装饰更堪称不可复制的经典。

今天的莱俪已传承三代，其产品领域延伸至日常生活的各个细枝末节，深深吸引着人们的目光。欧美许多国家的人们至今仍认为，拥有一件莱俪水晶制品是很有格调的事情，特别是莱俪的限量版水晶制品，经常是还在制作期间就已被抢购一空。

如今莱俪的大多数作品依然延续勒奈·莱俪向往大自然的个性。在歌颂自然神力方面迈瑞·克劳德·莱俪在1991创作的坦桑尼亚花瓶，是过去50年来，首次将两种传承自1920年的传统水晶技术吹塑玻璃和手绘珐琅技术结合起来，打造成的独特秀丽的水晶花瓶。迈瑞·克劳德·莱俪的设计风格一直深受非洲艺术的影响。热爱旅游的她，尤其钟情非洲这片大陆，她在旅程中捕捉了大自然的灵感。此花瓶以当地的森林景致和斑马奔驰的风姿

🏵 莱俪仲夏夜之梦金色
珐琅水晶盘

为创作主题。细致的磨砂水晶簇叶，由清水晶花瓶的顶部一直蔓延至中央；一群灵巧的水晶斑马在中央奔驰，而每只斑马的条纹，均采用手绘黑色珐琅工艺，仿如将你带到一望无际的非洲大草原，与大自然融合一起。

多少年来，莱俪的每一件作品都散发着大自然的奇幻魅力。其中最著名的"仲夏夜之梦"就是展现传说中大自然精灵们聚会的情景。传说每年夏天，精灵们都会在一个庆祝节庆的盛大聚会上碰面，享用以鲜美水果及香气十足的花朵组成的美味大餐，他们在此可以充分解渴及满足食欲。莱俪以高脚柄上果子的手绘金色珐琅与叶子形成对比，一朵绽放于水晶盘中央以钻石切割法精心凿刻的花，传达出具有深度的光华，金色珐琅水晶盘子成为庆祝这盛大聚会的点睛之物，点缀出奢华动人的梦境。这款仲夏夜之梦金色珐琅水晶盘全球限量发行99件，每件均铸有独立编号及证书。

在莱俪的水晶世界中，没有自动化，也没有任何东西可以替代工艺师的手工技艺，每件产品均由工艺师亲自设计并由手工逐步完成。从原料调配到每个生产程序，水晶工艺师均要与时间和温度竞赛，把水溶液制成完美无瑕的艺术品。

莱俪在文根河畔莫德的水晶工厂，至今已有70多年的悠久历史，窑内的温度终年保持在1400摄氏度，每一个步骤均由技术高度纯熟的水晶制造师按部就班地完成，无法以机器取代。为了保持莱俪完美不朽的品牌形象与地位，每件产品必须来回检

查 10 次才可以加上代表真正和完美的 "Lalique France" 印记，即使作品上有肉眼看不清楚的小瑕疵，也会被立即销毁。所以莱俪每生产一批货品后，通常只有 20%能够正式出厂销售。正因如此，莱俪的每一件作品都是独一无二的艺术珍品。

水晶予人明亮光鲜之感，将水晶配件置于家中，更增加高雅不凡之效。百年水晶品牌莱俪以高质水晶产品被世界各地顾客推崇备至。今天的莱俪水晶产品几乎囊括了所有的家饰用品，包括水晶灯、酒具、餐具、水晶摆件、水晶花瓶等，有些产品设计于 20 世纪三四十年代，却至今仍深受人们的喜欢。如马克·莱俪于 1947 年设计的塞维利亚系列水晶吊灯、壁灯作品后被复制，只不过莱俪以黑色水晶重新打造了该灯饰系列。配合螺旋形的磨砂水晶设计营造出迷人的光影效果，清水晶与黑色水晶的强烈对比更显出产品的瑰丽之处，展现了超卓

工艺及创意，堪称灯饰雕塑中的杰作。

◎ 莱俪为麦卡伦制造的水晶酒瓶

由勒奈·莱俪本人亲自设计的香榭丽舍水晶吊灯及壁灯系列，在今天仍在销售。1926 年，钟情于家居摆设设计的勒奈·莱俪设计了以白色玻璃爵床叶为主题的吊灯，为日后的香榭丽舍系列开启了成功之门。1957 年，莱俪承袭传统设计出一系列灯饰，透明缎面水晶叶片上是精巧细致的叶脉纹理。香榭丽舍系列包括各类灯饰，从简单的壁灯到大型吊灯，种类十分齐全，不禁令人联想起"世界上最美丽的街道"——香榭丽舍大道上的各式树木。

除了灯饰之外，莱俪的水晶家具最为人津津乐道，也是最受瞩目的。莱俪的水晶餐桌与茶几，美得简直令人窒息。如仙人掌水晶餐桌是由马克·莱俪在 1951 年设计并以透明水晶制成，与当时室内设计的潮流配合得天衣无缝，拥有无比高贵的雍容气派。独立的水晶叶片跟随光影变奏，捕捉着人们的视线。桌子底部的黑色叶型水晶，与清水晶部分形成了强烈的对比，凸显出水晶晶莹剔透的光泽。这件瑰丽的餐桌展现了工匠们创作的天分和超卓的工艺，是莱俪品质及尊贵的体现，亦是世界各地收藏家争相购买的产品之一。该水晶餐桌全球至今数量不超过 5 张，零售价为 123.5 万元人民币。

而鲤跃水晶茶几更展现了勒奈·莱俪的无穷创意。该水晶茶几的灵感来自勒奈·莱俪在 1937 年为国际建筑艺术技术博览会的陶瓷及玻璃器皿展馆入口设计的一座鲤跃喷泉。今天，为延续其天赋的无穷创意，当年"鱼从珍珠池跃起"的形态，化身为鲤跃水晶茶几上的图案。光影变幻突出鲤跃形态的起伏与无瑕的水珠互相辉映。在海神的祝福下，鲤跃水晶茶几活泼地把海洋奥秘与当代室内设计连成一起。

2010 年，为庆祝勒奈·莱俪诞辰 150 周年，莱

◉ 莱俪致敬系列花瓶

俪特别推出致敬（Homage）系列，以水晶重新演绎了经典之作。其中 Mossi 特大号水晶花瓶糅合万花筒般的千变万化效果、天赋般的创意及高超的工艺造诣，是一个理想而完美的现代艺术综合结晶。Mossi 花瓶由勒奈·莱俪于 1933 年创制。80 年后的今天，莱俪公司重新复制了这款永恒的设计，Mossi 特大号水晶花瓶巧妙地以磨砂水晶衬托剔透的凸圆形雕刻，在舞动的眩光下熠熠生辉，极富现代艺术美感。最可贵的是，Mossi 特大号花瓶亦可作香槟桶使用。此外，莱俪还量身创作一系列极具艺术价值的独一无二的水晶酒瓶，这些酒瓶装入麦卡伦有史以来装瓶年份最长的 64 年年份酒，更突显其产品的珍贵性。

莱俪的水晶花瓶是该品牌最耀眼的系列，如 Perruches 水晶花瓶的设计灵感源自在勒奈·莱俪以往的工作坊中所发现的一块石膏片，这块拥有鹦鹉造型的石膏片曾在巴黎奥赛博物馆展出，并被重新演绎成为经典中的经典，反映出莱俪水晶大师的热诚及工艺。此作品的制造过程至少长达三星期，莱俪的工匠将他们对艺术的热情、精湛的工艺以及非凡造诣与创意，悉心倾注于作品之中，造就了一件不可多得的艺术杰作，全球限量推出 49 件，其售价高达 62478 欧元。

莱俪将水晶艺术融入时尚品位生活之中，其产品不单是摆设或装饰品，也可设计成实用家具，与空间巧妙地互相配合，缔造优质空间，令人有意想不到的惊喜。今天的莱俪已经成为奢华、卓越和创意的同义字，而这一切皆建立于勒奈·莱俪所奠定的艺术精神和文化传统之上。

◉ 莱俪酒神巴克斯（Bacchantes）的女祭司花瓶

施华洛世奇被称为是晶莹璀璨的造梦公司，100多年来为无数人的生活增添流光溢彩。它让水晶的外貌千变万化，可以是女士脖颈上的闪光宝石，也可以是居家生活中的"耀眼之星"……总之，施华洛世奇是能创造新时尚、独特又能表达自我的生活艺术，能让生活中潜藏的诗意淋漓尽致地发挥出来。

SWAROVSKI

施华洛世奇

唤醒诗意生活的水晶艺术

历史篇
LISHI PIAN

1895年，来自波希米亚的发明家丹尼尔·施华洛世奇以其远见卓识，携同他发明的仿水晶首饰石切割打磨机器，移居到奥地利泰利莱郡的瓦腾斯市。自此，施华洛世奇品牌开始在时尚世界中迸发火花，发展为全球首屈一指的精确切割仿水晶制造商，为时尚服饰、首饰、灯饰、建筑及室内设计提供仿水晶制品。

时至今日，只要一提到水晶制品，人们第一个想到的品牌就是施华洛世奇。这个于1895年在奥地利风景如画的泰利莱郡诞生的公司，突破性地采用机械切割水晶石，从而造出了比天然水晶更为璀璨的水晶制品，如今，它已成为全球最大的水晶石制造商。这一切必须归功于施华洛世奇品牌的创始人丹尼尔·施华洛世奇，这位水晶大师于

施华洛世奇巴西
刺盖鱼水晶摆件

◎ 施华洛世奇 SCS 系列
丹顶鹤

这是 2013 年供施华洛世奇 SCS 会员选购的作品，定价 1750 元。

1862 年出生于波希米亚伊斯山一个小村庄，作为一个水晶切割小作坊的继承人，丹尼尔从小跟随父亲学习宝石打磨技术，用于装饰胸针、发针、发梳等饰物。

就在丹尼尔·施华洛世奇 21 岁那年，他来到维也纳参观了第一届电气博览会。西门子和爱迪生的技术革命给了丹尼尔灵感，他决心发明一台自动水晶切割机。9 年后，经过日夜不停地埋头实验，他的第一台可完美切割水晶的自动切割机问世。为此，丹尼尔·施华洛世奇申请了专利，并来到奥地利的瓦腾斯。当时这个无名小镇成为让丹尼尔的事业腾飞的风水宝地，激发了他源源不断的创新灵感。1895 年，丹尼尔与弗朗茨·魏斯、阿曼德·考斯曼两个合伙人一道正式建立了施华洛世奇公司。

20 世纪初，丹尼尔的三个儿子威廉、弗雷德里希和阿尔弗雷德开始参与家族的经营制造业务。丹尼尔从 1908 年开始试制人造水晶。他们在瓦腾斯的别墅旁边专门建造了一个实验室，花 3 年时间设计制作了融化炉。1913 年，施华洛世奇开始大规模生产自己的无瑕疵人造水晶石，这些水晶及宝石产品很快受到了市场的热烈追捧。伴随第一次世界大战的爆发，施华洛世奇陷入了缺少机械设备和原材料的窘境，但是并没有因此停滞不前，丹尼尔经过两年的研制，于 1917 年又推出了自动打磨机，用来加工水晶制品，1919 年丹尼尔给这种机器注册了专利。

　　20 世纪 20 年代，欧美时尚界开始流行装饰着珍珠和水晶的裙装。看到了新兴的市场需求，丹尼尔在 1931 年发明了一种大受时尚界欢迎的布带，上面缀满漂亮的碎水晶，可以直接缝在衣服或鞋子上。施华洛世奇的水晶由此成了抢手货，在香奈儿、古驰、迪奥等顶级时尚品牌以及电影公司和众多好莱坞明星之间左右逢源。

　　从那以后，施华洛世奇公司的产品线不断地延伸到每一个能被水晶装饰的角落，除了时装、鞋帽、手表、首饰上的水晶装饰以外，还涉及望远镜镜头、水晶吊灯、家居摆件等。如丹尼尔长子威廉在 1935 年制造出的 Swarovski Optik 望远镜；纽约大都会剧院、巴黎凡尔赛宫，甚至是中国人民大会堂的水晶吊灯也都是施华洛世奇出品的 STRASS 系列的。到了 1976 年，瓦腾斯成就了施华洛世奇历史上的另一个飞跃。当年的冬季奥运会在蒂罗尔州首府因斯布鲁克举行，而施华洛世奇的设计师马科斯·夏瑞克也在偶然的情况下利用水晶灯具部

件的零碎材料拼凑着做出一只水晶老鼠。它是公司历史上推向市场的第一款水晶成品，立即成为冬奥会的畅销纪念品。受此启发，施华洛世奇乘胜追击地推出了一系列以小动物、花草等为主题的银水晶摆件产品，并成为经典。

当丹尼尔·施华洛世奇在100多年前开始揭示水晶的美态时，他绝对料想不到自己会掀起一股经久不息的风潮。多少年来，他与后人借着无穷的幻想、睿智及技术，把这种珍贵物料的潜在魅力尽情展现出来。他用水晶为生活添上乐趣，把整个世界带进一个璀璨迷人的世界；他用水晶唤起了人们的情感，启发和滋养了艺术与文化。

家饰精品摆件
点石成"晶"

施华洛世奇水晶最为动人之处，不仅在于它的耀眼夺目，还在于施华洛世奇公司一直通过其水晶制品向人们灌输一种精致的生活文化。因此，施华洛世奇不仅是人造水晶制品的代名词，也是一种品质生活的象征。有人说施华洛世奇的水晶太贵，但也不得不承认它有一种无法替代的价值——情趣。

自从马科斯·夏瑞克在1974年设计出银水晶摆件系列之后，施华洛世奇在这一领域不断取得成功，尤其是在家饰水晶系列中推出了各式各样的优雅家居饰品。施华洛世奇家饰精品糅合了精确切割

⊛ 施华洛世奇2012年发售的海马水晶摆件

水晶带来的耀眼光芒、经典雅致的魅力与实用功能，为家居装饰带来一系列丰富多元、洋溢当代格调的构思。施华洛世奇家饰系列除了备有多款现代与优雅兼备的桌上饰品，如烛台、相框、文具、玻璃器皿、花瓶、碗和盒子外，还有色彩缤纷的水晶鸟、美不胜收的水晶鱼、令人惊艳的水晶花朵，以及瑰丽夺目的水晶塑像。

起初，施华洛世奇只是利用水晶灯具部件的零碎材料拼凑制造出了水晶摆件制品。而后，它很快改用了更现代化、至少看上去更复杂些的加工方式。设计师们会先研究那些照片和书籍中推荐的款式，然后确定设计方案并做出粗制品，再交由技师团队根据粗制品绘制出一系列的设计图，每幅设计图都是整个设计的一部分。接着，就该由机械师团队制造出必要的工具，用来打造每一个部件，并最

施华洛世奇蜂虎鸟水晶摆件

施华洛世奇翠鸟水晶摆件

终把它们黏合在一起。根据摆件的复杂程度，一件产品可能会需要 5~50 个切面，这些切面由熔化玻璃浇铸而成。玻璃在反复的加热和冷却后可以变得坚固、不易破裂。当其彻底冷却后，会先被检验纯净度，只有那些最完美无瑕的才可以用作最后的部件，接受精密的打磨，最后用透明胶水黏合起来组成成品。在了解了施华洛世奇水晶如此复杂的生产过程，和每件产品所蕴含的复杂工序之后，你才能真正领会到每一件水晶制品生产工艺的非凡和高超！

　　施华洛世奇的家饰精品系列让水晶潜藏的诗般魅力淋漓发挥，所有人都不禁为之感叹原来水晶的形貌可以千变万化。其中水晶鱼摆件系列堪称施华洛世奇最惊艳的产品，每一款都凸显了设计师们的奇思妙想，比如施华洛世奇热带鱼水晶摆件，色彩鲜艳的热带鱼水晶制品会让人有置身神秘的海底世界的错觉。每条鱼都以海蓝色水晶制成，头部为透明切割水晶，柠檬黄色水晶背鳍搭配淡紫色水晶尾鳍，整组作品被置放在银色调金属支架上，极为高雅。另外一款名为蜂虎鸟，水晶制的蜂虎鸟站在一个银色金属支架上，头部为烟石英色水晶，以淡黄色和彩蓝色水晶作为点缀。整个作品大约由 30 个部件组成，这套摆件官网售价为 16000 元人民币。除此之外，还有配以黑钻石色和浅蜜桃色水晶，并以透明和浅红色水晶作点缀的啄木鸟摆件，以及由翠蓝色、海蓝色、太阳红色和透明水晶制成，搭配银金属底座的翠鸟摆件……

另外，施华洛世奇的水晶系列也十分吸引人，设计师丹尼尔·泽斯内的设计完美地凸显了施华洛世奇水晶的优雅之美，令其作品充满了时尚感。如水晶烛台，上面部分就镶满了近 1600 颗小水晶，配搭银色金属装饰，在烛光的映衬下，闪烁着动人的光芒。马科斯·夏瑞克设计的莲花烛台更为独特，烛台以莲花为外形，配以球形水晶支柱，呈现出施华洛世奇水晶的优雅与高贵，透明水晶的弧线与切面非常优美，无论是作为礼物送人或是自己收藏，都是独一无二之选。

1992 年春天推出施华洛世奇精选系列，包括 12 件匠心独具的花瓶、水晶盘及其他实用摆件，这些在今天都已经成为经典之作。整套系列经过四年研究与设计，重新奠定了水晶在现代生活的地位，施华洛世奇精选系列的 6 位设计师在现今设计界均享有盛名，其中一位就是被人称为奢侈品、时装和配件设计天才的加姆皮罗·玛利亚·波迪诺，他曾是奢侈品巨头瑞士历峰集团的创意总监，为宝格丽、古驰、卡地亚和登喜路设计过许多产品。

另外，素以干净利落著称的法国设计师马汀·沙克利与施华洛世奇的合作同样堪称天衣无缝，他为施华洛世奇设计出了许多具有收藏价值的作品。马汀·沙克利设计的特色就是简约实

◉ 施华洛世奇水晶系列烛台和松鼠摆件

用。他曾经说过："我希望可以创造一个共同的场所，也就是说所有的设计都可以被运用在任何场所。我有兴趣的不是在一个空间中做出被看到的图像设计，而是会被忘却而使用的设计物品。"因此马汀·沙克利的设计作品在线条上具有极简风格，然而在材质的运用上却又非常的丰富，一件看似简单的圆桌，其工艺程度都非常精致，也相当能表现出巴黎的当代设计风格。总之，这位曾获得《Wallpaper》杂志 2010 年设计奖的设计师，其与施华洛世奇合作推出的家居水晶饰品非常值得关注。

　　正是这些国际顶尖设计师的参与，才让施华洛世奇水晶展现出传统的高贵气质，同时在施华洛世奇高科技的水晶加工技艺的帮助下，创制出一系列独特的摆件及时尚饰物，并将用水晶装点的家居环境提升到了一个绝美的境界。

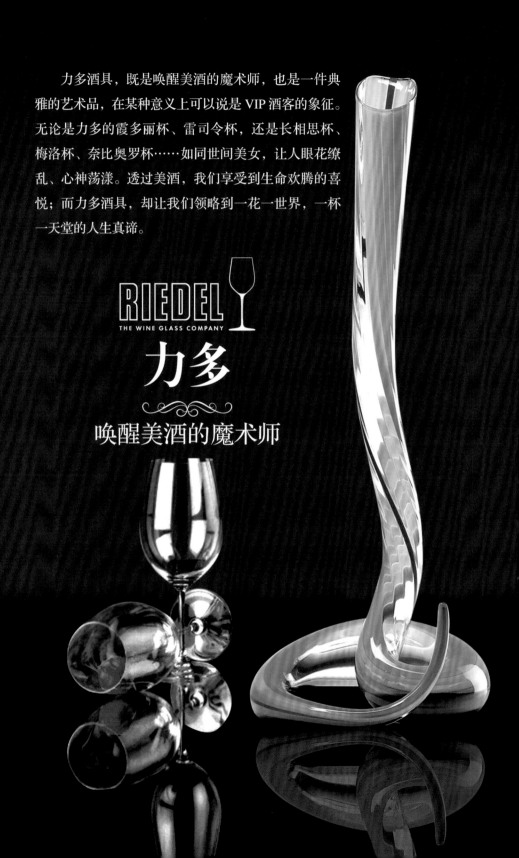

力多酒具，既是唤醒美酒的魔术师，也是一件典雅的艺术品，在某种意义上可以说是 VIP 酒客的象征。无论是力多的霞多丽杯、雷司令杯，还是长相思杯、梅洛杯、奈比奥罗杯……如同世间美女，让人眼花缭乱、心神荡漾。透过美酒，我们享受到生命欢腾的喜悦；而力多酒具，却让我们领略到一花一世界，一杯一天堂的人生真谛。

RIEDEL
THE WINE GLASS COMPANY

力多

唤醒美酒的魔术师

自 18 世纪起，力多家族便在波希米亚北部开始了他们的玻璃制造业。1986 年，第十代传人乔治·力多针对不同的葡萄酒开发出各式各样特定的杯形，以强化不同葡萄酒的口味与芳香，并以"美酒要求杯形"的理念创造了众多功能酒杯。这些力图表现不同葡萄品种特色而创造出的水晶酒具，在全球范围对酒杯文化造成深远影响。

在古希腊关于星座的神话中，就透露了人们当时对酒和酒具的执着，奥林匹斯山上那些俯瞰着人间的神灵总是在盛会中展示和炫耀着自己的酒杯，可见，在一些美丽的事物面前，神和凡人一样，都抵御不了诱惑。品酒是一种修行，是一种陶冶。而美酒入口时，你能否感受到这樽酒的精髓，其实不仅仅取决于酒的本身，还有酒具的因素在内？大多数人喜欢用水晶材质的酒具，因为它可以展现酒之美，美酒在流动中的每一刻色泽变化都尽收眼底，在碰杯时，它总是发出悦耳的"嗡嗡"回声……

早在 90 多年前，一套完整的酒具便已经成为欧洲贵族餐桌上不可缺少的部分。那些名媛绅士围坐一起等候进餐时，侍者会端着一个造型古怪的玻璃瓶走来，瓶中的美酒尽收眼底，味道在瓶中盛开，酒液在瓶中摇曳。酒液直接往杯里一倒，一眨眼工夫，人们便可以判断出酒的好坏。按照当时上流社会的餐桌礼仪，直接用酒瓶而不是选择醒酒器是很失礼的。而对于红酒客来讲，家里配上数十个不同款的红酒杯是最起码的装备。

即使在今天的欧洲，尤其是在以美酒和浪漫著称的法国，饮什么样的美酒，配用什么样的水晶酒杯，是有相应规矩的。似乎只有这样，人们才能尽享每一缕袭人的酒香，也只有这样才能体现生活情趣和品位。而能被葡萄酒迷捧为梦幻级的珍品酒具，唯力多莫属。

或许不是所有人都熟悉力多这个品牌，但对于那些骨灰级的葡萄酒收藏家来说，力多是再熟悉不过了。因为在葡萄酒界流传着这样一句话：世界上只要有葡萄酒的地方，必定有力多。正因为如此，这个来自奥地利的葡萄酒杯顶级品牌，被誉为"为葡萄酒而生的杯子"。

约翰·力多于1756年开办了一家玻璃工厂，一个世纪后，在约翰的曾孙约瑟夫的领导下，公司搬到了恩特伯龙镇，开始使用煤气熔炉铸造玻璃坯，并随后开了4家分厂。19世纪末，力多成为欧洲最大的玻璃厂商，雇用了1300多名工人，它生产的各种高脚杯和酒壶开始远销至亚洲、非洲和北美洲。

然而，第二次世界大战让力多家族的事业彻底走到了尽头，如果没有丹尼尔·施华洛世奇的帮助，恐怕就没有今天的力多。从那以后，力多水晶制造厂不断发展。力多家族的第九代传人克劳斯·力多是历史上第一位发觉酒杯的形状会对品酒产生重大影响的人。1973年，他推出了Sommeliers系列产品，包括10款酒杯。这10款酒杯反映了力多的设计哲学：酒杯造型确实能提升特定酒品的美味，尽管这种理念在当时被嗤之以鼻。

1987 年，乔治·力多接管了家族事业，他深化了家族对功能性酒杯的观念。如今，力多设计了众多酒杯，用于盛装各种不同类型的美酒。力多酒具之所以能受到众多葡萄酒爱好者的推崇，并不是因为它拥有化腐朽为神奇的力量，而是其拥有还神奇于真实的本领。曾经一度被人耻笑的 Sommeliers 系列，是全球首创以葡萄酒特性为设计基础的酒杯系列，同时更因其精美绝伦的造型被多家博物馆收藏并展出，例如纽约现代美术馆至今仍将力多的作品列为永久馆藏品展示。

力多的每一款酒杯都是为酒量身定做的。被人赞誉为"杯王"的乔治·力多说道："我们制作酒杯主要看的是你要喝的是哪种酒，葡萄酒还是烈酒。我们会根据具体的酒款来设计杯子。通常，酒的成分决定了酒杯的造型。我们重视酒杯的大小和形状，我们请各地的品酒师来对各个杯形进行试验，选出最适合的那一个。还有一个设计依据就是葡萄酒

的香气。酒杯的开口会影响到葡萄酒香气的集中程度，以及葡萄酒进入口中接触到的味觉感应区域。比如人们可以用我们设计的霞多丽杯来品尝雷司令；或是用白葡萄酒酒杯去试试红葡萄酒。人们会很容易认识到不同酒杯需要与不同类型的葡萄酒搭配使用。"

有一部电影叫《杯酒人生》，里面的主人公是一对老朋友，其中一位对葡萄酒研究颇深。在各自的生活遇到诸多不顺之后，他们选择结伴前行去加州的葡萄酒生产基地狂欢一次——这部电影慢悠悠地从杯底滑入了观众的喉咙，让人们觉得杯中所盛之物有时不仅仅是美酒，还有我们的人生。毫无疑问，酒最亲密的朋友当属人，但酒杯，这个作为承载酒的重要物件往往被人们所忽略。大家都知道"好马配好鞍"，其实好酒更需配好杯。

奥地利虽然没有太出名的葡萄酒，但世界上所有的好酒最终都会殊途同归地斟入奥地利的力多酒杯里。在过去的半个世纪中，力多家族把酒杯艺术发挥到了极致。

美国著名酒评家罗伯特·帕克这样评价力多酒杯："无论从技术角度来分析，还是从享乐主义的审美角度去评判，力多酒杯对葡萄酒的影响都是深远的。"

力多酒杯按照葡萄酒的品种分为霞多丽杯、雷司令杯、长相思杯、赤霞珠杯、梅洛杯、黑皮诺杯、奈比奥罗杯、西拉杯、马尔贝克杯等；按照产区分为波尔多杯、勃艮第杯、香槟杯、阿尔萨斯

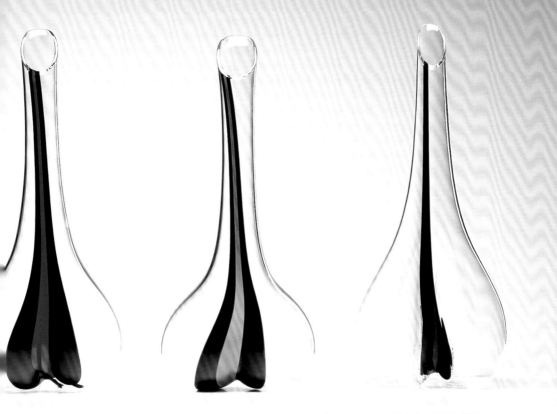

杯、莱茵高杯、里奥哈杯、夏布利杯、蒙哈榭杯、苏玳杯等；甚至还按照等级分出波尔多一级酒庄杯、勃艮第一级酒庄杯、陈年波特杯、年份波特杯等。

事实上，在 1958 年以前，力多家族像所有的酒杯制造商一样，酒杯只有大与小的简单分类。直到有一天，力多家族第九代传人克劳斯·力多宴请宾客时，因为餐桌上的酒杯不够用，又拿上几只大一号的酒杯，在座的意大利朋友孔蒂·奥达齐奥发现使用大杯的感觉更好，他告诉克劳斯："我再也无法忍受用那些小杯来品尝我那精美的皮埃蒙特红酒！"于是，克劳斯请教品酒专家以及生理学、解剖学方面的专家，积极探索酒杯的规格和形状对酒的香气、味道和口感所产生的影响，并在 1958 年的布鲁塞尔世博会上展示了第一款勃艮第一级酒庄杯。这只酒杯问世后，很快受到品酒专家们的热烈

追捧，并被纽约现代艺术博物馆永久收藏。目前，力多出品有 15 个系列的 147 多种功能性酒杯，其中仅 Sommeliers 系列就包含 40 只酒杯（含 12 只"黑领结侍酒师"酒杯），年产量 35 万只。

对于许多家庭来说，可能他们并不需要配齐所有的力多酒杯，但至少应该配备红酒杯、白葡萄酒杯、香槟杯，绝不要用一只酒杯装所有的酒。如果你打算用一只杯去对付所有的酒，最科学的选择是 ISO 标准品酒杯，这是国际标准化组织（ISO）经过严格的感官实验和科学计算而设定的"感官分析—设备类—品酒杯"，其杯身造型类似一个烟囱，适用于品尝任何种类的葡萄酒。不过，在一些专业品酒会上，比如在《滗酒器》世界葡萄酒大赛、澳大利亚国家酒展上，ISO 标准品酒杯已经被力多家族 Sommeliers 系列的古典奇扬第杯（编号 4400–15）

◉ 力多 O 系列平底葡萄酒杯

"O"型酒杯的设计理念基于 Riedel Vinum 系列的标准，不过这套系列酒杯既没有杯腿也没有底座，刚上市的时候被当成一个笑话，而事实证明这一颠覆传统的作品不但不会影响品酒效果，而且更适合现代人的生活方式。对于那些热衷优雅、简约设计酒杯的人来说，此系列酒杯无疑是成功力作。

所取代，这种酒杯是专为意大利托斯卡纳产区古典奇扬第红酒（Chianti Classico）而设计的，造型接近 ISO 标准品酒杯，但看起来更优雅，用起来也更带劲。

一瓶精彩的好酒，从葡萄种植、采收、酿制直至酒液成熟，得经过多少时间的等待？多少心血的投入？在杯中所呈现的，不只是生产者的付出，更是土地的风景与灵魂。随便拿个无法匹配的酒杯，如何盛得下那深厚的土地精髓？那广大秀丽的景色如何能在杯中一一展现？所以一瓶好酒，一定要有力多酒杯的衬托，才能完全呈现其价值。

瓶中的葡萄酒是沉睡的美人，学会如何温柔地唤醒它，是葡萄酒爱好者的入门必修课，而在家中拥有一套力多酒具会让这个过程，从单纯的饮酒欲望变成一个优雅的享受过程。

其实，酒杯并不会改变葡萄酒的品质，不会因为换了一只力多波尔多一级酒庄杯，就能把一瓶普通的红酒变成拉斐堡或拉图堡。但杯沿的造型、杯口的宽窄、杯体的弧度、杯腹的深度、杯身的高度却可以决定酒液的流向、流速、入口角度以及强度，使果味、单宁、酸度、甜度和酒精度等要素达到最佳平衡点。

比如雷司令单宁较高、酒体轻柔，力多 Sommeliers 系列的雷司令杯的杯型设计有利于把酒液导向味蕾的甜味区——舌尖部位，可突出甜度和果香，降低酸涩的感觉；霞多丽单宁较低、酒体厚重，力多 Sommeliers 系列霞多丽杯的杯型设计，可使酒液直接流向舌头中部两侧的咸味区和酸味区（位于咸味区稍后），然后由舌头两侧慢慢地流向舌尖，使果香与甜度在酸度的衬托下渐次加强……总而言之，力多认为一个好的酒杯的设计需要兼顾三个方面：首先是杯壁的清澈度及厚度对品酒时的视觉感受极为重要，其次是杯子的大小及形状会决定酒香味的强度和复杂度，最后杯口的形状决定了酒入口时与味蕾的第一接触点，从而影响了对酒的组成要素（如果酸、丹宁、酸度及酒精度）的各种不同感觉。每一只力多酒杯都是兼顾这些法则来设计制造的，它可以让你对所品尝的每滴美酒都赞叹连连，因此，与其说它是葡萄酒最好的朋友，不如说它是品酒者的知音。

如果说享受生活也是一种尊重生活的表现，醒酒器玩家则无疑是非常尊重生活的一类人。他们心目中的认真对待，需要根据不同年份、不同酒性以及不同的饮者心情，来决定使用的醒酒器和醒酒时间，这已不是简单地满足口腹之欲那么简单了。人生之醉，非仅在酒，实质在于懂得欣赏各种生活的美好，享受生活的快乐。

通常，骨灰级的葡萄酒爱好者除了会在家里配上十个八个不同款的红酒杯之外，还会配置多种上好的醒酒器。醒酒的目的是让酒开瓶后，能够与空气接触并产生反应，通过氧化的作用释放出果香和花香味，以及柔化葡萄酒的口感，让口感更加圆润柔滑。

⚽ 力多酒神（Grape）系列水晶葡萄酒杯(右图)

力多酒神系列看似平凡，其实内里大有乾坤。Grape 跟 Vimum 系列最大的分别是利用崭新科技，剔除了常见碍眼的接口，酒杯形状浑然天成，卖相更细致。这一系列的酒杯重量大约为 80 克，值得留意是杯座部分的加工较一般机制产品更轻薄更圆滑，手感更顺滑，而特别的杯形设计，亦强化了欣赏酒色的通透程度，正如品牌接班人乔治·力多所言，Grape 属于一种令人刮目相看的机制酒杯类型。

　　与葡萄酒酒杯一样，醒酒器的材质与形状也能在不知不觉中改变葡萄酒的味道。行家们建议，水晶材质的醒酒器应列为首选。它的透明性，天生能够过滤酒渣。要知道，由于酿酒技术以及长时间的陈放等诸多原因，葡萄酒的瓶底里会有沉淀现象产生，无论出于美观或口感的因素考虑，都要在饮用前将酒渣去除干净。有经验的侍者在倒酒时能够通过掌握倒酒的角度及力道，使沉淀物质尽量停留在酒瓶的内壁上，其余酒液则不间断地缓缓流入醒酒器中，这个过滤的过程，本身就是一场很绚丽的桌边秀。

　　当然，让酒深深深呼吸，经过时间与空间的双重催化与交融，把蕴含在酒体中的各种香味勾引出来，才是醒酒器的神奇所在。全球最为知名的水晶酒具品牌力多推出的醒酒器皿不仅注重制造工艺，在设计上也独具匠

◉ Vinum 宫廷系列精制水晶葡萄酒杯

　　除了让酒迷争相追逐的 Sommeliers 外，力多分别在 1986 年及 2000 年发展出 Vinum Classic 与 Vinum Extreme 等系列的机器吹制水晶酒杯，这些机器制力多酒杯以优异的功能深受酒迷们的爱戴。力多第十代传人乔治·力多设计的 Vinum 精制水晶葡萄酒杯品质卓越，效果出色，且价格易于接受，适合日常生活经常性使用。

心。例如其时下最兼具实用与艺术功效的"快速醒酒"设计：两个人脸双向对望的 face to face，人脸的表面设计是为了让你在晃动醒酒器时，充分激荡起酒液使之与空气接触，加速醒酒过程。而蟒蛇、蜗牛以及莫扎特竖琴等设计，则利用了流体工程学，在倒入和倒出酒液时，增加酒与空气的二次接触，令本应几小时的醒酒时间缩短至几十分钟。

从前人们为了让在橡木桶中沉睡了多年的葡萄酒"苏醒"过来，只是单纯地用一个透明的玻璃容器换瓶装盛，等待葡萄酒与空气中的氧气接触。如今，造型优雅手工精湛的力多水晶玻璃醒酒器，不仅会让美酒呈现出最好的状态，还会让你充分地放松身心。

◉　力多 Wine 精制玻璃葡萄酒杯

一些人认为对于布置精美的餐桌，普通的玻璃杯是极不美观的，Wine 精制玻璃葡萄酒杯正是为他们而设计的，它将装饰精美，可折射出流光溢彩的高脚杯与最受欢迎的 Vinum 精制水晶葡萄酒杯完美结合在一起，使人们得到了与水晶杯同样品质的玻璃酒杯。

昆庭用"梦想成真"一词精辟地诠释了法式生活的绝妙艺术。昆庭这位180多岁的王室御用银匠，就仿佛一位来自银饰王国的魔法师，让银器穿上不同的外衣，将艺术的暖流融入人们每一天的生活。

昆庭

法式生活的绝妙艺术

历史篇
LISHI PIAN

自 1830 年伊始，昆庭持续演绎着白银的传奇。从装点欧洲王室的餐桌到横穿大西洋的豪华邮轮诺曼底号，昆庭让自己的名字在近两个世纪里傲然于世。这让世界顶级银器制品昆庭的国际品牌总监瓦雷里·德布蕾面对媒体时，总能简短而自信地说出这句话："任何一个奢华的地方，都少不了昆庭的身影。"

昆庭创立于 180 多年前，本以珠宝制作起家，后来，创始人查尔斯·克里斯托弗获得了电镀银技术的专利权，这个契机让他把精力集中到了银器艺术上。很快他就把这个品牌打造成为欧洲顶级银器制造商，为无数声名显赫的顾客提供了精美的银器制品。

"质量如一，坚守至美"，查尔斯·克里斯托弗先生这句引以为傲的名言为何能得到世人认可呢？

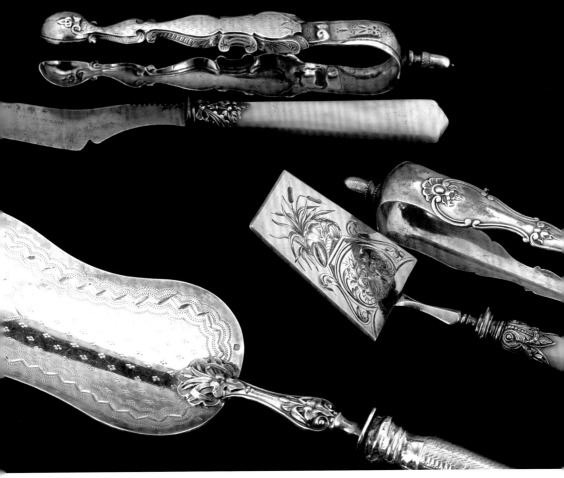

　　其实早在 19 世纪中期，他亲手打造的"昆庭帝国"就与王室结缘，成为法国贵族生活方式的象征。1846 年，法国国王路易·菲利普选中了昆庭的产品来装饰自己在诺曼底的王宫。从此之后，昆庭便成为王室的御用银匠。

　　拿破仑三世上台以后，昆庭又以一整套璀璨夺目的定制银器装点了帝国城堡，其中包含一张能容纳 100 位客人同时用餐的超大餐桌。这张餐桌有着巨大的银制桌面，由 15 个部分组成，仅是餐桌中央摆饰就长达 3 米多。与其说它是一张餐桌，不如说它是一个舞台，每一位宾客都是观众。直到今天，这张餐桌仍在巴黎罗浮宫内展示。从那以后，昆庭为拿破仑三世打造了所有办公用银器。

　　除了白银自身材质的稀有珍贵外，其精湛的工艺令昆庭深受王室贵族的青睐。在任何时代，昆庭都是当之无愧的工艺技术的创新者与领先者。1880 年，著名雕刻家阿尔伯特 – 欧内斯特·加里埃 – 贝勒斯与昆庭合作，设计了一款荣获了 1880 年技术艺术展大奖的咖啡壶。它以古董为创作灵感，刻画女体与蔓绕的叶饰相互盘错的姿态，这项杰作预示了新艺术主义风格时代的来临。在 19 世纪和 20 世纪，昆庭一直都是艺术装饰风格的先驱者，它甚至汲取了东方景泰蓝的搪瓷技术来丰富自己的设计理念。昆庭的设计作品总能在各种世界性的展览会中吸引人们的视线，比如它为 1925 年的国际展览会设计制作的作品，就以无比隽永的美感和标志性的法式艺术风范成为设计中的经典。1998 年恰逢世界杯期间，昆庭特邀著名建筑师希尔凡·杜布松设计了一个由蓝色天然漆和银覆盖于其上的地球仪模型。安置地球仪的底座借鉴了标准的足球裁判的口哨造型，表面平滑，光可鉴人；球体可在倾斜的轴上自由转动。球体之所以可以达到完美的圆整效果，则要归功于银匠大师的高超技艺。各大洲的形状均为单独刻画切割而成，再以手工粘贴在球体表面。地球仪上海浪的波纹则强烈地体现了银匠大师非凡高超的技艺。

为了迎接新千禧年，昆庭还聘请了设计大师罗格·泰隆设计并制作了一个名为金字塔的装饰作品，该塔有一人多高，共分三层，每层代表一个千禧年。公元 2000 年以来的政治、科技、艺术等领域中的大事，都以关键字

◉ 加里埃 – 贝勒斯咖啡壶

1880 年已成为新艺术风格非凡的先驱之作，赢得了 1880 年金属艺术展的金牌。它以古董为创作灵感，女性体态与蔓绕的叶饰互相盘错，属高级定制银器，每件需要 45 小时方能完成。

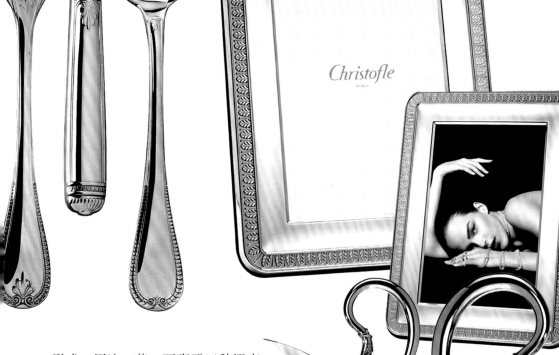

形式，用法、英、西班牙三种语言镌刻于金字塔身的三个表面。

今天，最受人欢迎的莫过于昆庭的经典餐具 Malmaison 系列，该系列餐具的奢华程度简直令人难以想象，镶上钻石的 Malmaison 系列将高级珠宝的概念引入餐具设计中，流光溢彩，成为餐桌上最耀眼的明星。当指尖碰触着高贵的钻石，佳肴的魅力便仿佛超越世俗。餐刀、餐叉、咖啡匙，柄端缀满了真正的钻石，使其成为真正非凡的杰作。定制的 Malmaison 餐具系列需历经 6 个月的精心打造方能完成，它无关经典，却以其无法抗拒的魅力博得了人们的认同。可以说，凭借传统技艺和大胆创新，昆庭的银色魅力超越欧洲，征服了全世界。

在很长一段时间里，昆庭被当成一个专门提供给国王的品牌，至今它依然受到很多欧洲王室贵族的喜爱，也渐渐以优雅的风格和高尚的品质成为法

◎　昆庭 Malmaison 系列餐具

国生活方式的象征。现在，昆庭隶属于法国奢侈品牌协会，它在全球拥有 60 多家店面，其银器、瓷器设计最为豪华酒店所喜爱，人们在一些知名酒店比如威斯汀、香格里拉的设计中，都能看到昆庭的产品。

精雕细刻的工艺、厚重沉稳的材质，造就了昆庭这个世界顶级餐具品牌。只要看到昆庭银质餐具，总会让人们想起欧洲王室的尊贵与奢华。将如此华美的餐具握在手里把玩，似乎可以穿越时空隧道，让人们在惊叹于这些餐具创作者的才华的同时，也能享受复古时光里的尊贵与奢华。

1882 年，在巴黎已备受拥趸推崇的昆庭接到一份"非凡"的订单：一张镶金饰银的雕花大床，并在床的四角装置四座真人大小的铜质彩绘裸女像，必须采用真人的头发，并且要保证眼睛能够灵活转动、手臂能够自如抬放，以便扇动手中的羽扇或挥动拂尘——这份订单来自英帝国驻巴基斯坦的一位高官，他希望通过昆庭的能工巧匠之手，一圆比拿破仑三世的巨大餐桌更传世的奢华之梦。

在历时 10 个月的精雕细琢之后，昆庭真的做到了！这张听起来如天方夜谭般的大床，耗费了290 千克白银，通体雕刻着象征吉祥与权力的纹样，以及定制者的姓名缩写。四座裸女像栩栩如生，她们被赋予各不相同的肤色和秀发，云髻皆由当时巴黎最好的美发师高高绾起，展示了法国、西班牙、意大利及希腊四种迥异的女性风情。更妙的是，昆庭邀请巴黎久负盛名的手工琴室 Thibouville-Lamy

精心特制了一个音乐盒，与大床中央的机械系统相连，当侍女们扇扇时，音乐盒就会开始演奏长达 30 分钟的美妙乐曲。这张价值 8 万法郎的大床，在完工一个月后，途经利物浦，海运至巴基斯坦。而它留给世人的绮梦，尤其在那个距离"自动化"尚很遥远的年代，堪称一次由昆庭实践的、关于"定制"的重大飞跃。

以上传奇发生于 19 世纪，这种定制需求明明显来自蓝血阶层（贵族），专属于达官显贵，而与平民划清界限。130 年后的今天，当年"专属于国王"的品牌昆庭，已隶属于法国奢侈品牌协会，其高级定制银器作坊定期都会创作一些大件作品，它们有各自独特的风格，并且一如既往地价格昂贵、限量出售。

以奢华细节和卓越品质著称的昆庭，在今天也受到了许多精英人士的青睐。除了昆庭长期的服务对象之外，比尔·盖茨、汤姆·克鲁斯、麦当娜、莎朗·斯通等人，均喜欢在购买家居摆设、餐具时选择昆庭的产品。当然也有一些极为挑剔的客户由衷喜爱昆庭博物馆内"仅此一件"的古董银器，为了满足这一个性化的需求，昆庭特别推出了古董银器的定制服务。在位于昆庭全球指定的旗舰店内，客户可从昆庭当季特别甄选出的博物馆藏品中选择心头所好定购，随即，昆庭的专属银匠将按照原样，纯手工打造一件在连锁精品店内购买不到的高级银器。

在世界各大最负盛名的奢华酒店、邮轮、餐馆中也必定缺少不了昆庭的产品，其中包括被称为"流动宫殿"的"东方快车"，1935年声名卓著的诺曼底号豪华邮轮，巴黎、里斯本、伦敦、台北等地的顶级豪华酒店，都有昆庭坐镇其中。20世纪30年代，昆庭为当时最豪华的海上邮轮诺曼底号制作了4万件银器，用以装饰这艘豪华邮轮的餐厅，这在当时是相当巨大的一个订购数量。从此，昆廷这个银器品牌就义不容辞地担当起点缀世界顶尖奢华游船的任务。

在昆庭的每一件作品中，都凝聚着艺术家的独特创意。昆廷坚持越打磨越璀璨的个性化生活艺术设计原则，为每一位精英人士打造出绝世家居精品。可以说，昆庭的银器艺术是一道"令你梦想成真的艺术"。昆庭的贵族奢华气质也因此在每一个时代都能以新鲜的面目降临在世人面前。

◉ 昆廷香港地区限量祥龙摆件

在昆庭的设计大师眼里，常常现身于各种奢华场合的昆庭银质刀叉们，可以化作如乐高积木般的玩具，组合成包括咖啡桌、吊灯、花瓶、果篮、双层烛台等生活用具，在极富幽默感的同时也充满了生命的张力。

一说到法国的古典传统餐具，我们必然会想到饰有金丝边线的精美陶瓷、古典的银器和水晶杯盏，这些才是典型的高级法国传统餐具。自从1830年以来，昆庭始终完美地继承了这一传统。可以说，艺术与创新始终贯穿昆庭的设计理念。从意大利著名建筑设计师吉奥·庞蒂，法国设计师安德莉·普特曼，马丁·塞克利，到荷兰著名设计师马塞尔·万德斯，抑或是新锐艺术家伊托·莫拉比托和设计师凯瑞姆·瑞席，昆庭与这些世界知名的艺术家设计师一起合作，无论是餐具、家居装饰、个人饰品或水晶酒器，它的设计一直引领着各个时代的艺术潮流，始终当之无愧地置身于时尚设计的尖端。

作为世界顶级奢侈品品牌，昆庭始终用艺术品的眼光来看待自己的产品。20世纪建筑及设计界的传奇人物吉奥·庞蒂就与昆庭有数度交集。50年的深厚友谊及艺术上的密切合作将这位意大利建筑师的辉煌事业与法国伟大银匠联结到了一起，在合作中诞生了许多鸿篇巨制般的史诗级银制杰作，其中爱箭烛台就两者是联手创新的绝佳代表，爱神之箭射入心房，表达的不是爱情，而是在比喻法国手工与意大利设计的完美结合。这些由吉奥·庞蒂设计的银质餐具，见证了昆庭卓尔不凡的艺术传统与引领潮流的时尚精神的完美结合。该系列由25件银器组成，均为吉奥·庞蒂在 1928 年至 1978 年期间设计创作，其中部分为 2008 年首次投入生产。

荷兰鬼才设计师马塞尔·万德斯专门为昆庭设计的 Jardin d'Eden 系列餐具，分为纯银的 Dorure Partielle 及镀金的 Christofle Argente 两款，包括正餐刀、餐叉、餐匙、点心刀、点心叉、点心匙以及咖啡匙。Jardin d'Eden 系列餐具均结合了马塞尔·万德斯的设计风格，他一直宣称设计并非创新，而是沟通。人们应该以一种欣赏艺术品般的心情和角度去观赏或使用餐具，因此他设计了巴洛克风格的 Jardin d'Eden 系列餐具，工匠们在华丽的巴洛克风格下，以雕花工艺酝酿出现代的简约风格，同时保留了餐具本身的功能样貌，而餐具圆弧处的繁花和枝叶图案更是彰显出餐具奢华高贵的质感。

设计师亚当·蒂哈尼是世界著名的酒店和餐馆设计师。他的概念设计被运用在纽约的 Cirque 酒店、伦敦的 Monte 酒店、拉斯维加斯的 Spago 饭店以及吉隆坡的 Lafitte 酒店和上海的香格里拉大酒店。他为昆庭设计的 Urban 刀、叉、匙系列融合了他独特的设计风格——简单的线条、雕塑几何、修长的垂直感觉，棱角分明，展示了充分的现代感。

每一位与昆庭合作的艺术家都以极具特色的作品演绎日常生活的奢华精致，当然这些日常生活用品的售价通常高得惊人，比如全新的 Belle Epoque 银莲花系列为纯手工雕琢打磨，一整套包括香槟

◉ 昆庭 Jardin d'Eden 系列餐具

桶、冰桶和托盘的售价为 1 万元人民币，该系列以精雕细琢的银莲花所装饰的手柄与现代感极强的主体外观形成鲜明对比。

作为世界顶级银器奢侈品品牌，在餐具器皿、家居装饰、水晶瓷器领域，昆庭的设计师和工匠倾注了自己的非凡想象与大量心血。基于对纯手工制作传统的自豪与骄傲，昆庭设立了高级定制银器作坊。每件高级定制系列产品，都采用传统工艺纯手工制作而成。昆庭的银器大师们是真正的"活着的财富"，他们的精湛技艺保证了每件产品的质量，令昆庭的技术与传统得以延续。此外，昆庭经常会将一些以前的产品再版重制，从而使那些经典的款式和古老的生产技术得以延续。这些特别的产品，无论从装饰还是实用的角度来说，都是一个世纪的见证，同时也是灵感与创意迸发的象征。资深的银匠们用纯熟的手艺和广博的学识精确再现了一个世纪前的银器加工情形，连 100 多年前的工具都被小心地拿来制作需要再版的系列产品，例如太阳神烛台就是此系列的经典之作。

昆庭高级定制银器作坊的银匠大师都被授予"法国最佳手工大师"的称号。他们的技术是无法复制的人类智慧的结晶，从师傅到学徒，代代相传，这也是昆庭的宝贵遗产。

◉　昆庭 Belle Epoque 银莲花系列
　　的香槟桶、冰桶托盘

乔治·杰生被誉为"人类历史上三百年内最伟大的银匠"，他遵循实用性和美感兼具的设计理念，把丹麦传统装饰艺术元素和制作工艺设计完美结合，给古老的银器注入了新的活力，并将银器的艺术性应用到日常用品中，尤其是餐具中。其纯净、高雅的斯堪的纳维亚设计风格让全世界超过百万的消费者与设计爱好者为其着迷。

GEORG JENSEN
DAMASK

乔治杰生

餐桌上的银色之光

乔治杰生的银质餐具，不仅会让我们想起欧洲王室的尊贵，也会让我们感受到现代时尚的奢华气息。将这些精美的餐具拿在手里把玩，似乎就抓到了一个时光机器，让我们看到欧洲上流社会绅士举杯的优雅，推杯换盏的繁华。器皿上的精致纹路展现给我们惟妙惟肖的风景，让我们不得不惊叹于这些餐具创作者的才华，同时也让我们在生活中体验到了尊贵与奢华。

中国古代皇宫流行金器，大凡王公贵族的府第都少不了外观富丽堂皇的金杯金盏。而欧洲则盛行银器。欧洲使用银器有着相当悠久的历史，德国、瑞士、法国、英国都曾发现了公元前人类使用过的

⚙ 匠心系列 IBIS VASE
朱鹭不锈钢高挑花瓶

设计师 Allan Scharff 以绝妙出色的现代风格著称，主张越简单的设计，越能展现张力，如今他的经典作品 IBIS 加入乔治杰生大师经典系列，也象征着对于这些不朽设计和细腻工艺的深刻致敬。IBIS 以朱鹭为灵感刻画，栩栩如生的动人姿态，捕捉大自然万物最美丽的瞬间，精致亮泽的时尚工艺，圆弧婀娜的迷人身段，让家居一隅呈现最独特灿烂的画面。该花瓶的售价高达 6000 元人民币。

银制品。中世纪欧洲的能工巧匠们制作了大量精美绝伦的银器，它们大多保存在欧洲的博物馆中。

欧洲银器制作的历史很长，由于银器的珍贵，一度专为欧洲的上流社会所用，所以造型和做工往往都相当考究，由此也成了一种生活品质的象征。银器那迷人的光辉柔和、温婉，亦如至真至纯的优雅生活。或许还是由于银的珍贵，人们不惜用宝石、象牙、珍贵木材、珐琅、水晶等与银器搭配，创造出美轮美奂的视觉效果。

今天欧洲制作的银器与 19 世纪以前人们餐桌上所使用的银制餐具已经大不相同了。从 20 世纪初的新艺术时期与装饰艺术时期开始，许多优秀的银制品艺术大师已将白银视为一种纯艺术创作材料，这令银器的世界更显丰富多彩。高品质的银器给予生活更多的不是炫耀，而是平静温和，无论是制造者，还是使用者都希望白银的光亮可以让生活慢下来，在细细品味中重拾昔日久违的高雅。

1904 年，丹麦一位银器大师在哥本哈根成立了一家银雕工作室，他就是乔治·杰生。乔治·杰生被誉为欧洲有史以来最杰出的银器制作大师，他一生致力于银器的制作工艺，并且是历史上第一位通过氧化作用为银饰制造灰暗色调的工艺大师。乔治·杰生生前的所有作品皆为纯手工制作而成，其表面时常带有手工敲打的痕迹，这些都是他特意留在银器表面上的。乔治·杰生希冀制造灰阶层次与纹理质感，以记录制造时的繁复制作过程。

乔治·杰生从小就热衷于雕塑艺术，梦想有一天能够成为一名雕塑家。青年时期的他进入丹麦顶级的艺术学院——哥本哈根艺术学院，在那里他学到了许多有关雕塑艺术的专业知识。毕业后，乔治·杰生巡游欧洲各国，这段游学的经历令他大开眼界。也正是在这个时期，他萌生了创建工作室的想法。1901 年，35 岁的乔治·杰生回到丹麦，并自立门户。此时的乔治·杰生已经成为一名专业的银器工匠，他将手工银器加工技艺与日常用品相结合，制作了大量极富艺术美感的珠宝首饰及银质器皿。

当时乔治·杰生的银器作品与欧洲传统银器有着很大区别，传统的欧洲古典银器大多注重装饰

◎ HK 曲线水壶

这款作品是由汉宁·科佩尔于 1952 年设计的，2008 年在市面上重新发售。汉宁·科佩尔在银器、珠宝、陶瓷及其他领域的杰出成就，使他成为 20 世纪最富于创新精神的艺术家之一。他为乔治杰生设计制作了许多令人赞叹的不朽名作，是北欧精简线条设计的最佳代言人。HK 曲线水壶瓶身修长、线条灵动，呈现出曲线美与光泽感。

性，在现代人眼中多多少少像是一堆古董。但是，乔治·杰生不一样，他的银器作品完全摆脱了传统银器的奢华与浮躁，展现出一股清新靓丽的风格，既富有美感又兼其实用性。这种在当时被称作为新艺术运动的风格，极其符合丹麦人低调和朴素的性情。乔治·杰生完美地实践了"美观实用"的艺术主张，他的作品也因此而成为欧洲各国消费者的珍爱。即使在今天，乔治·杰生生前设计的许多银器作品仍在世界各地销售。

20世纪初，乔治·杰生的作品在丹麦装饰艺术美术馆的展览中首次大放异彩。当时，乔治·杰生将各种水果与花朵的造型纳入他的设计之中，给人一种难以抗拒的新鲜感；而他将氧化作用带进银饰制作技术之中的创新之举，使得氧化作用于银饰的表面制造出温和甜美的阴影效果，体现了他在作品上的美学品位。到1935年，乔治·杰生去世时，他原本的小小制作间已经发展成了国际级企业。虽然现在乔治杰生公司从属于皇家斯堪的纳维亚集团，但企业的职工们仍遵循创始人乔治·杰生设计和制作的传统精神。在这里，尊重工艺的精神依然流传不辍。

索伦·乔治·杰生是乔治·杰生的儿子，他是一个相当成功的雕塑家和银匠，创造了许多标志性的作品，如哥本哈根大街上的雕塑。索伦在战后实用主义的简洁的几何线条中找到了灵感。在人生最后的几年中，他担任了乔治杰生的艺术总监，将他父亲的艺术天赋、视野及理念传给新一代的设计师，乔治杰生也由此成为欧洲以设计高雅著称的银器顶级品牌。

作为世界顶级银器品牌，乔治杰生秉持"创意至上、实用哲学、臻于完美"的理念，经历新艺术、装饰艺术和极简主义，其作品一直表达着永恒的价值观，所以当你走进乔治杰生专卖店，你买到的不仅是一件件商品，更是一件件禁得起时间验证的永恒艺术品。

20世纪初，乔治·杰生的设计始终是世界关注的焦点：1910年和1935年获布鲁塞尔万国博览会金奖，1915年获旧金山万国博览会金奖，1925年获得巴黎万国博览会金奖，1929年获巴塞罗那万国博览会金奖。1918年和1924年，乔治杰生饰品先后被选定为瑞典和丹麦王室御用饰品。在乔治·杰生的工作间里，至今还留有他的座右铭："不要跟随潮流，但是如果你想在奋斗中保持年轻，就要遵循现在的一切。"他所做的一切，不是复古，不是古代艺术的翻版，而是在前人传统文化精髓的基础上创新。所以乔治杰生品牌银器能不断以制作精良、典雅卓绝的制品而享誉欧洲。

乔治·杰生一生中创作了大量银质餐具，有些银制品更是成为收藏家的至宝。其中Ambassador系列为百年传世之作的典藏甄选。从新艺术风格到装饰艺术直至丹麦现代风格，这些纯银作品尽显各个时期典型的艺术风格，折射出令人心驰神往的创作意境。众多技艺精湛的乔治杰生银匠世代传承着品牌独一无二的设计语汇，永远保留最卓越的工艺与质量。乔治杰生在纯银设计和制作方面造诣精湛，Ambassador系列彰显品牌的优雅华美、经典永驻。任凭岁月流逝，这些作品愈发弥足珍贵，世代相传。

在乔治杰生Ambassador系列中，不乏各类佳作，譬如经久不衰的葡萄系列银器，Sigvard Bernadotte倾情打造的草莓碗具，以及汉宁·科佩尔精美绝伦的1026号纯银鱼盘——这件惊世骇俗的作品让斯堪的纳维亚设计风格享誉全球。该系列所有作品均在哥本哈根纯手工打造，傲然于世一个多世纪。

此外，于1906年开发的橡果系列也是乔治杰生的经典之作。当时的丹麦艺术家约翰·劳德想定制一组银质器皿用来衬托他的新家，为此他找到了乔治·杰生。在成为一个专业设计师之前，约翰·劳德便对乔治·杰生制作的精致的工艺品有着深刻的印象。他们于1904年展开了第一次合作，这次合作对于双方而言都是一个巨大的成功。约翰·劳德对乔治·杰生的才华十分欣赏，而乔治·杰生则对约翰·劳德的艺术眼光赞赏有加。在首次合作的基础上，乔治·杰生问约翰·劳德是否愿意为自己的品牌设计后续产品，约翰·劳德欣然接受了这个提议，就这样，他也成为乔治杰生最早的设计师之一，并将其独特的艺术观念引入乔治杰生工作室。约翰·劳德从1906年起为乔治杰生设计了许多宁静幽雅的作品。约翰·劳德的作品与乔治·杰生自己的

◎ Ambassador 系列中
的葡萄系列银器

设计有许多相似之处，他的作品有着相同特征的锤痕，使用同样的氧化技术。然而约翰·劳德的设计比乔治·杰生自然的新艺术风格更具有特色。反过来说，约翰·劳德的设计也不是严格意义上的装饰艺术，他们的作品有些介于两者之间，是新艺术与装饰艺术的独特混合。约翰·劳德的原创作品是一个卓越的设计时代的符号，同时也展现了乔治杰生作品设计的丰富性。橡果系列是约翰·劳德于1915年设计的作品，它因为自身美丽的装饰物和清晰流畅的线条立刻赢得了众多爱慕者。该系列由80件器物组成，包括名片盒和果酱匙等，曾多次被复制出售，虽然制作材质由银变成了不锈钢，但依然受到追捧。

乔治·杰生独具慧眼，善于发掘拥有远见卓识的人才，将与当时技艺超凡的艺术家们进行合作，视为品牌发展的使命。这一传统延续至今。在乔治杰生众多的银器设计师中有一位设计师的身份极为特殊，他就是瑞典国王古斯塔夫六世的儿子，瑞典王子西格瓦德·贝纳多特。西格瓦德·贝纳多特在斯德哥尔摩的美术学院学习期间，设计了非常多的银器，后来他成为乔治杰生的设计师。他为乔治杰生设计了许多纯银器皿，包括烛台、水壶、碗、咖啡杯组及刀叉餐具。这位颇具艺术天分的王子极为关注作品的功能性，在现代设计里扮演了非常重要的角色，并完全继承了乔治·杰生提倡的"既美又实用"的创作理念，因此他的作品集功能与美感于一身。他在1938年为乔治杰生设计的贝纳多特系列就完美地展现了这位艺术家对平衡把握的深厚功力。今天，他的作品凭借干净利落的线条和永不过

◉ 贝纳多特保温壶

这款 1938 年的经典之作的设计师就是瑞典王子、后来成为著名工业设计师的西格瓦德·贝纳多特。

水壶在制作过程中不突出光滑闪亮的效果，反而增强了明暗对比，饱满圆润的壶身兼具晶莹与朦胧之美，这也是为什么他所设计的贝纳多特系列作品始终是世人最爱的原因。

时的弧度设计，依旧体现着功能主义的精髓，堪称难以超越的经典作品。

作为丹麦银饰翘楚，始创于 1904 年的乔治杰生今天仍坚持用精雕细刻的工艺、厚重沉稳的材质，造就一个让世人甘心沉迷的银器古典世界。

"如果银器会说话，讲的一定是丹麦语。"这句随处可闻的谚语，淋漓尽致地体现出银饰带给丹麦人的自豪感。如果你有机会来到丹麦参观乔治杰生的银器加工厂，一定会留下深刻的印象。这里没有员工，只有艺术家。他们各个手艺精湛，皆以制作银器为终身事业。今天，乔治杰生的工匠们仍坐在宽敞光亮而几乎万籁俱寂的房间内，专心致志埋

首工作。房内周围摆放各式保养良好的工具，每一种都有其特别作用，也象征物主的身份地位。这些工具通常是由工匠本人亲自制造，将会伴随主人工作一生，直至有人继承衣钵后，再流传至下一代。

如今，你可以在世界任何一个角落买到银器，但只有在乔治杰生银器厂里，才能找到可以称为艺术银雕的银器。乔治杰生银器被看作是丹麦的国宝，由于它在工艺品质上的卓越表现而获得了丹麦王室的认可。在通过王室长达 10~15 年的严格审慎的考核之后，乔治杰生荣获了丹麦女王亲自颁发的"王室授权许可"，并开始给各国王室供应各种银质器皿及餐具。

如果你已经厌烦了大众健身房，那么不妨在家中为自己配置一台 Power Plate 健身机，它不仅让家变成了一个充满时尚、温馨的休闲娱乐中心，更会改变你的生活方式。

Power Plate

高端健身的私人教练

你还在嘈杂的大众健身房里挥汗如雨吗？你还会因为不断损坏的健身器械而和经理争执吗？如果你已经厌烦了大众健身房的话，那么不妨试试有着"家庭私人健身教练"美誉的 Power Plate 健身机。对于钟爱健身的人来说，在家中配备这样一套多功能的健身器械一定是十分惬意的事情，因为你再也不必到健身房在若干个器械前，一组一组地做着枯燥无味的训练了，你只需要一台 Power Plate 健身机，便可以随时随地感受高端健身的舒适与贴心。

事实上，许多顶级健身器械都能通过精准的设计，令你可以用享受的方式，真正时尚地做运动。在这一点上，Power Plate 健身机无疑做得很好。如果你不信，那么不妨听听世界壁球冠军彼得·尼克尔怎么说："除了家之外，我几乎在自己所有工作的地方都配备 Power Plate 健身设备，可以看出我有多看重 Power Plate 了吧。我想，每个人都应该用一用这套健身设备。哪怕你只体会到我的一半心得，你的生活也会随之发生改变！"

作为全球顶尖的健身器生产商，Power Plate 获得了众多专业运动员和社会名流的喜爱与欢迎，美国两大奥运训练基地（ARCO & Home Depot）

和德国海德堡奥运训练基地将其作为首选。此外，众多世界顶级俱乐部和运动员也都把 Power Plate 列入他们基本训练的一部分：从美国多家 NBA 球队，到曼联、切尔西、巴塞罗那等足球豪门；从纳达尔、勒布朗·詹姆斯、泰格·伍兹，到其他国际上享誉盛名的田径、游泳、自行车、速滑运动员，无一例外都在使用 Power Plate。除此之外，艺人如维多利亚·贝克汉姆、辛迪·克劳馥也对 Power Plate 健身器情有独钟。

把自己交给高科技健身器械，你就会享受顶级健身器械带来的方便与乐趣。这就是顶级健身器械 Power Plate 的魅力所在，它会带给你简单易行和愉悦的锻炼方式。Power Plate 可以提供多种多样的训练方式，简单方便的控制面板为初次使用者带来极其容易的操作性，并且可以自动设定时间和频率。对于初学者来说，仅仅利用 Power Plate 进行 30 分钟训练就可以达到满意的效果。此外，Power Plate 还可以提供一系列全方位的运动方式和培训课程，令使用者始终保持新鲜感和挑战性。不论你的目的是拉伸、练习平衡性、灵活性、增强核心力量、提高最大力量或者是增强爆发力以及放松按摩，Power Plate 都能满足你的要求。对于职业运动员来说，它就是助你提高运动成绩的"战机"；对于广大健身爱好者来说，它就是你适应快节奏生活的全新运动生活方式。

一般来讲，健身器材价格都很高，顶级专业健身机 Power Plate 的价格更是不菲。由日本

⊛ 日本著名设计师高田贤三为 Power Plate 设计的全新的限量版健身机

著名设计师高田贤三为 Power Plate 设计的一款全新的限量版健身机，其售价更是高达 9525 英镑。该款健身机一改 Power Plate 往常的灰白色，而是采用鲜艳的红色和淡淡的天蓝色为主色，两色之间用灿烂的繁花加以点缀，营造出一种春回大地、蓝天白云的绚丽美景，把户外的万缕春色表现得淋漓尽致。该款健身机的价格恐怕非一般消费者所能承受，作为 Power Plate 的创始人，古斯·范德梅尔说道："对于一般的消费者，我们也有自己的产品。我们的产品线既有面对顶级运动队的，也有面对健身中心的，还有面对一般家庭的低端产品。在荷兰，很多情况下也是由三两家合起来购买一台简单的 Power Plate，放在车库中，分享使用。"

Power Plate 设计新颖美观，既适合顶级的训练中心，也适合摆放在家庭环境中。其实，无论是五星级酒店中的健身房，还是在家中配备一套 Power Plate 健身机，你所能享受的不只是顶级健身器材，它为不同年龄、生活方式及体质的人群提供了一种全新的锻炼方式，而这又何尝不是一种时尚的生活方式呢？至少和那些名流用一个品牌的健身机，这种自豪感恐怕不是其他品牌健身机所能带给你的。

在人类的历史进程中，有的事物会通过历史和时间造就传奇的色彩，并散发出璀璨的光芒，体现着永恒的价值，成为经典和不朽的传奇。瑞士国宝，拥有100多年历史的御爵音乐盒就是这样的珍品。它随时都会带给人绝佳的视觉盛宴，极具感官效果的触觉感受，无与伦比的听觉享受，梦境般愉悦心弦的悠扬乐音，这让其成为许多尊贵人士的音乐机械宠物。

REUGE

御爵

时尚之家的音乐宠物

1796 年，瑞士钟表匠成功制作了世界上第一台音乐盒，由此拉开了机械音乐历史发展的大幕。从那以后，人们从未停止过对这一独特技术的追求，100 多年来，御爵成为这其中最为经典的品牌，并诉说着一个创业家族的历史使命。

有些东西注定不属于普通人家的摆设，比如被人称为"瑞士国宝"的御爵音乐盒。经过一个多世纪的历史沉淀，御爵音乐盒已经成为瑞士的代表，查看它尊贵客人的名单，就足以窥见其尊贵地位。1981 年，瑞士总统用御爵音乐盒作为结婚礼物送给英国查尔斯王子与戴安娜王妃；1982 年，美国第一夫人南希·里根收到一个御爵音乐盒，上面写着"南希的美丽笑容"，而音乐则是著名歌手弗兰克·西纳特拉所谱的曲子；1996 年 4 月，南非总统曼德拉获赠御爵音乐盒；1998 年，法国总统希拉克获赠御爵音乐盒；已逝国际巨星迈克尔·杰克逊在一次造访日内瓦时，获赠的一个特别的礼物，也是御爵音乐盒……

数百年来，瑞士的音乐盒技术和它的钟表工业一样辉煌，两者相辅相成，各领风骚。音乐盒内的机械装置并不比钟表简单，事实上，音乐盒正是从钟表技术发展而来的。机械音乐盒的发展史，可追溯至 14 世纪初期，最早是欧洲钟表匠们的创意。当时一些教堂的塔楼安装了能自动演奏的组钟，堪称音乐盒的雏形。16 世纪，瑞士的钟表匠给钟表增加报时的功能，音乐盒雏形诞生了。直到 18 世纪，音乐盒与钟表分道扬镳，成为独立提供音乐享受的"留声机"。最初的音乐盒，先在黄铜滚轴上根据五

帆船型 144 音梳音乐盒（左图）

外形犹如一艘扬帆起航的帆船，线条流畅的这款八音盒完美体现了御爵公司 Studio 系列的现代风格。音乐机芯的技术和美学特性发生了转变，音乐盒的最核心部件——轴芯和音梳 -- 融入了全新的环境中。用桃花心木制作而成的基座上再施以枫木线条镶嵌，使整个音乐盒显得大方得体。此款音乐盒还采用了特殊的 Cartel 4.144 机芯，散发着慑人的金属光泽。幽蓝色不锈钢螺丝钉与抛光的表面交相辉映，制造厂还特别采用了灵感源自高档钟表的日内瓦波纹装饰。

线谱用手工雕刻"音纹"，然后借助发条带动钢齿来读写发音，滚轴雕工的好坏，直接影响到音乐盒的音质。由于工艺复杂，材料昂贵，音乐盒的内芯已经价格不菲，再配以制作精巧的木质外壳（通常选用优质胡桃木、黄杨木雕刻而成），最终注定其将成为宫廷珍玩，贵族典藏。

1904 年，基多·鲁吉出生在瑞士圣克洛瓦城的一个音乐钟表家庭。他的爷爷查理·鲁吉于 1865 年在圣克洛瓦投入钟表制造业。查理·鲁吉从小在父亲的锁匠作坊中长大，他很早就对钟表情有独钟，经过一段时间在工作台前的磨炼，他成为怀表设计大师，并且后来成为具有远见的创业者。1865 年，查理·鲁吉从圣克洛瓦地区浓厚的钟表技术氛围中汲取营养，成功地将轴芯和微型音梳整合进钟表机芯，成为音乐怀表的先驱者。有的音乐钟表上面还装有自动机器人，这引起了钟表爱好者浓厚的兴趣，他的作坊也变得门庭若市，但是钟表制作其实只是御爵家族事业的起点。

直到 1886 年，基多·鲁吉的父亲雅伯·鲁吉成立第一个音乐盒制作坊，御爵音乐盒王朝就此诞生，随后，基多·鲁吉经营家族企业超过 60 多年。基多·鲁吉对音乐盒制作直觉敏锐、创意十足，他发明了音乐盒内的 Kandahar 固定装置，使公司在营运艰辛的年代得以突破难关。后来因为留声机的发明、第一次世界大战的发生及 1929 年的经济大恐慌，音乐盒制造业遭到沉重打击，几乎销声匿迹。等到 20 世纪 50 年代，美国和日本的音乐盒工业迅速崛起，瑞士众多制造厂不敌来自美日的竞争，纷纷倒闭，只有御爵硕果仅存，稳固发展至今。

尊贵篇
ZUNGUI PIAN

　　无论是经典风格抑或是创新设计的御爵音乐盒，都是工匠们依循御爵的悠久传统，使用多种珍贵木材，完全手工制作并且精工镶嵌而成的，它们给世人带来极具感官效果的听觉享受。历尽经年累月的考验，御爵音乐盒已成为超越时代赏玩的艺术品，为人们代代珍藏，当一首首美妙动听的曲子响起时，我们聆听到的是那绵延一个半世纪的超凡魔力。

　　用贵得离谱或天价来形容御爵音乐盒一点也不过分，因为最贵的御爵音乐盒售价超过了百万元。

御爵的天价自有天价的道理，每一件御爵音乐盒都由工匠们手工制造完成。音乐盒上的每一根音梳、每一根钢针都由工匠手工打磨而成，再按照五线谱用代代相传的工序镶嵌在合金滚筒上。自 100 多年前第一台御爵音乐盒诞生以来，御爵音乐盒的严格制作标准对于工匠的技艺就有着苛刻的要求：不仅要有匠人的灵巧的手工，更要有调音师的耳朵与艺术家的鉴赏力，以保证音乐盒最细微的音色差异得到准确区分。迄今为止，瑞士御爵公司是全球唯一能生产精密中高档音乐盒的公司。

正是因为全部由手工制作，这也让每一件御爵音乐盒都是一个独特的生命。御爵音乐盒的机芯是一个极为精密的机件，凝聚了几个时代的创新科技，并不断进行技术改良。今天，御爵音乐盒的机芯，从全球最小的 17 音梳机芯到 144 音梳机芯，都无可取代。

另外，音盘也是御爵音乐盒技术的关键，如果 ◉ 绞盘运动音乐盒

说基座是机件的骨架，那么音盘就是它的灵魂，在发出乐音之前音盘必须有一系列的高精密步骤，要经过切割、淬火的程序，达到最合适的硬度，才能拥有完美的音质。调音师会依据音盘的音乐特性进行调试，最后再由工匠将所有零件组合在基座上，整个过程都由手工制作。

在木材的选择上，御爵公司采用的是最优质珍贵的木材，如桃花心木、黄檀木、黄杨木等，作为机芯的华丽外衣。音乐盒的精工镶嵌有着极为严格的程序：首先是选择最优质珍贵的木材，再通过干燥、组装、上釉、雕刻、镶嵌细工等一系列严格程序，使其拥有独特的色泽和纹路，为音乐盒赋予鲜活的外表。

在御爵音乐盒中具有代表性的有圆筒型、怀表型和鸟笼型音乐盒，还包括实用性的首饰盒型音乐盒，这些都是用世界上最熟练的制造技术制作的。其中胡桃木音乐盒是御爵生产的音乐盒中最具代表性的。纯手工制作使整个音乐盒中的机芯看起来精致又高贵，采用了御爵传统式 CH3.72 机芯，能够演奏相当于五个音阶的音域，相当于一架 88 个键的钢琴演奏所产生的效果，音质尤为突出，一共可以演奏三首人们耳熟能详的古典乐曲。而外形犹如一艘扬帆起航的帆船，线条流畅的帆船型 144 音梳音乐盒完美体现了御爵 Studio 系列的现代风格。音乐盒的最核心部件——轴芯和音梳，融入了全新的环境中。144 音梳音乐盒可以说是迄今为止的音乐盒中簧数最多的音乐盒，其带来的音质效果相当于两人弹奏一架钢琴的双重奏，长达 20 分钟的演奏时间使爱乐者能够不厌其烦地欣赏他们最钟爱的旋律，沉浸在美妙的音乐中。

御爵的殿堂级作品，序列号为 AXA148048000 的音乐盒，更是汇聚了该品牌"御用"设计师的独特设计理念，从内部机械到外观装饰都极尽雍容华贵，全球限量制作 12 台，每台从下单到最终取得成品需要等待 3 个月。这是一款可更换滚筒的音乐盒，在机芯方面，选用了特殊的 Catel Inter 机芯——作为目前音乐盒机芯制作技术的最高结晶，它的精密程度堪比腕表领域中的陀飞轮，可以像真

◉ 鸟笼型音乐盒

这两只小鸟是安徒生童话中的夜莺吗？上了发条后，鸟儿开始鸣叫，歌声悦耳动听。鸣叫的同时，鸟儿的身体和翅膀也会随之愉快地摆动。鸟身的羽毛用真鸟羽一根根粘贴而成，单单粘贴羽毛这一工序就需要四个小时的细心工作。制作上采用传统手工工艺的鸟笼型音乐盒，鸟笼内部运用超过 250 个零件，当齿轮、发条、凸轮等零件逐步就位后，活灵活现的鸣鸟就呈现在我们眼前了。鸣叫时鸟嘴巴的动作、脖子、尾巴的活动均和鸟的叫声相一致，真正做到难辨真假。

正的管弦乐队那样演奏协奏曲、歌剧音乐和交响音乐。拉开此款音乐盒放置桌的抽屉，里面安放有 8 只替换用的滚筒，每只滚筒上制有 4 首曲子，因此这款音乐盒一共可以演奏 32 首曲子，每首曲子都是取自古典名曲。经过重新编曲后，工匠们按乐曲精髓部分的旋律编排制作出对应的钢针，再精准地把这些钢针置入到细长的滚筒中。当发条带动滚筒旋转时，钢针拨动音梳，曼妙的旋律便随即流转于空气之中。

更为特别的是，AXA148048000 音乐盒的后排还附有金色的乐铃和鼓，每当音乐响起，整个音乐盒的演奏就如同一支小型乐队的演出。这样的设计不仅丰富了乐曲的元素和表现力，还大大增加了整体的美观程度，令整个音乐盒尽显尊贵气质。在外观设计方面，AXA148048000 采用上等材料制作而成的外箱色泽高贵又不失温润，外箱表面还饰有红白两朵玫瑰。御爵的工匠们运用了独家的花卉镶嵌细工，通过将各种稀有木材的微妙颜色差别进行搭配，呈现一种和谐的色调，看起来雅致又与众不同。

今天，御爵早已超越了机械与设计概念，在音乐和工艺的传世演变中，御爵铸就了一种无上的艺术品质。精心的编曲和专业的调试则使御爵的音乐盒成为无与伦比的听觉精品，让人情不自禁地沉醉在音乐世界中。美丽精巧的外表，令人陶醉的旋律，装饰性及功能性兼备，御爵音乐盒不再是冰冷的机械音乐器具，更具有丰富的情感。

◉ 御爵胡桃木 AXA148048000
音乐盒

顶级座钟

专题一

时尚家居的奢华计时器

在怀表和手表尚未普及的年代，座钟是一般家庭唯一的报时工具，家中的生活作息全靠座钟滴滴答答的走时来兢兢业业地指导。到了近代，各种报时工具愈发普及，座钟也失去了报时工具的实用性。然而，随着人们对家居生活品位的提升，再没有什么比一座精致的座钟更能体现出机械美感和工艺价值。如今，许多高级钟表品牌多年来依旧执着于座钟的制造与研发，无论是喜欢简洁设计、还是华丽装饰或复杂性能的消费者，都能找到高品位的座钟来为生活平添许多乐趣。毕竟腕表只能代表你自己，而座钟则永远与家有关。

ERWIN SATTLER
MÜNCHEN

昂文德帝

座钟界的劳斯莱斯

昂文德帝是座钟界的王者，它自创 13 种不同的座钟，所有的座钟全是纯手工制作，可以走时 200 年，优异的品质和有限的产量使其产品备受追捧。在钟的王国里，昂文德帝的地位与汽车里的劳斯莱斯和手表中的百达翡丽一样高贵。

昂文德帝时间纪念者（Columna Temporis）室内落地钟，售价为 80 万元，是目前世界上售价最贵的时钟。这款世界顶级时钟因其卓绝的精准性而被称为"时间纪念者"，其最引人注目的特征是它富有现代化气息的时尚外观设计，整个时钟通体透明，各个昂贵的部件被安置在一个人工吹制成的玻璃罩中，整座钟的内部结构一览无余。这样的设计与我们平时常见的红木制座钟完全不同，其艺术的造型和前卫的设计让人们领悟了什么才是真正的时尚座钟，什么才是现代的时间建筑艺术。

这款时间纪念者座钟制作工艺相当复杂，从机芯到外部装饰全部是由工人手工制作，每年只生产 10 台，自 2000 年到现在，全球仅

⊗ 昂文德帝时间纪念者室内落地钟

售出 20 多座，其中大多都被王室成员、名流富贾或者品位独特的私人收藏家所购得，在德国驻纽约领事馆、慕尼黑博物馆等场所也收藏了此款时钟。昂文德帝的时间纪念者落地钟不仅仅代表一种富贵之气，它背后所蕴含的德国制钟历史和文化，更是一种身份和品位的象征。它已经不仅是计时器那么简单，而是一件值得骄傲的艺术品，为时尚之家平添了贵族之气。

在全球凤毛麟角的手工座钟生产商中，昂文德帝品牌是首屈一指的，它以精美高贵的外形、制作工艺和内在品质，赢得人们长久地关注与赞叹。昂文德帝钟表厂从创立至今已有 50 多年的历史。早在 1903 年，昂文德帝创始人埃尔文·萨德勒尔的祖父，当时的制表师海因里希·萨德勒尔就在德国皇家专利局申报了带有永久日期显示的钟表部件的台式钟。由此，萨德勒尔家族的制钟事业开始代代相传。1958 年，同为制表师的埃尔文·萨德勒尔建立了自己的制表厂。从 20 世纪 70 年代末开始，埃尔文·萨德勒尔生产的挂钟就已声名鹊起。到了 20 世纪 80 年代，埃尔文·萨德勒尔的女儿斯黛芬妮·萨德勒尔－瑞克与制表师理查德·穆勒夫妻协力，持续将制表厂的生产经营推向了更高的高度。

昂文德帝钟表厂的规模并不大，楼上楼下几个车间承担着钟表生产中的每道工序。因为座钟不像腕表那样在方寸之间极端追求"精微手艺"，所以这里并没有瑞士诸多腕表厂车间里的那种极其考较眼力的压抑感。各个工厂车间各具功能，紧凑地组合成一个整体。从金属加工的现代化车床车间，到精微的细部雕琢工位，再到各类零部件的测试和组合安装，工厂里气氛宁静，节奏舒缓。

50 多年来，昂文德帝钟表厂一直坚持座钟上所有的零件都由自家制作，即使小到钟砣上的一颗螺丝也是如此。在他们看来，外购零件不能保证"昂文德帝座钟质量之外的精美"。昂文德帝钟表厂这样做的原因并非为了节省成本，因为生产这样的一颗螺丝通常需要 3~4 个小时，一枚指针的制作需数十道工序，就烧制这一项就需要一整天的时间。制作一只月历钟表的齿轮，甚至需要数个星期，而这只是为了让座钟能够分清 28、29、30 和 31 天的微妙差别。可以说，昂文德帝钟表厂在制造环节上对零件的生产已经达到了近乎苛刻的程度。

在昂文德帝钟表厂里，你看不到任何现代工业生产的流水线，每个工人要负责一座座钟的全部安装过程，每周只能安装 10 座，这点再一次体现出昂文德帝保守的生产态度与对质量的高度追求。虽然说钟表的产量决定于市场需求，但昂文德帝为了保证产品的品质，不会盲目扩大生产。它对生产细节的精细要求，也决定了其产量不可能很多。最令人不可思议的是，昂文德帝钟表厂仅有 25 名员工，从原材料的选购、零件的制作、精密组装，到最后调试，数十道工序皆由这 25 个人完成。作为全球公认顶级机械钟机芯制造商，在如此规模之下一年内能够生产 800 座座钟，并得享制钟业的如此盛誉，这本身就已经是一个奇迹了。

在钟表界，昂文德帝座钟被誉为"可以传世的钟表"。事实也是如此，在正常的情况下，昂文德帝的座钟可以走时 200 年，每月的走时误差仅为 1~2 秒。当然，在不同的自然环境与地形条件下，误差往往会有变化。因此，昂文德帝钟表厂会提供维护与调试的全面服务，首先对客户所居住的环境进行全面测试与考察，以免因为不为人察觉的轻微摆动而产生误差。另外，昂文德帝座钟在 15 年内无须任何维修。

昂文德帝座钟的售价自 3000 欧元到近 10 万欧元不等，可以满足各阶层的不同需求。另外，针对特定的高端消费人群，昂文德帝钟表厂还会提供私人定制的服务，外形、用料都可因应顾客要求做一些相应的调整，当然他们可能为此要付出更多的钞票，而且还要保持相当程度的耐心，因为特殊定制的昂文德帝座钟通常需要半年或更长的时间才能交货。

今天，人们习惯通过购买名表来彰显品位与高贵。实际上，一座名贵的座钟更能凸显高品质的生活。昂文德帝座钟复杂的制作工艺与极致美感的观赏价值让其珍贵性无以言喻，而且蕴含着平实的生活味道。

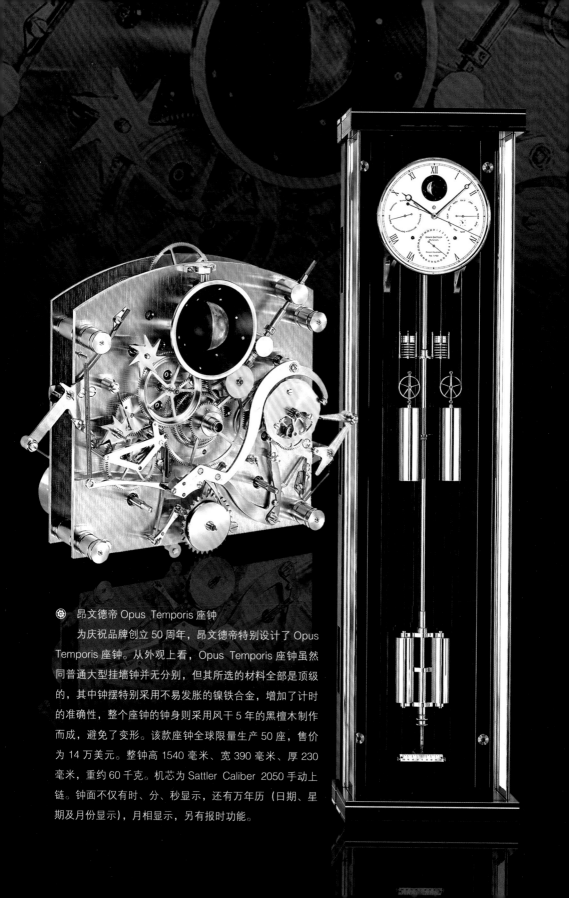

◎ 昂文德帝 Opus Temporis 座钟

为庆祝品牌创立 50 周年，昂文德帝特别设计了 Opus Temporis 座钟。从外观上看，Opus Temporis 座钟虽然同普通大型挂墙钟并无分别，但其所选的材料全部是顶级的，其中钟摆特别采用不易发胀的镍铁合金，增加了计时的准确性，整个座钟的钟身则采用风干 5 年的黑檀木制作而成，避免了变形。该款座钟全球限量生产 50 座，售价为 14 万美元。整钟高 1540 毫米、宽 390 毫米、厚 230 毫米，重约 60 千克。机芯为 Sattler Caliber 2050 手动上链。钟面不仅有时、分、秒显示，还有万年历（日期、星期及月份显示），月相显示，另有报时功能。

Hermle

赫姆勒

复制"天机"

如果说时间是生活中最重要的抽象奢侈品，那么手表和钟表自然是最能表达时间的载体。但相对于手表的个体性，钟表更与家的概念紧密相连，赫姆勒星象钟就是家居奢侈品的象征。那种机械自鸣钟有韵律的嘀嗒声，会给家庭生活带来更多的规律和节奏感。

德国时钟闻名遐迩，数百年来一直雄踞世界机械自鸣钟的霸主地位，故有"瑞士表德国钟"之说。已有 300 多年历史的赫姆勒更是这个时钟王国的领先品牌，可以说，赫姆勒是当之无愧的世界机械自鸣钟的领军者，同时也是无可争议的时尚生活的引

◉ 赫姆勒 Tellurium Ⅲ系列星象钟

钟座为仿古实木，间以金属、黄铜等加以装饰。日期盘上金属铸造的太阳神和月亮、地球非常精美，尤其是珐琅表盘和掐丝工艺让人拍案叫绝。

领者和倡导者，具有"老欧洲贵族代表"和"新时尚生活领袖"的美誉。

　　作为德国传统制钟家族，赫姆勒的历史要比昂文德帝长得多，距今已有 300 多年的历史。19 世纪末，家族传人弗朗茨·赫姆勒开始自己生产钟表，当时生产能力很小，主要精力用在了生产零件上。直到 1922 年，弗朗茨·赫姆勒才正式创办了专业生产、销售座钟和机芯的近代企业，并自豪地以家族姓氏——赫姆勒作为其产品商标。第二次世界大战期间，赫姆勒品牌曾经一度衰败，但并没有沉沦，不仅顽强地生存下来，而且更具生命力，一直雄踞世界机械自鸣钟的霸主地位。

　　赫姆勒钟表公司出产的座钟主要分为三大系列。第一种就是以机械钟为主体的经典钟，如老爷钟、壁炉钟，其产品蕴含着浓郁的传统风格，保持着德国钟永恒的魅力。第二种则是以与众不同的石英扭摆为形象的周年纪念钟，其水晶摆、陶瓷座呈现小巧玲珑的美感，独创的石英扭摆 400 天钟新概念曾经引发了时钟设计流派的发展。最后一种就是独具匠心的创意钟，它散发着清新的现代气息，不仅引导着欧洲和世界的时钟设计潮流，更是现代家居设计大师们设计居室时的不可或缺的点睛之笔。

赫姆勒挂钟

不过，提起赫姆勒最经典的作品还是非其星象钟莫属。可以说，赫姆勒星象钟是赫姆勒机械钟产品中最杰出的代表之一，被誉为"贵族中的贵族，经典中的经典"。人们认为赫姆勒星象钟起源于18世纪著名的制钟大师史瓦卞神父和菲利普·马图斯汉的发明创造。这两位重量级的人物制作了一座可以显示分钟、小时、星期、月份和月相的钟，要知道以当时的技术水平，这款座钟绝对是一个伟大的创举，二人将其命名"天机"。1782年德国贵族德拉克侯爵从马图斯汉那儿将此钟带回德国，并把它作为最贵重的科学器具收藏起来。

赫姆勒星象钟便是"天机"的复制品，也是世界上唯一的复制品，它具有星象显示，并设计成天体的结构，位于月球和黄道盘的上方，以显示星系的情况，太阳、月球和地球的位置是有规律变动的，并通过可见得到的年系统显示。赫姆勒星象钟具有极高的精确性，每月只需上发条一次。它不仅会显示准确的时间还会显示月相，从新月到新月需要29天12小时44分钟2.9秒，准确度惊人，以致100年之后才有1天的差异。

赫姆勒星象钟的钟体采用了黑色抛光，内嵌贵重金属和高精确度的机芯，切割精巧的斜角玻璃，红宝石色的摆盘、镀钨的钟锤构成了赫姆勒星象钟独特的贵族气质和与众不同的艺术风格。赫姆勒星象钟全球仅限量发行100台，这使许多贵族名流不惜重金竞相购买。

万宝龙

书写时间的神来之笔

也许有很多人在购买机械钟时最关心是"准不准"的问题，实际上，当一个事物的价格远远超过它表面呈现的价值时，那么，它的意义就已经不在于最初的表象了。比如万宝龙尼古拉斯·凯世书写时间计时座钟的价值，在于万宝龙对计时技术之父尼古拉斯·凯世的敬意，真正的收藏者会关心它的人文情怀、美学价值及历史渊源，而且其注意力最后往往会安静地停留在那个完美的机械音上——既代表时间的流逝，也是对心境的净化。

　　万宝龙是唯一横跨制表工艺及书写文化两大领域的奢侈品牌，在国际上享有极高的声誉。其与德国著名时钟生产商昂文德帝合作推出的尼古拉斯·凯世书写时间计时座钟，是两个顶级品牌向计时技术之父尼古拉斯·凯世表达崇高敬意的伟大结晶，被业界称为是天作之合。

　　1821 年，尼古拉斯·凯世发明的第一款计时仪器面世，可谓史上首次出现的"书写时间"的技术。尼古拉斯·凯世 20 岁于巴黎西堤岛开始钟表制作事业，并向当时最出色的钟表工匠学艺，1817 年获任王室御用钟表师。5 年后，他在某次赛马活动中展示了一台木箱计时仪器，当时他将两个计时转盘安装于时钟机芯表面，转盘表面有一支固定刻度针，当按压计时按钮，刻度针会挤出一滴墨水于计时转盘上，从而记录参赛马匹的成绩及差距。

　　尼古拉斯·凯世"书写时间"计时座钟从当年的双计时转盘概念中吸取灵感，利用旋转碟盘及固定指针显示计时程序：一支弓形夹板固定两个转盘及指针，左边是 60 秒钟定时器，右边是 60 分钟定时器，布局与当年尼古拉斯·凯世发明的点墨定时器一样，但计时功能由一个独立的计时机芯操作。机芯亮泽的镀金传动轮组件制作极为精细耗时，每一个由实心铜片切割出的齿牙都要耗时几分钟，齿轮表面及齿边经过打磨倒角修饰后要镀金，取其防腐蚀之效。大型发条鼓可储存 360 小时（15 天）动力，并装配芝麻链结构，补偿长发条的扭力会忽然下降的缺点，令动力输出平均稳定，再传至摆频 18000 次（2.5 赫兹）的螺丝摆轮，后者装配的蓝色游丝与航海天文钟一样。

　　整个定时器安放于玻璃罩内，但无须移动玻璃罩就可操控计时起动、

停止及归零三个程序：起动及停止按钮设于左面，归零按钮在右面。第一次按下启动按钮，掣动杠杆与摆轮分离，令摆轮及两个计时转盘开始运作；同一按钮按第二次便压停摆轮及转盘而停止计时；按第三次摆轮再次运作，如此类推。左面的按钮会驱动心形杠杆，将两个计时转盘归零。就算计时进行中亦可以重新计时，到时转盘急速归零后随即展开新一轮计时工序，即是飞返计时功能。

　　整个座钟套装置于玻璃罩下，以防止灰尘及温度与湿度剧烈变化等环境因素的影响。由于为座钟及定时器上链要揭开玻璃罩，万宝龙特别设计了极巧妙的装置：只要轻触藏于壳内的感应器，由电动马达及传动带驱动的支撑架便会升起及降下玻璃罩。为解决碍眼的电线问题，底座内藏胶体充电池，为上链器、玻璃罩升降装置、LED 灯以及计时按钮起动器提供动能。由于充电池重量相当，降低了整个座钟的重心，令整体结构更加稳妥。

　　万宝龙尼古拉斯·凯世书写时间计时座钟于 2011 年日内瓦高级钟表展首度亮相，仅有 19 套，因为钟表展开幕前外界需求已极为热烈，所以一经亮相便迅速售罄，向隅者只能静候此套装未来在拍卖会场上出现的时机了。

JAEGER-LECOULTRE

积家

豪宅的钟表美学

　　古典优雅的落地钟可以为家居环境增添贵气，而精美小巧的座钟也能彰显一个家庭的典雅品位。就这方面而言，世界著名奢侈品品牌积家的表现极为惊艳，尤其是积家的空气钟（Atmos）更凭借空气温差作为永恒动力，加之优雅的外观，成为许多品位之士打造顶级居家空间的必备之选。

　　1928年，瑞士工程师让·雷恩·鲁特发明了空气钟，它具有不需外在动力就能恒久运行的特性，这让其成为当代的一项巨作。发明之初，空气钟由于生产不易，导致产量大受限制，不过在努力不懈的改良下，4年后他终于解决了生产上的困难，并在积家钟表公司的协助下正式投产，成就了现今我们所见到的积家空气钟。

　　80年来积家已经制造出超过75万座空气钟，每一座都不需倚赖外力，就能持续运转长达数世纪之久。其运作原理十分特别，是利用空气温差来

积家镶木空气钟

积家天文空气钟

驱动的，钟内的气体与风箱装置根据周围温差的细微变化，产生如呼吸般的收缩或膨胀，进而带动内部发条提供动力。1度的温差就可供应积家空气钟48小时的动力。空气钟不需使用电池、不需上发条，每只空气钟在无空气污染的情形下，据说可运行600年才会有机械性损耗。如此大胆的技术革新，使之超脱于所有传统的钟表结构设计。它不会耗用过多的能量，可说是十分迎合现代节能环保的潮流之作。

为庆祝空气钟的卓越成就，积家总共推出了50款空气钟，其中两款纪念钟极为特别。第一款名为天文空气钟（Atmos Astronomique），以1934年的Atmos CHI空气钟为灵感，外形晶莹剔透，做工细致非凡，具有镀铑金属架构和水晶玻璃钟壳，透明部分更饰有地图学家塞拉流斯在1660年出版的《和谐大宇宙》的地图册片段。除了精美的玻璃钟壳外，天文空气钟还印有北半球天体星象图，其上精巧地以蓝银双色绢印星座图案，让人随时都能欣赏熠熠星空的美妙。这款天文空气钟搭载积家566

型机械机芯，由 309 只零件组成，完全以手工制造组装，能精准无误地显示时分，也能于 6 点钟方向读取时间等式和月份的信息，以永恒、天文与时间三个角度，展现出积家在机械工艺上的高度成就。

另外一款镶木空气钟（Atmos Marqueterie），更是融合新古典美学和制表工艺的经典之作。继 2000 年以慕夏画作《四季》为主题打造空气钟后，积家再度结合艺术巨作，推出新款空气钟。特别使用了金箔和多种珍稀木材，拼贴成奥地利画家克林姆的《爱蒂儿画像》，让大师的经典画作走入人们日常生活之中，使艺术不再难以触及。为了将原画中的木质和黄金色泽调和，积家特意于钟面 12 点钟位置镶嵌了一枚黄色刚玉，其他刻度则为木质化石，呈现尊贵隽永的质感。该款空气钟全球仅量发售 10 座。

积家从未停止过为顶级家居设计座钟的工作，2010 年推出的两款全新空气钟汇聚了 Atmos 系列的精髓，几近恒动的机械装置令它时至今日依旧是名副其实的杰作。其中 Atmos Réédition 1930 重新诠释了 1930 年出品的经典座钟，新款空气钟忠于原款造型，透明玻璃钟壳中的黄铜钟盘与装饰

艺术风格一脉相承。钟盘中央展示机芯齿轮，机芯遵循高级制表流程的优良传统，整个过程以手工润饰加工而成。几乎隐匿不见的超薄精钢底座则更强调此款纪念意义深刻不凡的空气钟的纯粹轻盈之美，为人们带来一种仿佛能见到时间流转的空灵之感。积家只生产了 300 座 Atmos Réédition 1930 空气钟。

另一款则出自著名的澳大利亚设计师马克·纽森之手，他是当代最具影响力的产品设计师，被美国《时代周刊》称为"为世界制造曲线的人"。这款被命名为 Atmos 561 的空气钟，是为纪念 Atmos 系列问世 80 周年而专门制作的。该空气钟的钟壳以巴卡拉水晶块切割而成，仿若空气钟的第二层肌肤，线条简单，极具现代风格。此空气钟共有两款设计可供选择，蓝色款限量推出 18 座，半透明款限量推出 48 座，尽情展现了当代艺术与精湛工艺之间以及制表技艺与美学理念之间的激情碰撞。

当我们置身于这个能源短缺的年代时，积家 Atmos 系列空气钟的惊人运作原理，无疑为人们带来无穷的惊喜及灵感。它如同源自一项罕有且珍贵的魔法，成为现代家庭生活中理应必备的经典之作和许多收藏家梦寐以求的艺术珍品。

⊛ Atmos 561 空气钟

✿ Atmos Reedition 1930 空气钟

该款产品采用 20 世纪 30 年代经典书写体风格阿拉伯数字时标，而白色指针只在针尖点缀成黑色，整座空气钟风格内敛简洁。

✦

PATEK PHILIPPE
GENEVE

百达翡丽

镇宅之宝

装饰居所之心，世人几近相同，但唯有掌控资本的巅峰人物方能领悟一座建筑的抱负和一个寓所的内在品质。无论是顶级的私人会所，还是精英名流极尽奢华、典雅、气派的居住之所，若能有充满艺术性和创意的百达翡丽圆顶座钟装点，必定会为主人增添无限荣耀。百达翡丽圆顶座钟更可称为豪宅的镇宅之宝，不论是凝视百达翡丽圆顶座钟的时间盘，还是隽永雅致的钟壳，都是一种无与伦比的享受。

◎ 百达翡丽水晶及珐琅圆顶座钟。

提到座钟，绝不能少了百达翡丽。这个宣称自己的产品只为下一代所拥有的奢侈品牌，其最具特色的圆顶座钟给每一个家庭赋予了更多特殊的意义。

多年来，百达翡丽的座钟多以鸟兽和花卉为主题，比如以中国仙鹤形象为主题的松鹤延年珐琅座钟、以海洋生物为图案的金玉满堂珐琅座钟，还有描绘游隼捕猎英姿的翱翔天际座钟，那栩栩如生的构图和精妙的色泽无不令人屏息。另外，蕴含宗教意味的创世纪和神迹珐琅座

◎ 百达翡丽 THE ROYAL BLUE DOME 座钟

钟，更堪称经典，具有怀旧古意的色彩以及瑰丽动人的画面，足以为家居空间增添奢华之气。

永不自我设限的百达翡丽，总是极尽奢华之能事，所采用的材料不是纯金，便是铂金。而百达翡丽的圆顶座钟是其掐丝珐琅产品中最为珍贵的。说它珍贵，不仅因为该种座钟所采用的珐琅工艺本身的复杂耗时性，还因为百达翡丽公司能够胜任这一任务的珐琅工匠屈指可数，甚至比能够胜任百达翡丽超级复杂机芯的制作及维护工作的工匠还要少。同时又因为每一只座钟都是独一无二，通常为迎合未来主人的要求而特别设计的，其价值自然随岁月的流逝而水涨船高。

百达翡丽的圆顶座钟工艺十分复杂，要完成一只这样的球形座钟的画面掐丝，工匠们要用到长约18~20米长的金丝。通过纤细的金丝在曲面上"掐"出每一处栩栩如生的细节画面本就不易，要在同样弧度极高的曲面上完成珐琅的制作工序，更是一项极具挑战性的工作。它的制作难度与在平面表盘上的操作是无法相提并论的。

如果说掐丝为座钟这块"画布"勾勒出生动的轮廓，那么珐琅的上色与烘烤则为画面带来无比生动的灵韵。在整个圆顶座钟的制作中，大约使用到40多种透明和饱和的珐琅颜色，而且每上一层珐琅就需要通过6次烘烤。如此繁复的制作工艺与极富美感的观赏价值让这些掐丝珐琅座钟的珍贵无以言喻，实为不可多得的珍品佳作。

所有的百达翡丽珐琅座钟都价格不菲，如一款1387型号Jazz New Orleans黄金及珐琅彩绘太阳能座钟于2011年曾以27万美元在香港苏富比秋季拍卖会上成交，成为百达翡丽珐琅彩绘太阳能座钟世界拍卖最高价。百达翡丽1361型号蜻蜓与水莲黄金及珐琅彩绘太阳能座钟，于1991年制成，估价高达10万~15万美元。

✠

VACHERON CONSTANTIN

江诗丹顿

贵气天成

它出身名门，贵气天成，注定不能被某个人所拥有。作为江诗丹顿唯一一款座钟产品——阁楼工匠天文座钟，记载着江诗丹顿百年的文化内涵以及精湛的制表精神，而并非作为炫耀之用。

1755 年，让·马克·瓦什隆在瑞士日内瓦市中心设立工坊，创立了世界上第一家表厂。1819 年，商人弗朗索瓦·康斯坦丁加入，他天才的品牌推广艺术使江诗丹顿成为当时第一个，也是唯一一个走出日内瓦的手表品牌，并逐步被推广至世界的各个角落。他的名言"尽力而为，希望无穷"以及"产品说话，销售闭嘴"时至今日仍是江诗丹顿所坚持的经营理念。两个多世纪以来，江诗丹顿曾推出无数工艺卓绝、美得令人难忘的钟表作品，以精湛的工艺、专业的技术、灵敏的时尚触觉和源源不断的创意，创作出令世人惊叹的钟表作品。

高贵的王室血统和深厚的历史底蕴赋予了江诗丹顿神秘尊贵的光环，不过与其他钟表奢侈品牌不

同的是，江诗丹顿拒绝品牌延伸，一直致力
于展示腕表历史，钻研腕表技术，经营腕表
文化，而这倒让那些喜欢江诗丹顿，同时又
喜欢座钟的消费者多多少少有些遗憾，因为
江诗丹顿从不生产座钟产品。

直至 2005 年，为庆祝品牌创立 250 周年
江诗丹顿推出了一系列纪念表款，其中，阁
楼工匠（L'esprit des Cabinotiers）天文座钟
是一款集江诗丹顿品牌的精湛工艺与完美艺
术于一身的精美计时艺术品。这款莲花天文
座钟是江诗丹顿 250 周年纪念钟表中最特殊
的一件作品，一方面它是唯一的座钟作品，
另一方面它只生产一件。如果江诗
丹顿希望用一件作品可以完整呈现
其 250 年制表工艺的精华，无疑
就是这唯一一件的阁楼工匠天文座
钟，其命名的由来是取法当时在阁楼创立钟表工作
室的品牌起始精神。

江诗丹顿莲花天文座钟外观极为惊艳，可谓金
碧辉煌，雕工精湛，直径 22 厘米的玫瑰金金属圆
球，基座则由天蓝石、玫瑰金和缟玛瑙制成，整座
座钟呈现出华贵与和谐的美感。金球之上雕刻着法
国国王路易十五的御用地理学家罗伯特·德·瓦贡迪
所绘制的天空图，星座的位置则准确描绘出让·马
克·瓦什隆创立工作室的当天，也就是 1755 年 9 月
17 日时所见的星空图像。世上现存掌握高超古法金
雕工艺的大师不多，江诗丹顿找到了一位隐居法国
的金雕工匠，足足花了 4 个月的时间才完成这一作
品。金球其实是由 8 个莲花花瓣般的金属薄片组

◉ 江诗丹顿阁楼工匠天文
座钟

成，当启动装置后，隐藏其中的 16 只金属细杆和蓝
宝石关节小球便会运动起来，让金球一如莲花花朵
开合般地自动开启闭合，内藏的座钟也会自动向上
升起。

江诗丹顿莲花天文座钟除了具有时、分、中心秒
针、24 小时和动力储能显示、万年历、时间等式真
太阳时间、月相、阴历日期、温度计和二问钟鸣报时
等功能之外，还具有天文历显示功能，可以由小太阳
标志和其表盘外圈所置放的搪瓷珐琅黄道十二宫标
记，依罗马教皇格里高里十三世所颁布的公历来显示
太阳的天文位置，而其制作原理则依据数学家加缪的
计算和制表工程师安提德·让维尔的设计。

卡地亚火烈鸟和莲花自动机时钟

Cartier

卡地亚

时间与家的永恒情缘

160 多年来，卡地亚创造了无数经典之作，每一件都堪称世间珍品。其中卡地亚艺术座钟更是呈现出制作者对时间的珍爱、设计理念的独特性以及创作的热情。不仅如此，卡地亚座钟还为那些美轮美奂的豪华宅邸不断编织着充满诗意与贵族气息的画面，即便它们被摆放在最不起眼的位置，也能引起人们的关注。最可贵的是，卡地亚艺术座钟总能激发拥有者对家庭的特殊情感，让其成为拥有者生命中最值得珍藏的那一部分。

1853 年，卡地亚创作了第一只钟表，开启了160 多年的钟表传奇史。1912 年，一款名为魅幻时钟的座钟成了卡地亚历史上最伟大的发明，一经推出就得到了世人的称赞。从外观上看，这个座钟的指针看起来就好像悬浮在空中，看不到任何机械装置的连接。因此，它也被人称为"神秘钟"。魅幻时钟由卡地亚首席设计师莫理斯·库耶设计，他巧妙地将指针固定在锯齿形的水晶圆盘上，由隐藏在侧面的机械系统牵引驱动。长久以来，为了维持魅幻时钟的神秘色彩，卡地亚从未向外透露过魅幻时

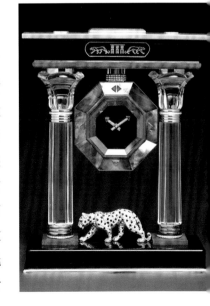

钟的机械原理。这款时钟是卡地亚所有庙门式时钟的第一款。当时该系列座钟一共 6 款，每一款都设计迥异，由卡地亚在 1923~1925 年之间创作完成。它从东方庙宇和佛教文化中撷取灵感，时钟被打造为庙宇形状，庙门顶端装饰有弥勒佛像，移开佛像即可触及动力系统。这款魅幻时钟曾经归属于波兰歌唱家加娜·瓦斯卡，后来由卡地亚重新购回，收入卡地亚艺术典藏系列。这件令人目眩神驰的旷世杰作，不断散发着珍奇的魅力，显示出卡地亚源源不断的创意和先锋的创新精神。

能够拥有卡地亚古董座钟的人毕竟是少数，但卡地亚似乎就喜欢想方设法来挑逗人们对它的渴望。比如花豹钟（Panthere Clock）便是卡地亚神秘钟系列中一件现代艺术珍品。该款座钟除了延续神秘钟的传统工艺之外，材质更为稀有珍贵，花豹钟使用了重达 1130 克的 18K 白金及约 134.75 克拉的钻石制作而成，这座钟共花费了制表师及珠宝设计师们 2270 个小时的心血才最终完成。花豹钟闪耀的珠宝魅力自不在话下，尤其是卡地亚标志性的动物元素——钻石豹——盘踞环状钟圈之上的设计，让整个座钟具备了卡地亚式的奢华。这款座钟全球只生产一只，其参考售价为 173 万美元。

在许多人的眼中，卡地亚的艺术座钟只适合于欧式装饰的环境之中，其实卡地亚很久以前的作品就深具东方风情，最经典的作品当属 1926 年卡地亚设计的插屏式座钟。这款插屏式座钟的钟盘是由中国白玉浮雕插屏的局部制作而成，两面为精美的雕玉钟盘。正面的指针制成了龙的形状，反面一条珐琅质的龙霸气十足地守卫着精美浮雕刻画的中国

　　山水。龙这个中国最具神秘色彩的动物形象，瞬间成为整件作品的点睛之笔，展现出卡地亚极其丰富的想象力和创造力。在中式风格的家居环境中摆放这样一款座钟，必将完美展现中国风的神韵，同时也可以尽显卡地亚华贵典雅的气质与风格。

　　把东西方经典元素融为一体的卡地亚，将艺术家居装饰带入了豪宅的家居厅室，不仅体现了卡地亚唯美的艺术品位，还最大限度地满足精英人士的不同心理诉求。也许你一直在寻觅，或者犹豫用什么物品来将家居的典雅升华，摒弃那些华而不实的装饰，那么，卡地亚艺术座钟可能是你最好的选择，它繁复华贵，细节出众，提炼了稳重高贵的家居品性。即使在现代家居空间内摆放一个富有古典意韵的卡地亚座钟，也能在家居装饰上展示贵族气质，因为卡地亚的每款钟表杰作，都是世间独一无二的精品，展现着极致的艺术品位。

皇家名瓷

专题二

餐桌上的贵族

18世纪的欧洲，正值瓷器的黄金时期，瓷器被视为国力的象征，各国王室无不急于寻找制作瓷器的秘方，以求制作出最华美、最昂贵的瓷器彰显国力。无论是清新的早餐、悠闲的下午茶，或者华丽高贵的音乐晚宴，在西方古典雅致的生活形式中弥漫的优雅气质，绝对少不了欧洲高贵瓷器的装饰衬托。人们文雅的谈笑声与餐饮瓷具之间互相碰触发出的清脆声响，所构成的是一种令人忘却时间存在的浪漫奢华。

从古代的王室贵族到现代的绅士名流，欧洲高级瓷具的使用与收藏，一直都是流行在东西方人士之间永不厌倦的嗜好。欧洲精致古董瓷器的形状与花纹所映射出的历史与文化，不仅丰富而且多姿多彩，笔触之间隐藏的人文气息与背景，更是比其他类型的艺术与工艺更具亲和力。今天，这些侵染着王室气息的名瓷为现代精英人士的生活带来了更多尊贵的气质，可以说它们不愧为餐桌上的贵族。

梅森

欧洲第一名瓷

有着"欧洲第一名瓷"美誉的梅森瓷器，对于瓷器技艺的使用早已达到登峰造极的地步，每一件梅森瓷器餐具都堪称绝世精品，300年来，梅森瓷器一直在用它们的精美与细致诠释着贵族式的生活方式。

瓷器在18世纪欧洲启蒙时代象征了王室贵族的财富与地位，而欧洲瓷器的起源，则与德国的梅森瓷器密不可分。在近300年的历史长河中，贵为欧洲第一名瓷的梅森瓷器一直以其高雅设计、贵族气质、纯手工制作闻名遐迩，被欧洲贵族称为"白色金子"。

16世纪以来，在从东方进口的各种文物当中，瓷器是当时欧洲各国的王室贵族最垂涎欲滴的宝物。在当时，国王的瓷器藏品既象征着王朝的富强，也是艺术造诣的明证。于是，欧洲各国国王竞相开始搜集东方瓷器，无形之间消耗了大量的国库财富。

虽然荷兰从17世纪就已经研发出类似东方瓷

器的精巧烧制技术，但因为它终究只能生
产较无透明感的软质瓷器，所以欧洲各国
都处心积虑地想要解开制造硬质瓷器的
秘密。当时各国的国王都认为，如果
能够在自己国境内顺利研发成功的话，
除了可以开拓并振兴国家产业外，能够获
得的经济利益也将是
无法估计的。但是，历
经了上百年的努力与尝试，
成功地制造如东方瓷器般白
皙坚硬的硬质瓷器仍是欧洲
人遥不可及的梦想。直到 18
世纪初，德国一个小镇的成功实
验才破解了难题，顿时轰动了整
个欧洲。今日大多数的专家学者都认
可欧洲真正的瓷器历史应该始于德国的梅
森，而梅森制瓷成功的历史却是从一位国
王的梦想与谜样的人物——贝特格之间
命运的无奈交集开始的。

　　18 世纪初期，统治当时德国萨
克森大公国兼任波兰国王的奥古斯
都二世是一位精力旺盛的野心君主。

⊛　梅森茶壶

拥有"强王"之称的他，不仅对知识的追求拥有无
尽的好奇心，而且对于艺术审美观的培养也极为重
视，尤其对于东方瓷器收藏的热忱更胜他人一筹。
因此，比其他欧洲国家提早成功研制硬质白瓷并光
耀王权，早就是他多年来的梦想。他命令从邻国逃
亡而来的年轻炼金师贝特格，一定要成功完成白瓷
烧制的研究实验。

在强权的压力之下，毫无退路的贝格特仅仅花了三年的时间，就幸运地于 1709 年成功地实现目标。喜不自禁的国王隔年就在旧都梅森蒂亚伯特堡创设了王室专属的瓷器制作工房，从此展开了梅森光辉璀璨的瓷业历史。可是，悲剧的事实是国王为了防止烧制密法的外漏，而残忍地将贝特格永久软禁在城堡内。孤单的贝特格每天除了拼命地烧瓷外只能借酒浇愁，最后因为过劳与酒精中毒而结束了 37 岁的短暂生涯。可以说，梅森瓷器的光辉是贝特格用心血与生命铸就而成的。

初期的梅森瓷窑因为没有彩绘的技术人员，烧成的白瓷都得送到城外的彩绘工房。直到 1720 年从维也纳请来珐琅彩绘画家海洛特，梅森才开始正式进入彩绘时代。红、紫、蓝、绿、黄及棕色等鲜艳强烈的色调使用，都是这一时期瓷器的色彩特征。海洛特在白瓷上彩绘以橙色为主调的东洋风格的花朵细枝图样，成就了许多佳作，例如印度之花或东方情调等系列作品。尤其是他设计的以人物与建筑为中心的中国风格主题搭配上金彩纹样，将想象中的异国情调充分表现出来。1730 年开始，他除了运用洛可可的华丽风格以外，也将铜版画与设计图中描绘的花草虫鸟重现在瓷器上，从此创造了"德国风格之花"的不朽代表样式。"德国风格之花"以明朗的色彩描绘纤细的花绘图案为特征，典雅细致的格调受到了人们热烈欢迎，在当时成为各窑厂争相仿效的样式，对后来欧洲瓷器的发展造成相当深远的影响。

在制造餐饮器具的同时，随着雕刻家肯德拉于 1733 年的加入，梅森开始了瓷器人像的制作。从华丽的洛可可风格人像到许多以可爱的动物人像为主题的瓷器小品，均受到当时女士的热烈喜爱，也造成了梅森人像瓷器收藏的风潮。至今这股热潮仍然持续蔓延着，梅森瓷偶早已成为世界各地梅森收藏者的至爱。梅森在肯德拉的指导下制造出很多造型丰富的雕塑杰作，如今陈列在奥古斯都二世的茨温格宫殿的瓷器典藏室内的许多栩栩如生的珍禽野兽雕像，都是出自肯德拉之手。

19 世纪的梅森瓷器工坊，致力于沿袭过去样式原型与各式复古风格的制作，例如当时流行的 18 世纪豪华餐饮器具组合，都具备了复古、新文艺复兴或新歌特的风格。其中许多杰作极为豪华，重现了梅森的往日风华。

虽然历次的战乱与历史的变迁，使梅森历经了相当剧烈的兴衰与多次的整合（甚至连工房也早在1865年就从亚伯特堡迁徙他址），东西德统一后，曾拥有欧洲瓷器王者之称的梅森仍然骄傲地继承着300多年的传统，限量生产的精致瓷品仍使梅森屹立于欧洲瓷器制造的领导地位。

梅森瓷器是欧洲最精美、最昂贵的瓷器，受到了那些追求品位、迷恋品牌、追赶潮流、希望在生活的每个细节融入流行元素的都市金领的青睐。与奢侈品牌昂贵的成衣和皮具相比，价值几百元的水杯或是汤勺，总能让他们在细微处感受到生活的美妙。

梅森餐具的魅力在于艺术风格的不断改变，而传统品质却坚持了300多年不变。它坚持记录社会艺术风潮的变化，展现了300多年来的欧洲艺术史。在世界各大美术馆里的瓷器典藏中都可以发现梅森瓷器的踪迹，许多私人收藏的数量与规模也相当的惊人。位于德累斯顿的茨温格宫殿便藏有包括梅森创世杰作在内的5万多件瓷器，向人们展示了奥古斯都二世在世时强盛的国势、独特高尚的艺术品位与傲人的荣耀。从萨克森公国时代至今，梅森瓷器始终是欧洲王室成员、明星和政治家追逐的对象，很多具有历史意义的梅森瓷器更是价值连城。奥匈帝国皇后茜茜公主当年收藏的几千件梅森瓷器，现在总价值超过了几千万欧元；拿破仑登基时的御用品凡尔赛玫瑰系列瓷器，价格也已经翻了几十倍不止。即使没有任何名人使用过，一套早年的

一千零一夜瓷器，其价值也超过了 10 万欧元，并被玩家们热情追捧。

无论艺术风格如何改变，梅森瓷器一直保持着手工打造、手工绘制的特点，每件成品都是经过 80 多道工序用手工精心制作的。其制作过程就需要整整 126 天的时间。正因为如此，梅森瓷器的餐具都价格不菲，就连最普通的一只茶杯的售价都高达 80 欧元。

梅森瓷器制作开始后，从第 1 天到第 3 天，梅森瓷器厂的工人们会从 12 千米远处的赛里茨矿山开采出原高岭土，再从白色泥团中提出 30% 的纯高岭土，这些高岭土会与长石、石英以及其他原料搅拌在一起，生产出制造瓷器的原材料，在潮湿的拱顶地窖里存放约 3 个月等待"成熟"。第 94 天，到文献库里寻找模具，文献库里存放着梅森瓷器厂 300 多年间的几乎所有模具，共 17.5 万个，现在随时都可以再生产出同二三百年前一模一样的产品，3000 种图案也一个不少地保存着。第 95 天到第 96 天，雕塑工熟练地通过滚花和镗孔把有边有脚的杯体从模型上拿下来，再用海绵把表面洗干净。第 97 天到 99 天，巧手女工把手柄和还潮湿的杯体黏合起来并用一根模具木头把所有的精制部件突显出来，然后把干了的茶杯放进一个燃烧天然气的炉子里焙烧，精炼温度达到 900 摄氏度。第 100 天到第 101 天，绘画师把交叉剑画到多细孔的瓷器上，这是梅森瓷器厂自 1722 年以来一直使用的商标。第 102 天到第 118 天，有些釉底花色的杯子首先在焙烧过的瓷器上绘画，并在釉液中冷浸泡准备在 1400 多摄氏度下烧制，这时温度决定一切，为了涂层不沾住，杯边先不上釉，在涂层磨光并上釉后，杯子进行第二次焙烧。第 119 天到第 121 天，茶杯上釉，花色是根据顾客的愿望画的，花饰的色料是在瓷器厂自己的实验室里研制的，有 1 万多种配方可供使用，这些配方属于梅森的秘密。第 122 天，第一次画上花饰放在 900 摄氏度的炉子里焙烧，颜色和釉融合在一起并闪闪发光。第 123 天到第 125 天，在花饰、杯边和把手上镶上金子，此时已完成了绘画过程，在第二次焙烧后对金子进行打光。第 126 天，茶杯经过最后一次质量检查。一天不多，一天不少，梅森瓷器都需要经历这样的严格制作工艺，这也就不奇怪为什么普通的梅森杯子的售价也会达到 80 欧元了。

皇家哥本哈根

最尊贵的餐瓷

历史篇
LISHI PIAN

　　丹麦皇家哥本哈根作为世界顶级瓷器品牌，因其具备实用与收藏的双重特点，深受世界各国王室贵族、社会名流及精英人士的喜爱。即使经过两个世纪的光阴，这家古老的瓷器厂仍固守传统工艺，制造着如同200多年前一般的高质量瓷器，同时体认时尚潮流和现代生活饮食习惯，在满足现代人追求个性品位的需求下，皇家哥本哈根推出了新一代瓷器，赋予使用者更多的尊贵之感。

　　皇家哥本哈根瓷器厂为1775年由丹麦王太后茱莉安·玛丽全力支持下建立的专为丹麦王室制作瓷器的御用陶瓷厂。每件皇家哥本哈根名瓷手绘作品均经由画师手工精绘达千笔之上，手绘作品皆有画师的亲笔签名。皇家哥本哈根至今仍秉持工艺传统，将从传统中培育出的工艺气质表达无疑，为手绘名瓷市场稀有的顶级品牌。

　　提起丹麦，你会想到什么？安徒生童话？丹麦曲奇？美丽的哥本哈根？还有一样东西是你不应该忽略的，那就是丹麦的瓷器。作为欧洲名瓷之一的

丹麦皇家哥本哈根瓷器至今已有 200 多年的历史，它融合了传统北欧手工艺与东方瓷绘风格，以独特而典雅的造型、精致而不娇贵的气质，成为丹麦人引以为傲的国宝。尤其是其丹麦之花系列瓷器为全世界釉上彩瓷盘代表，独特及精致的工艺与艺术使其 200 多年来历久弥坚，荣享"全世界最尊贵之餐瓷"的美誉，同时受到王室成员、社会名流等及知名企业家的爱戴。

18 世纪以前，硬质白瓷的制造技术主要被中国人所把持，为了探索中国瓷器制作的方法，丹麦王太后茉莉安·玛丽不惜重金聘请能工巧匠，专门研究瓷器生产技术。直到 1775 年，丹麦终于制造出第一件真正的瓷器，它是由化学家弗兰特·海因茨·米勒所创立的瓷器厂所制造的。之后工厂被指定为皇家丹麦瓷器厂。这也是皇家哥本哈根瓷器厂的前身。为了纪念这一伟大的时刻，茉莉安·玛丽决定用三道蓝色水波浪纹作为皇家哥本哈根瓷器的标志。其标志上的王冠，表示与王室的深厚关系，三条波纹代表丹麦从卡特加特海峡通往波罗的海的三条古老水道。从此，皇家哥本哈根美丽的瓷器也得以走出宫廷，成为欧洲贵族生活中必不可少之物。

18世纪末期，丹麦皇家哥本哈根瓷器厂网罗了不少制模者和画师等高手，聚集在首都哥本哈根。直至19世纪中叶，皇家哥本哈根瓷器厂成为欧洲餐具和装饰陶瓷的最大供应商。1885年，建筑师阿诺德·克罗格接任皇家瓷器厂艺术总监一职。他开发出丹麦釉画，在瓷器上使用丹麦自然山水图饰，再运用某种技术，让单色釉画呈现出浓淡不一的中间色调。色调起初是青色，后来则加入棕青和淡青色。这看似简单，但是画家在上色时，是无从分辨浓淡色的。色调的浓淡，取决于颜料涂层的厚度，以及入窑以高温焙烧之后显色的结果。1888年，在哥本哈根大斯堪的纳维亚博览会上，这种新式"釉下彩"瓷器首次呈现于世人眼前，并且在次年巴黎世界博览会中赢得殊荣，由此奠定了皇家哥本哈根瓷器不坠的声誉。

当时的皇家哥本哈根瓷器厂除了生产餐具，以及原本旧有的平面器皿和瓷瓶饰品之外，还开始生产其他系列的瓷器作品。比如手绘唐草系列和皇家哥本哈根年度纪念盘，都是这一时期的经典代表。唐草系列是皇家哥本哈根最早的瓷器餐具，1775年瓷器厂成立时就采用了此款设计，而后它迅速流行起来，从未走出时尚圈。尽管这一造型源自中国，并且被众多国家的瓷器厂广泛使用，丹麦唐草还是赢得了自己的世界声誉。这归根于这一系列图案是由经过特殊训练的绘画家手工绘制的，一个唐草盘子需要绘1197笔，这一传统被新一代的陶瓷绘画家延续至今。在今天，对于全世界的鉴赏家来说，只要提到唐草系列瓷器，指的就是丹麦瓷器。

不过，最能表现王室尊荣的当属皇家哥本哈根瓷器厂推出的丹麦之花系列餐具。丹麦之花系列是丹麦国王克里斯汀七世为俄国女皇叶卡捷琳娜二世定制的礼物，依据当时皇室间馈赠餐具的传统，克里斯汀七世准备制作一套既豪华又具代表性的大礼。他命皇家哥本哈根瓷器厂依丹麦植物图鉴的内容制作这份礼物，由当时最具天分的艺术家约翰·克里斯多夫·拜尔亲自负责。这位天才将图鉴上的植物图案精细地绘制到餐具上，从表面纹路及立体花饰的雕刻、绘图到描字，皆采用手工制作。当时绘制一只瓷盘需要超过 12000 笔的绘制，有的作品需采分段上色及经过高达 6 次的窑烧，并采 24K 金镶饰盘边。经过 12 年的费时制作，终于在 1802 年完成了全部 1802 件作品。它是全欧洲数量最多，也是最重要的植物彩绘瓷器组。丹麦之花系列的问世奠定了皇家哥本哈根在欧洲瓷器厂中的地位，并在 200 多年后的今日依然为皇家哥本哈根赢得"今之古董"的美誉。

"只制造真正的精品"是皇家哥本哈根瓷器一贯秉持的信念。其最卓越的作品丹麦之花，釉上绕色、手工雕刻，是真正代表皇家哥本哈根瓷器技艺的缩影。唐草系列作为皇家哥本哈根第一套正式宴会餐具，至今已有 200 多年的历史，仍然坚持使用传统手工绘制，因其高超典雅的艺术设计和制作工艺，一直是欧洲贵族和上流社会奢华餐具的代表。

在所有的斯堪的纳维亚瓷器厂中，最有名的就

要属皇家哥本哈根瓷器厂了，该厂因其产品悠久的历史文化背景、独特而精湛的工艺技术、高度的艺术观赏性和收藏价值而闻名于世。两个多世纪以来，皇家哥本哈根瓷器厂创作了多款经典的系列陶瓷产品。皇家哥本哈根瓷器厂由制作日常餐具起步，围绕着日常生活，创造了多款经典系列产品。皇家御用的背景使其自诞生之初，就具备了实用与收藏兼备的特点。今天，皇家哥本哈根瓷器厂的主要产品为日用餐具、家居装饰品和纪念品三大类。日用餐具类以茶具、咖啡具、宴会餐具为主，根据

纹饰进行系列区分，集实用和美观于一体。家居装饰类主要为瓷器摆件，多为餐具的搭配，比如瓷器烛台、花瓶和瓷塑等。皇家根本哈根瓷器厂将每一件产品都视作收藏品，基于满足欧洲贵族家庭陈设绘有家族徽章的纹章瓷的传统，该厂自 1908 年开始限量推出年度纪念盘，这种纪念盘上就带有家族传承意义的元素。

丹麦王室为目前欧洲历史最悠久的王室家族，自古以来，当王室举行婚礼时，人民会献上贺礼以表对王室致敬之意，而国宝级名瓷丹麦之花正是丹麦人民献上的最传统祝福。皇家哥本哈根丹麦之花系列完成之后 60 年，以之为名的第二套餐瓷再现于世，尺寸比较小，也只有 725 件，是作为嫁至英国的丹麦亚历山卓公主陪嫁之用，她的丈夫即为英国的爱德华七世国王。自 1864 年之后丹麦之花持续生产，直至今日，只有丹麦女王及英国女王幸运地全套使用过丹麦之花瓷器。2004 年 5 月 14 日，丹麦王储弗雷德里克与玛丽王妃大婚之喜，丹麦之花瓷器再次现身于王室婚礼。

此外，皇家哥本哈根的手绘瓷画依绘画、上釉与烧制程序不同分为"釉上彩"、"釉下彩"两种制作方法。"釉上彩"是手绘瓷器难度最大的工艺表现，全世界仍保有釉上彩手绘的国际名瓷已不多见了。皇家哥本哈根的镇店之宝丹麦之花是釉上彩最好的代表之作。今天，丹麦皇家哥本哈根瓷器厂复制了丹麦之花系列餐具，最便宜的咖啡杯售价也要 26900 元人民币，一对红茶杯则需要 11 万元人民币。

WEDGWOOD

韦奇伍德

英式贵族的生活姿态

考究的器皿从来不会仅仅是盛载食物的物件那么简单，它背后代表的是使用者秉持的一种生活态度。百年名瓷韦奇伍德是最正统的英式餐瓷，给人高贵和安静的感觉，更体现了英国贵族高贵的生活方式。

说起英式 High Tea（下午茶），你的第一反应是什么？你的脑海中一定会浮现这样的情景：那些英国贵族名媛穿着精致考究的黑丝绸裙，优雅端庄地端着白底描金茶具，从三层点心架上拿取各种精致的点心……事实上，从维多利亚时代开始，英国贵族们在用餐时都遵循着一套固定的礼仪：男士必须身着黑色礼服，女士则要穿着镶着蕾丝花边的丝绸裙子，如一场宴会般郑

重其事地用餐。他们必须使用名贵的瓷制餐具，最正统的英式餐具一般都是白底瓷胎上描绘着稻穗、果实的花纹，而不会出现人物或单纯的几何线条图案。这绝不是浮于表面的奢侈做派，而是体现了英国贵族的生活方式。直至今日，现代生活简化了诸多礼仪，但白色蕾丝即便不出现在女主人的裙子上，也必须要出现在下午茶的小茶几上。比如白色蕾丝镂空桌布，一小束鲜花，精致的三层点心架，都是英式用餐礼仪中不可缺少的一部分。

你是否知道，一套完备的英式下午茶，必须要有多少标准配备器皿？答案是：陶瓷茶壶、杯具组、糖罐、奶盅、七英寸个人点心盘、放茶渣的小碗，以上皆为白底描花瓷器；此外，茶壶加热器、茶叶滤匙及放过滤器的小碟子、茶匙、奶油刀、蛋糕叉以及两层或三层点心架，这些器皿都必须是擦得锃亮的银器。

在英国，韦奇伍德餐瓷是最正统的英式用餐餐具。对欧洲瓷器稍有研究或收藏瓷器的人来说，很少有不知道大名鼎鼎的英国韦奇伍德瓷器的。

1902 年美国罗斯福总统白宫之宴，1935 年玛丽皇后号豪华邮轮首航，1953
年伊丽莎白二世女王加冕典礼，在这三场世纪著名盛宴中，韦奇伍德皆凭
借其精致骨瓷餐具参与其中。

　　韦奇伍德瓷器被称为"世界上最精致的瓷器"，创立于 1759 年。这个
英国王室指定御用瓷器品牌，为欧洲瓷器史写下了辉煌的一页，其创始人
约西亚·韦奇伍德更被尊称为英国"陶瓷之父"。约西亚·韦奇伍德 1730 年
出生于一个专门做陶钵陶碗的工人家庭，在 16 岁那年他被传染了致命的天
花，万幸的是他活了下来，但却落下终生残疾。身体残疾的约西亚·韦奇伍
德专心地研究陶瓷技术，并在此项技术上日渐精进，这引起了当时英国陶
瓷大师托马斯·维尔登的注意，把他网罗成为合伙人，两人一同研究陶瓷器
的烧制技术。时光流逝，约西亚·韦奇伍德的技术超越了托马斯·维尔登，

这使得他产生了自己办厂的念头。1759 年，约西亚·韦奇伍德创立了韦奇伍德陶瓷厂。

韦奇伍德打响名号的第一炮就是白色陶瓷（Creamware）。这些白瓷外观洁白亮丽，价格却比一般陶瓷便宜，于是很快就在市场上掀起热潮。1765 年，极为欣赏韦奇伍德瓷器的英国女王决定选它为御用品，并特准它使用"女王御用"为名号。这样一来，全欧洲的王室贵族都掀起了一股韦奇伍德热。1773 年，俄国女皇叶卡捷琳娜二世下了一张最具挑战性的订单，订了全套 952 件的陶瓷组。结果韦奇伍德工厂在每件瓷器上都绘有不同的英国风光，总共画了 1244 幅工笔画，整套餐具也因此而成为非凡的艺术品，同时也让韦奇伍德的声望如日中天。此时欧洲许多工厂都效仿韦奇伍德，改行生产米白色陶瓷，甚至法国和德国的一些大工厂也受此影响。

早期韦奇伍德的招牌产品是 1774 年推出的名为绿宝石的 Jasper Ware 系列和在 1775 年推出的碧玉细炻器。Jasper Ware 其实是一种非常坚硬的

◉ 韦奇伍德 Renaissance Gold 5 Piece Place

无气孔粗陶器，它并不像陶瓷那般光滑透亮，韦奇伍德采用的是把绿宝石粉末加入陶土混合而成的秘密配方。结果这种陶器烧成之后展现出难以言喻、美丽而又内敛的色调。当时，韦奇伍德经过万余次试验才选择了一种蓝色，这种蓝被称为"韦奇伍德蓝"，日后也成为英国瓷器的特征。碧玉细炻器则是一种白色、无光、未上釉的炻器，像素瓷，与黑炻器一样可以作为装饰品。韦奇伍德聘用当时著名的雕刻家约翰·弗拉克斯曼，并将他所制做的各种雕像和浮雕花样翻制到碧玉陶器上。这些白色装饰物贴附在陶器的胎体上，与胎体的颜色形成强烈对比，立体浮雕效果令人惊叹，每件作品都洋溢着浪漫与尊贵。

韦奇伍德最著名的产品当属骨瓷餐具，其在 1812 年首次推出精致的骨瓷餐具，在瓷土中加入了一定比例的动物骨粉，色泽纯白，有一种半透明效果。这种瓷器美丽温润，质轻，且极为耐用。值得一提的是，1988 年 9 月，韦奇伍德在一次产品展示中，让 4 只骨瓷咖啡杯平稳撑起了一辆重达 15 吨的载重卡车，足见其骨瓷器皿的坚固。

韦奇伍德品质高贵，质地细腻，风格简练，极富艺术性。优美雅致，具有古典主义特征的设计，一直是韦奇伍德瓷器产品的风格。直到今日，韦奇伍德产品依然完美地诠释着这一品牌的传统内涵。而韦奇伍德这个品牌，也成为世界上最具英国传统的瓷器艺术的象征。

◉ 韦奇伍德中国风餐具

韦奇伍德这套中国风餐具，结合了中国传统艺术的色彩和当代的设计理念，为这个英国贵族百年瓷器品牌增添了不凡的意义。

❀ 韦奇伍德钴蓝碧玉瓷器摆件

ROYAL DOULTON

皇家道尔顿

大不列颠御用餐瓷

英国皇家道尔顿瓷器是名副其实的"奢瓷"，它早已脱离了日用品的范畴。皇家道尔顿瓷器之美，潜移默化地陶冶着人们的情操，给每一个品位之家带来英国贵族的尊贵风范。

约翰·道尔顿自 1887 年荣获维多利亚女王亲自授予的骑士爵位后，有关他的荣耀便从未停止过。作为英国历史上第一位受封爵位的陶艺家，由他一手创立的英国道尔顿瓷器厂在欧洲获得了其他瓷器商难以企及的荣誉。1901 年，爱德华七世授予道尔顿公司以王室令状，为英国王室生产御用餐具。从此，道尔顿公司开始有权使用 Royal 皇家字样，正式更名为世界闻名的皇家道尔顿。道尔顿集团也启用了一个全新的引人注目的商标，除了经典的品牌名字 Royal Doulton 外，还特别加了一个带着王冠的英国狮标志，这个标志一直沿用到今天。皇家道尔顿还荣获伊丽莎白二世女王颁发的技术成就奖，成为大英帝国的最佳出口厂商和最佳骨瓷制造商。1984 年，"发现号"宇宙飞船在太空

⊛ 皇家道尔顿瓷偶

1913 年，皇家道尔顿开始制作淑女瓷偶 HN 系列。这些瓷偶很快就被市场接受，被世人认定为极具收藏价值的瓷器作品。皇家道尔顿的瓷偶一直是当时名流馈赠给心爱的女儿的首选礼物。这一系列的瓷偶作品所包含的主题，也不仅仅限于佳丽美女的姿态，艺术家们一直不懈地创作出富有生命力，时代感和主题感的作品。这也使得这一系列足以保留百年的魅力，吸引世界各地的收藏者为之倾倒。

首航中还将其一只盘子带到太空，使其成为第一个被带入太空的瓷器。百年来，皇家道尔顿一直为英国王室御用瓷器，并以精致的骨瓷闻名世界。

作为英国最大的骨瓷出口制造商，皇家道尔顿对英国瓷器业的发展功不可没。事实上，在皇家道尔顿的引导下，英国乃至欧洲的艺术学院甚至开辟了一个新的专业领域——艺术陶瓷设计。

皇家道尔顿骨瓷在视觉上很干净，在高温烧制过程中，加入 50% 的 3 岁小公牛骨粉，材质细腻。而且每一套瓷器都有自己的名字，其中单以玫瑰命名的就有好几套，每一套餐具似乎都有一个表情，能营造出一种气氛。英国皇家道尔顿是一个充分表现了维多利亚女性情怀的品牌。特别是其乡村玫瑰系列更是如此，缤纷的紫红与金色玫瑰花贴在骨瓷餐具上，有着不可抵挡的魅力。特别值得一提的是，皇家道尔顿是众多西式瓷器品牌中，唯一致力于开发中式餐具的一个。

一个多世纪过去了，以镀金餐具闻名餐瓷界的皇家道尔顿至今仍是英国上流社会的最爱，同时也受到各国王室的欢迎，直到现在，全世界的英国大使馆都是皇家道尔顿的忠实顾客。如今皇家道尔顿包括三大子品牌，分别是 Royal Crown Berby、Minton 和 Royal Albert。其中 Royal Crown Berby 为日用骨瓷餐具系列，包括皇家孔雀系列、绿韵系列、古典伊万里系列、安托瓦内特系列。子品牌 Royal Albert 曾是英国戴安娜王妃生前的最爱，为人熟知的乡村玫瑰系列从 1962 年畅销至今，世界各地约有 1 亿个系列商品。古典优雅的风格与 22K 镀金的英格兰乡村老镇玫瑰花图案，在具有高消费能力的上流社会里深受欢迎。

与我们平常用的碗碟相比，皇家道尔顿的骨瓷产品价格高得多，一只瓷碗约 260 元，一个与碗相配的小垫盘大约要 300 元。通常一套完整的六人餐具包括：一个 9 寸平盘，用来装冷拼；四个 7 寸平盘，盛放凉菜；四个 7 寸汤盘，盛放热菜；一个大汤盆、两个鱼盘、六个饭碗等，配齐一套需要 5000 元以上。

皇家道尔顿瓷器之美，潜移默化地陶冶着人们的情操。晶莹剔透的瓷胎、光洁平滑的造型、和谐悦目的色彩装饰，给人以无穷的美感和愉悦。

❁ 古典伊万里（Old Imari）系列

Imari 来源于 17 世纪日本一个向西方出口瓷器的港口，Royal Crown Derby 在 18 世纪晚期制造出第一个 Imari 风格的瓷器。Old Imari 系列最具吸引力的地方是它巧妙地将铁红、钴蓝和 22K 的描金作为所有设计的基础色。Old Imari 系列明显受到日式和东方风格的影响，并将这种影响带入饮食文化与日常生活中。

乐韵萦绕的私人领地

　　私人家庭影院带来的娱乐体验，绝非拥有豪宅美酒或者锦衣玉食所能媲美，它更像一种心灵的求索过程，当我们沉浸在迷人的声场效果或无比清晰的画面中难以自拔时，才会真正理解品质生活的真谛。

　　今天，人们对家庭影院的理解已经不同从前。家庭影院所要表达的是"私人"这一概念。这一概念经历了一次又一次的社会变革，可以说，所谓的"私人的"已经从一个定语变成了绝对的形容词，等同于"尊贵的"、"高品位的"、"有地位的"。不过即使在今天，也只有那些真正懂得享受生活的人才会在这上面一掷千金，毕竟，拥有一套私人家庭影院的炫目效果远不如驾驶一辆豪华跑车来得那么吸引眼球。

　　其实，早在16世纪伊丽莎白时代，私人剧院便已经诞生。当时这些场所都是专门为国王和贵族表演而设置的，普通百姓无权进入。实际上，当时剧院的设施却是相当简陋的，只有简单的条凳整齐地排放其中。直到1579年环球剧院出现时，我们可以从20世纪40年代亚当斯的复制品中看到，一种硕大的门廊模样的剧场出现了。随后，在条凳两侧的高处搭起了高台包厢，让本来就金粉味道十足的剧场显得更加奢华，似乎人们只有到了那上边才能彰显自己的尊贵。

　　到了今天，家庭影院已经成为人们家居生活中不可或缺的一部分。尽管今天难以数计的剧院每天都在上演着各种不同的戏剧、舞蹈、音乐会或者电影，几乎每一个人都有机会参与到这样的文化氛围当中。但还是有不少人对顶级生活有着自己的理解，他们认为这样的活动也许独享会更好。于是他们建造了属于自己的私人剧院，将一出出精彩的演出和一部部经典的影片反复重现在自己的日常生活中。

TK Theater

视听巅峰之作

看电影也可以是一件很"私人"的事情，无论是邀请三五好友共赏视觉大片或在美酒相伴下独享文艺电影，私人影院都是当下人们高品质生活的象征。全球顶尖家庭影院设计师 Theo Kalomirakis 为精英人士带来了真正的顶级私人影院的体验。零距离感受好莱坞级别私人影院的魅力将不再是遥远的梦想。

如果你酷爱电影，但又不喜欢与大众共同观看，那么唯一的解决方案就是建立自己的家庭影院。花上 30 多万英镑，Theo Kalomirakis 即可帮你完成这个梦想。也许你对这个名字很陌生，但在美国的家庭影院业界，很少人不认识 Theo Kalomirakis。这位出生于希腊雅典的天才是全球极负盛名的私人影院设计师，尤其是在家庭影院业界被公认为豪华家庭影院的设计和发展先驱，他所设计的每一个家庭影院案例，都可以说是家庭影院技术的标杆。Theo Kalomirakis 先生十分注重家庭影院的最终效果，无论是在影音设备安装还是视听室设

计上都力求完美。他所服务过的客户包括电影明星、体育传奇人物和世界各国的领导人。多年来，Theo Kalomirakis 先生的设计方案前后 9 次获得美国 CEDIA 协会颁发的最佳私人影院设计大奖，他本人更被 CEDIA 授予终身成就奖。Theo Kalomirakis 本人被列入奢侈品市场的 50 强，也被著名刊物《House & Garden》称为"家庭影院之王"，不过对一些专业媒体来说，大家更愿意尊称他为"私人影院之父"。

1989 年，Theo Kalomirakis 为自己搭建了第一座家庭影院——在布鲁克林他家中的地下室里，有 10 个座位，90 多平方米。他配置了 2.03 米宽的荧幕和现在看来已经过时的设备组合，包括 VHS 和 Beta 格式录像机和 LD 播放机。不过在那个年代，有能力在家庭中采用这样的技术已被视为相当奢侈的行为。Theo Kalomirakis 最初并没有意识到自己 10 万美元的嗜好项目代表了家庭影院的演化。渐渐地，他发现自己处于一个利润相当丰厚的行业的最前沿。到 1989 年底，他创立了一家以自己名字命名的家庭影院设计公司 Theo Kalomirakis Theaters（简称 TK Theater），并从此成为该行业里最炙手可热的设计师。

自公司成立后，Theo Kalomirakis 为众多社会精英打造了奢华与高品质的家庭影院系统。在他的领导下，今天的 TK Theater 已经成长为一家专门提供顶级私人影院整体设计与解决方案的专业公司，在世界各地更是设计了数以百计的成功作品，从小型私密空间到超大型的私人会所影院，全部都采用当今最先进的音 / 视频系统，无论规模大小，它们都有着同一个特点——影院般的体验。TK Theater 除了是一个专门提供影院定制安装服务的公司以外，还是一个在美国相当知名的品牌，与其他知名的顶级影音产品齐名。只要消费者们看到 TK Theater，就可发现这是顶级的定制安装服务。为客户提供各种专业的定制安装服务，一直以来都是 TK Theater 工作团队的目标。

　　对视听室和影院系统精益求精的 TK Theater，不仅为客户提供丰富的顶级影音设备，同时还在视听室内外等环境布局中提供了充足的支持。为了更好地体现 TK Theater 在定制安装服务中的优势，TK Theater 特别推出了 TK Living 服务团队，该团队专门为高端家庭影院提供各类设计元素和安装配件，例如地毯、柱子、照明设备、装修面料等，几乎把所有与室内设计有关的内容都整合到其中，与 TK Theater 更注重于影音系统的构建有所不同。通过 TK Living 的加入，TK Theater 不仅能够应付各类复杂的设计方案，还能够通过乐高积木玩具的方式，为客户组合、配置出独一无二的家庭影院视听室。

　　这里特别要指出的是，组建一套完美的私人影院最难的不是怎么买相关影音器材，而是怎样设计并创造出一间可以让高档音响系统尽情发挥的视听空间，让人们支出的花销与得到的影音效果取得一个完美的平衡。Theo Kalomirakis 的公司完美地做到了这一点。

　　拥有了 Theo Kalomirakis 设计的影院之后，那些身份尊贵的 VIP 们不再为找不到停车位而烦恼，不再排队买票，不再因为晚到了而只能屈就于偏远的角落，不再因为接听重要的商业来电而错过了精彩的电影片段。在你的私人影院里，你将成为电影的主人，你将主宰一切——永远都坐在最好的位置，任何时间都可以开始放映，享受好莱坞影院级别的音画效果，随心所欲地操作或更换节目。

音响是私人剧院的灵魂和核心单元。没有好的音响设备，再精美的图像、再宽大的房间都无法被看作是专业的私人享乐中心。所以人们无论将私人剧院设置在客厅还是独立的房间都必须有一套顶级音响来烘托效果。比如这款售价为100万美元的卡玛－英格玛音响系统。它拥有无与伦比的超级价位和庞大体形，被称之为音响界的神话。

Kharma
卡玛

音响界的神话

我们不得不承认，卡玛－英格玛音响并不太适合家庭使用，就单单100万美元的价格就已经让许多人难以承受了，就算有人付得起，也未必能够买得到，因为这款传奇的音响产品在全球仅有一套。世界上见过这套音响的人超不过500人，正因为它总是神龙见首不见尾，即便是在极度发烧友的世界里也达到了"无据可考"的地步，甚至有人怀疑其是否真实存在。当然这款音响最吸引人的地方，不仅仅是霸气的外形，真正让人咋舌的是其超高端的参数，不论是承载功率还是频响范围都让人惊叹，被称作音响界的神话也不为过。

这个以卡玛为名的音响品牌在音响迷心中总是充满神秘感，像是"谜"一样让人摸不着头绪。其实，卡玛是一个来自荷兰的O.L.S.公司旗下的品牌，其创始人查尔斯·范·欧斯特姆是一位专门接受委托设计与制造音响产品的设计师，当年流行的 2.1 卫星式喇叭（主喇叭与超低音喇叭）的概念就是由他最先提出的。1992 年他接受一位发烧友的委托设计出一套全世界"最完美"的音响，前提是必须要他听了满意才肯付款。查尔斯·范·欧斯特姆为这位顾客设计出一对采用 24 个 Planar-Magnetic 超高音单体、25 个 15 寸低音单体及 48 个 6 寸中音单体的喇叭，使用 3 万瓦的扩大机来驱动。这套重达 12 吨的音乐系统就摆在这位发烧友的约 1274 立方米的试听空间中，最后他非常满意地付了 100 万美元。它不仅成为全世界最昂贵的音响系统，也成功打响了 O.L.S. 的名号，之后他更成立卡玛这个品牌使一般的消费者也能享受到这"谜"一般的神秘声音。

查尔斯·范·欧斯特姆之所以能够制造这套售价高达 100 万美元的音响，完全取决于他"不惜成本，只求完美"的态度。一些超级专业音响发烧友都知道，所有卡玛音响产品的售价都十分昂贵，但能知道查尔斯·范·欧斯特姆为何敢标出这样天价的原因就没有几个了。首先，卡玛音响全系列的线材都是在荷兰本土手工制作而成的。Enigma Signature 系列是目前卡玛音响顶级的线材，线芯采用最高等级的金银合金，并采用"多重结构"（multiple diameter）的导体，这种导体一方面可以降低集肤效应将细节再现（小分子），一方面又可以维持大动态的传输（大分子）。除了与 Enigma 系列线材一样施以超低温处理以维持金属结晶的最佳传导特性之外，Enigma Signature 系列更进行了独家专利的大电流处理。导体的外面采用了卡玛称之为"半导"隔离层的全新隔离手法，有更中性无染的声音表现。线身两端的银色金属盒子具有最佳的抑振效果，能将最微小的振动消弭，降低噪讯，达到纯粹静音的背景效果。Enigma Signature 讯号线中的导体金银比例与卡玛喇叭的机内配线完全相同，在整个讯号路径上有最完美的传导效果，最适合搭配在卡玛的 Exquisite 与 Grand Ceramiques 喇叭系统上。

此外，其他音响厂商顶级的产品才会用上 Reference 的称号，卡玛的线材产品却是将最"经济"的系列称为 Reference，更高级的依次为 Supreme Reference、Grand Reference，最后才是顶级的 Enigma 与 Enigma Signature 系列，这样超越"参考级"产品的存在不仅是查尔斯·范·欧斯特姆对于"完美"无止境的追求下的成果，更是专为最顶峰的人士量身打造而成的。

Transmission Audio

重现现场的纯粹典范

如果你和那些自认为很专业的音响发烧友一样，都认为这辈子只要看上一眼荷兰人查尔斯·范·欧斯特姆的神之作卡玛－英格玛就算终生无憾了，那只能说明你还未达到真正的专业。真正的专业音响发烧友绝不会对瑞典 Transmission Audio 公司的顶级产品 Ultimate 视而不见，这款纯手工打造的殿堂级音响除了能够完美地展现"纯粹的现场感"之外，令人"难忘"的还有它傲人的售价——单只音箱 100 万美元。

长久以来，家用音响重播的极致标准应该如何，始终是音响爱好者热烈讨论的话题。许多人认为既然音响重播的音乐以人声及自然乐器为主（除

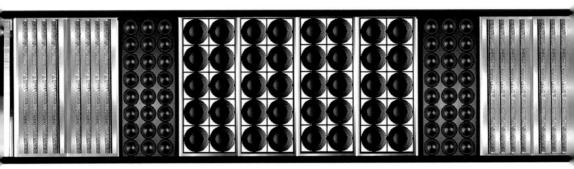

了电子乐器以外），那么就应当以"现场"为准绳，越能"重现现场"的就是越精准的音响器材。不过，世界上能够做到这一点的音响制造商却少之又少。或许正是基于此种对于"精确极致"的追求，瑞典著名音响制造商 Transmission Audio 进行了一次伟大的探索与尝试，其成果便是这款 Ultimate。

作为 Transmission Audio 的产品，Ultimate 是一套全手工终极音响系统，该系统共包括 12 个独立音箱，每个音箱的价格是 100 万美元。注意，只是"一个"的标价。这就意味着你如果想买一套立体声系统，最低配置至少需要两个音箱，总价则需 200 万美元，这个价钱足以买两套卡玛 – 英格玛。而驱动这套音响还需最低 50 万美元的功放设备。Transmission Audio Ultimate 这套终极音响系统的 12 个音箱，分别为 L1 与 R1 超高音、L2/L3 和 R2/R3 中高音、L4 与 R4 低音、L5/L6 和 R5/R6 超重低音，每个音箱高两米，如果将双声道的 12 座音箱一字排开，其宽度将超过 11 米，总重量达到 4 吨。

事实上，要想发挥该系统的全部潜力，可以将功放升级为 12 台 BP-1s，总功率提升到 20 千瓦。不过 Transmission Audio 公司的专业设计师们并不建议消费者采取这种搭配，他们的建议是，如果你确实是一位超级富豪，可以选择花上 500 万美元，将该系统配置为 5 声道的家庭影院。当然如果你住在一座大城堡里，拥有异常坚固的巨石墙壁，并对音响极度热爱，这种情况则另当别论了。

图书在版编目（CIP）数据

家居赏鉴 / 李鹏著. — 北京 ：北京工业大学出版
社，2014.4
ISBN 978-7-5639-3806-3

Ⅰ．①家… Ⅱ.①李… Ⅲ．①住宅—室内装饰设计—
图集 Ⅳ．①TU241-64

中国版本图书馆CIP数据核字（2014）第028324号

家居赏鉴

著　者：李　鹏
责任编辑：钱子亮
封面设计：夏　初
出版发行：北京工业大学出版社
　　　　　（北京市朝阳区平乐园 100 号　邮编：100124）
　　　　　010-67391722（传真）　bgdcbs@sina.com
出 版 人：郝　勇
经销单位：全国各地新华书店
承印单位：沈阳鹏达新华广告彩印有限公司
开　　本：720毫米×1000毫米　1/16
印　　张：26.5
字　　数：410 千字
版　　次：2014 年 5 月第 1 版
印　　次：2014 年 5 月第 1 次印刷
标准书号：ISBN 978-7-5639-3806-3
定　　价：138.00 元